服装高等教育"十二五"部委级规划教材（本科）

服装整理学

（第2版）

滑钧凯　主编

中国纺织出版社

内 容 提 要

  本书为服装高等教育"十二五"部委级规划教材，结合纺织服装专业本科学生的文化基础以及知识结构的要求而编写。本书力求通俗易懂，并且尽量使学生对服装的后整理（包括服装的洗练、漂白、染色、整理、修饰）基本技术有一个全面的了解，在书中对纺织化学、染色原理、服装领域的后整理新技术也做了简要的介绍。同时介绍了服装的艺术装饰整理，可以提高学生的创新思维和综合艺术设计的能力。

  本书除作为纺织服装专业学生的教科书使用之外，也可供纺织服装企业工程技术人员、设计人员、管理人员和服装商贸人员阅读参考。

图书在版编目（CIP）数据

  服装整理学 / 滑钧凯主编 .—2 版，—北京：中国纺织出版社，2013.11（2020.1 重印）
  服装高等教育"十二五"部委级规划教材 . 本科
  ISBN 978-7-5180-0066-1

  I.①服… II.①滑… III.①服装工艺—整理工艺—高等学校—教材 IV.① TS941.67

  中国版本图书馆 CIP 数据核字（2013）第 232634 号

策划编辑：张晓芳   责任编辑：王 璐   韩雪飞
责任校对：余静雯   责任设计：何 建   责任印制：储志伟

中国纺织出版社出版发行
地址：北京市朝阳区百子湾东里 A407 号楼   邮政编码：100124
销售电话：010—67004422   传真：010—87155801
http://www.c-textilep.com
E-mail:faxing@c-textilep.com
中国纺织出版社天猫旗舰店
官方微博 http://weibo.com/2119887771
三河市宏盛印务有限公司印刷   各地新华书店经销
2009 年 5 月第 1 版   2013 年 11 月第 2 版   2020 年 1 月第 9 次印刷
开本：787×1092   1/16   印张：14.75
字数：284 千字   定价：39.80 元

出版者的话

　　《国家中长期教育改革和发展规划纲要》中提出"全面提高高等教育质量","提高人才培养质量"。教育部教高［2007］1号文件"关于实施高等学校本科教学质量与教学改革工程的意见"中，明确了"继续推进国家精品课程建设"，"积极推进网络教育资源开发和共享平台建设，建设面向全国高校的精品课程和立体化教材的数字化资源中心"，对高等教育教材的质量和立体化模式都提出了更高、更具体的要求。

　　"着力培养信念执著、品德优良、知识丰富、本领过硬的高素质专门人才和拔尖创新人才"，已成为当今本科教育的主题。教材建设作为教学的重要组成部分，如何适应新形势下我国教学改革要求，配合教育部"卓越工程师教育培养计划"的实施，满足应用型人才培养的需要，在人才培养中发挥作用，成为院校和出版人共同努力的目标。中国纺织服装教育学会协同中国纺织出版社，认真组织制订"十二五"部委级教材规划，组织专家对各院校上报的"十二五"规划教材选题进行认真评选，力求使教材出版与教学改革和课程建设发展相适应，充分体现教材的适用性、科学性、系统性和新颖性，使教材内容具有以下三个特点：

　　（1）围绕一个核心——育人目标。根据教育规律和课程设置特点，从提高学生分析问题、解决问题的能力入手，教材附有课程设置指导，并于章首介绍本章知识点、重点、难点及专业技能，增加相关学科的最新研究理论、研究热点或历史背景，章后附形式多样的思考题等，提高教材的可读性，增加学生学习兴趣和自学能力，提升学生科技素养和人文素养。

　　（2）突出一个环节——实践环节。教材出版突出应用性学科的特点，注重理论与生产实践的结合，有针对性地设置教材内容，增加实践、实验内容，并通过多媒体等形式，直观反映生产实践的最新成果。

　　（3）实现一个立体——开发立体化教材体系。充分利用现代教育技术手段，构建数字教育资源平台，开发教学课件、音像制品、素材库、试题库等多种立体化的配套教材，以直观的形式和丰富的表达充分展现教学内容。

　　教材出版是教育发展中的重要组成部分，为出版高质量的教材，出版社严格甄选作者，组织专家评审，并对出版全过程进行跟踪，及时了解教材编写进度、编写质量，力求做到作者权威、编辑专业、审读严格、精品出版。我们愿与院校一起，共同探讨、完善教材出版，不断推出精品教材，以适应我国高等教育的发展要求。

中国纺织出版社
教材出版中心

序

　　《服装整理学》一书从纺织服装专业本科学生的文化基础和知识结构出发，力求深入浅出，并通过一定的实验教学，加深学生对专业知识的理解，使学生掌握一定的纺织化学、染色理论化学与染整基础理论等知识。还介绍了天然纤维、合成纤维、裘皮、皮革服装的洗练、漂白、染色、印花、整理加工技术与原理以及新型染色、印花、整理技术，从而拓宽了学生的知识面。在此新版中增加了服装艺术装饰整理，结合综合性实验环节可以进一步提高学生的创新思维以及综合艺术设计能力。增加的二维码网络教学资源既可以作为教师授课的教学课件参考使用，又可供学生自行阅读使用。

　　本书第一章、第十章由天津工业大学滑钧凯、广州大学纺织服装学院林细姣编写；第三章、第八章由天津工业大学杨文芳编写；第四章、第五章由北京服装学院王柏华、张丽平编写；第六章、第七章由天津工业大学孟庆涛编写；第九章由天津工业大学周璇编写；第二章、第十一章实验部分由天津工业大学滑钧凯编写。电子版读物由天津工业大学孟庆涛、周璇、滑钧凯编制。最后由滑钧凯教授对全书进行了编审和修改。

全国纺织教育协会

教材编辑出版部

目录

第一章　绪论

　　服装工业是纺织工业的终端行业，在纺织工业和整个国民经济发展中占有十分重要的地位。随着社会和科学技术的发展与进步，服装工业发生了巨大的变化。服装生产已不再仅仅局限于裁缝的概念，无论是国际市场还是中国的服装产业，应运而来的将是成衣工业势如破竹的迅猛发展，而成衣染整则更是国内外成衣工业关注的课题。

　　法国作家、诺贝尔文学奖获得者阿纳托尔·法朗士（Anatole France）曾经说过："如果死后能在图书馆选择一本书，我将不会选择文学作品或历史教材，而是选择一本时尚杂志。一个时代女性的穿着打扮，会比一切哲学家、小说家及预言家更能告诉我未来世界的样子。"谈到服饰文化，笔者认为，除了研究中国服饰文化以外，更需要研究西洋服饰文化，因为西洋服饰文化是伴随着文明的迁移，跨越亚洲、非洲、欧洲，最终落脚在西欧诸国，至今西洋服饰文化已经成为国际服饰文化，并被全世界人民承认和接受。中国服饰文化与世界交流极少，尤其是闭关锁国的封建社会时期，其形成伴随地域文化的进展和朝代的变迁，具有明显的个性化特征。

　　著名科学家李正道先生曾经说过，文化艺术和科学技术就像一个硬币的正反两面，不可分割。也就是说文化艺术需要科学技术的支撑，科学技术需要文化艺术的承载，两者相互促进相辅相成。不难想象，没有高级的精纺毛料和辅料，没有先进的加工技术，就不可能有如今贴身合体、飘逸潇洒的高级西服；没有合成染料和先进的染整技术，就没有万紫千红的时装；没有先进的装饰材料和相关技术，也就没有光彩靓丽的时尚装饰效果。以此而论，如果服装设计师认真钻研相关的科学技术，相信对于服装设计将会如虎添翼。这也是本书编写的本意。

第一节　服装整理概述

一、服装整理的意义

　　关于服装整理，这里主要是指通过机械或化学的方法对服装进行整理，从而产生各种实用效果和艺术效果。习惯上把纺织品的退浆、精练、漂白、染色、印花、拉幅、定型、抗皱、防缩，还有柔软、硬挺、抗菌阻燃加工等，称作染、整或后整理。此外，用在成衣的刺绣、贴补、镶嵌、勾编、手绘、扎染、蜡染、绗缝、打折等装饰技术，本书中称作艺术装饰整理。总之，通过对服装的整理，使服装具有一定的功能和艺术风格，从而大大提高其附加值。

服装是人类赖以生存的生活必需品，同时也是社会的一面镜子。它顺应着历史的潮流、社会的变迁、文明的进步而不断地演变和发展。它不仅与社会生活密切相关，而且与社会的政治、经济、文化等因素有着深层的、内在的联系。从服装上能够反映出社会的兴衰，体现出人们的文化素养、国家的政治状况、社会的道德水准。人们借助服装变化来追求个人性格的多样性与社会意识的一致性。

现代社会已经进入到多元化和多层次文化融合的氛围之中。在信息高速发展、人们普遍追求精神生活的今天，高强度、快节奏的生活方式使人们更加追求时尚。人们对服装的需求已不再仅仅是御寒遮体，而是要穿得舒适，穿出个性，穿出品位。因此，服装艺术染印、功能整理的这场"穿的革命"，正蕴藏着极大的发展空间。

服装染整具有许多织物染整所不能比拟的优越性，其产品具有不缩水、不走形、手感柔软、休闲大方、新颖别致、极具个性、极有品位、穿着与众不同的特点。近年来，深受人们的青睐和喜爱。

二、国内外服装整理的现状与发展趋势

（一）国内服装整理的现状

服装整理是在手工生产的基础上发展起来的，并逐步向半机械化过渡，向全自动方向发展。历代印染巨匠发明创造的扎染、蜡染等传统的手工印染技术一直为人们所喜爱；而艺术印染成衣以其独特的文化内涵也逐渐被人们所认可和接受。但由于我国服装整理工业发展历史较短，各方面基础较为薄弱，与发达国家相比还存在较大差距。具体表现为：

（1）服装整理的整体设备仍显落后。

（2）工艺技术相对落后，生产效率较低。

（3）技术力量薄弱，职工整体素质不高。

（4）生产品种比较单调，不能完全适应市场需求。

就我国目前的服装工业来讲，较多追求的是外延的扩大再生产，依靠大量的投入、种种优惠政策获得高速发展的粗放性经营。今后则必须转入优化内部资源配置、增强高科技内涵的扩大再生产。服装已经不再是简单的面料花色和款式变化，而是应该朝着高附加值、功能化、人性化，甚至是高科技化的方向发展。

（二）服装整理的发展趋势

1.新型后整理材料的开发与应用

新材料和新技术将赋予服装诸多神奇的功能：具有超柔软性能的纳米材料涂层剂，可以使贴身穿的内衣长期保持婴儿皮肤般滑糯柔软的舒适感；采用物理气相沉积法或磁控溅射法、等离子喷涂法、脉冲点沉积法对服装进行纳米涂层整理，可以产生屏蔽静电、高介

电绝缘功能，可以具有红外线、紫外线、雷达电磁波屏蔽功能，从而达到隐身的目的；经过拒油拒水防污功能的纳米材料整理过的服装可以产生防水、防油污的易保养效果。

金属氧化物及其混合物早在十几年前就被用作功能化纺织品的开发，随着纳米技术的发展和成熟使其在纺织品的应用和新产品开发中得到了更广泛的应用。常用的金属氧化物有氧化锌、二氧化钛、三氧化二铝、二氧化硅以及氧化铬、氧化锆、三氧化二铁等。这些金属氧化物当其颗粒小至纳米级的时候均表现出超常规的物理化学性能。比如纳米级的氧化锌，对于350~400nm的紫外光具有极明显的吸收功能，从而产生极其卓越的屏蔽作用。除此之外，当其分子中的价态电子吸收一定能量的光电子之后被激发，价态电子跃迁到导带，价带的空穴把周围环境中的羟基上的电子抢夺过来时，羟基变成自由基，作为强氧化剂完成对有机物的降解反应，这样就可以把病毒和病菌杀死，也可以将有特殊臭味的某些物质氧化消臭。以纳米氧化锌为添加材料开发出的服装，既具有紫外线隔离与屏蔽功能，又具有抗菌和消毒除臭功能。此外，由于氧化锌具有半导体的结构特征和功能，在通常的情况下有很好的导电性。从而具有静电屏蔽作用，以此种类型的涂料进行涂层整理或印花加工后的纺织品则具有抗静电的功能。纳米氧化锌的另一种功能是，在一定能级的光照下显示红色，而在无光照情况下显示黑色。有不少纳米级的金属、金属氧化物，对可见光、紫外光、红外光以及远红外光波甚至电磁波有较强的吸收或屏蔽功能，因此可以使用此种材料对服装进行"反侦察"或称作隐蔽伪装功能整理，这将具有十分重要的军事意义。

2.微电子技术的应用

众所周知，自第一块集成电路出现至今经历了四十余年，集成度翻了几十倍，动态随机储存器的集成度在一块几十毫米的芯片上，可相当于完成二十余万只晶体管的工作（1兆位），265兆位（MB）之芯片则容有5亿只晶体管功能。有统计表明，每18~24个月，元件密度就要翻一番。这就有可能把很多轻便耐用、小巧灵便的微电子模块安装在服装中从而实现多种功能。 比如含有微控制器、声音处理芯片、可取出的电池、多媒体卡模块、耳塞、麦克风和柔性传感器键盘的音频模块以及温度、湿度、有毒气体、传感模块、控制模块等，都可以按照设计需求进行加工制作。在电子时代、信息时代的今天，消费者的消费意识跟随时代发生着翻天覆地的变化，希望服装更加舒适、安全、卫生，甚至具有保健功能；随着科技水平的进步与发展，也希望服装具有某些智能化功能，比如温度智能化调节、湿度智能化调节、空气质量智能化调节，即根据人的需求进行相应地调节和控制，甚至可以根据环境的变化、人的设置来自动调节体表小环境的温度、湿度和空气的清新度。还可以将集成电路微型制品安装在服装中，满足人们娱乐、通讯、保健、保安的需求。比如可以观察和检测人体心动、呼吸、血压、脑电、心电等功能的模块安装在服装之中，实现健康检测报警功能，尤其是对运动员、宇航员、特殊的患者、活动不便的老者以及婴幼儿更加适宜。

3.金属化整理技术的应用

服装表面进行金属化整理，可通过多种方式完成。一种方法是涂层整理法，可以将金属微粉乃至纳米级金属粉末用黏合剂黏附于服装表面；另一种方法是采用真空喷镀的方法将金属喷镀在服装表面；也可以将金属箔复合在服装表面。这种含有纳米级金属微粉的服装均表现出优异的静电屏蔽、光屏蔽、电磁波屏蔽、雷达波屏蔽作用，对可见光的选择吸收或反射作用等特殊的功能。从而可以开发出具有"反侦查"、伪装功能的防护用服装。比如将铝对服装进行真空喷镀，然后涂一层极薄的高分子膜以增强金属膜的牢度，这样的含金属膜织物会有以下几种功能：

（1）对可见光和紫外光有很好的遮蔽性。

（2）有很好的静电遮蔽功能。

（3）有很好的光和热的反射功能。

（4）对电磁波、雷达波有屏蔽作用，对红外光波、远红外光波有屏蔽作用，因此具有反侦查功能。

（5）如果在织物的另一面，采用防侦查涂料按照环境的迷彩效果印上适当的花纹，对可见光可产生"反侦查"作用，如果采用的是可以因环境温度或湿度或者是光照度的不同而使自身可以改变颜色，这就成了变色龙似的防护服装，将具有极其重要的军事意义。

4.微生物技术的应用

牛仔服的砂洗是微生物技术应用的典型实例之一，由于酶对织物表面纤维的降解腐蚀，所以在牛仔服砂洗中添加微生物酶较单纯使用砂洗效率高、对面料损伤度低、色调更加柔和均匀。另一应用实例是超舒适（滑糯柔软，或者滑爽柔软）、易养护（防毡缩、可机洗、不变形）、毛针织服装的整理加工。采用化学处理、酶处理可以实现这些目的。

5.服装的艺术装饰整理

服装艺术装饰整理，是一种对于纺织面料或者是服装的二次加工，是以视觉艺术创新和流行时尚为导向，以国内外以及民族文化元素为基础，以传统的工艺蕴涵与西方抽象艺术意念互相渗透，采用传统的工艺技术和现代印染技术乃至高科技相结合，实现平面以及立体的造型，对服装进行视觉艺术处理。既有二维平面设计构成技巧，又有三维立体构成技艺。

对印染加工后的纺织面料，采用定型整理技术进行第二次、第三次甚至多次艺术处理，还可以根据需要，进行粘贴、拆编、织补、镶嵌、绣花等复合式整理加工。这样集各种加工技术之大成而得到一件精品。从另外一个角度而论，服装的艺术装饰整理是通过科学技术、文化艺术广泛深度的交融，实现具有特殊美感的服装装饰效果。同时更加注重打破专业的界限、改变自身思维的轨迹、吸收先进的科技成果，进行超凡的创造和艺术升华。

未来的服装整理将综合运用自动化技术、现代化管理技术、信息技术和系统工程技术，使服装整理企业的各生产要素有机地集成并优化，形成一种新型的服装整理生产体系。回归到服装设计，已经不再是简单的服装造型设计，它需要更深度的文化设计，更高层的技术设计，更尖端的科学设计，使服装既有时尚的美学功能，又具有完美的实用功能。服装整理企业要依靠科技进步，加强技术改造步伐。引进和采用先进的配套设备，消化和吸收先进的工艺技术，加强服装的艺术加工及多功能的整理，增加产品的附加值，使服装向着既有传统的民族风格又饱含现代流行意识的方向发展。

三、服装整理学研究的主要内容

　　服装整理学是社会经济迅猛发展和服装市场日益繁荣的必然产物。它是从普通纺织品染整工艺学分离出来，并将服装的自然属性和染整工艺相互渗透、相互交叉的新兴学科。服装整理学侧重研究各类服装的洗练、染色、印花、整烫等生产过程，并涉及服装纤维材料的结构和性能、服装的设计生产、储存运输等领域。因此，它融合了服装材料学、服装工艺学、染整工艺学、服装美学、服装质量管理学等多门与服装整理相关的学科。

　　服装整理学的研究内容主要有：

　　（1）如何依据服装材料的主要性能及特点，选择相应的整理方法。

　　（2）服装预处理的工艺、质量及预处理与服装的风格、成品的质量之间的关系。

　　（3）各类服装的染色和印花方法、工艺、设备、质量及评价。

　　（4）服装的艺术染印、功能整理及综合技术开发。

　　（5）服装的视觉艺术加工整理。

　　（6）服装的包装、储存、运输及管理。

　　（7）服装整理的实验。

第二节　服装整理涉及的对象与常用的技术方法

一、按照加工顺序划分

（一）对于面料的美学处理

　　一般而言，服装使用经过染整加工后的面料，这些面料都具有流行的颜色，时尚的图案，在染色印花过程中已经具有一些特殊的视觉效果，比如发光、闪光、凹凸等。如无更高要求，这些面料便可以满足使用，不需再进行艺术整理加工。有的则需要进一步进行机械的、化学的、艺术的再处理。

（二）对于纱线进行特殊加工

　　土耳其有一种家族的传统习惯，就是每一代传人都必须采用纱线段染的方法创造出一种前人没有的织造花型，具有十足的民族特色。如果将这种面料制作的服装再进行装饰，这种方法应该算作是在纱线上的艺术整理。

（三）对衣片的艺术整理

这种方法最常用的就是针织服装，一般是将面料裁剪成片状，采用平网印花技术进行印花，而后缝制成衣。这种技术同样适用于机织面料。

（四）对于成衣的美学处理

顾名思义这种方式就是先加工成成衣，再进行艺术整理。

二、按照技术方法划分

从技术角度来讲，服装整理有很多不同的技术方法。充分体现了艺术和科学技术的连体性特征，即可以采用各种先进的技术实现奇妙的艺术构想。

（一）印染类化学加工技术

染色技术包括喷射染色、蜡染、反蜡染、扎染、反扎染、提染、段染、泼染、转移染色等。印花技术包括直接印花、防染印花、拔染印花、烂花印花、转移印花和转移印花、发泡印花、浮雕印花、电脑喷墨印花、植绒印花、珠光印花、夜光印花、微型反射体印花、变色印花、金银粉印花、潜影印花、手绘、拓印印花、香味印花、喷绘、带蜡印花等。

（二）针织钩编技术

很多服装在领口袖口使用针织面料，一方面由于针织物有很好的弹性，另外还可以形成区别于机织面料的纹理。还有使用钩编的方法对领部、下摆、开襟、进行装饰。

（三）撕破镂空技术

牛仔服经常在某些局部拆成破洞，追求一种破旧残缺的风格。传统的抽纱工艺中，原本是用在台布、窗帘餐巾等室内装饰物上的镂空技术，如今不少已经用在时装之上，不但图案漂亮，而且具有朦胧抽象的诱惑之感。

（四）机械轧烫技术

机械轧烫技术适用于定型整理（耐久性折皱整理、耐久性鼓泡、轧花整理、剪花整理等）。而且还可以根据需要，进行粘贴、拆编、织补、镶嵌、绣花等复合式整理加工。

（五）粘贴、镶嵌、贴补技术

此类技术包含很多方法和技术，总而言之是指将所需的材料和部件采用粘贴、镶嵌、贴补的方法添加到服装之上，以取得装饰效果。

三、按照材料划分

服装整理所涉及的材料可以说是无奇不有，主要分两大类：一类是构成服装面料所使用的纺织材料：棉、麻、蚕丝、羊毛、羊绒、涤纶、腈纶、锦纶、氨纶等，纺织材料不同，则染色、印花整理加工技术、条件不同。另一类材料是用作服装艺术装饰的材料，其中有纺织纤维类材料、皮革羽毛材料、竹木花草材料、各种金属材料、陶瓷玻璃材料、珠宝贝壳材料、包罗万象的塑料、各种着色及功能整理材料等。"只有想不到的，没有不能使用的"。也就是说您可以大胆地去设想，尤其是常人认为不能使用的材料，经过深度开发得以成功使用，那将产生超常的艺术效果。

四、按照服装分类划分

服装的染、印整理，最常用的是针织服装和机织休闲装、牛仔服。服装的艺术装饰整理则是随处可见，从婴幼儿服装到中老年服装，从夏季轻薄柔软的连衣裙、T恤到冬季的羽绒服，小至一件文胸，大到大衣斗篷，都在挖空心思对其进行装饰整理，一方面增强艺术效果，另一方面也大大提高其附加值。由此也可以看到服装整理的重要性。

五、按照整理功能划分

服装整理除了增强服装的视觉艺术效果，提高附加值外，更主要的是满足各方面的使用功能，比如柔软舒适、吸湿排汗、防水透气、保暖防风等，除了选择合适的面料解决以上问题，还可以在服装成衣之后着手解决。

六、按照整理效果划分

服装整理首先可以产生各种视觉艺术效果，包括色彩构成效果、平面构成效果、立体构成效果、动感美学效果。

服装整理的另外一种效果是感觉风格的变化，包括柔软与滑爽感觉、轻薄与飘逸感觉、凉爽透气感觉、蓬松与柔软的感觉、温暖舒适感觉，甚至还会有不同的芳香气味感觉、声响效果。

最后采用化学家的句式来总结服装整理，"由元素（美学元素、物质元素）按照一定规律形成一定结构而具有一定功能（美学功能、实用功能）"。这样把问题简化为一个通式，作为思考问题的逻辑，再把逻辑元素进行无限的细分，再进行排列组合，从而得到无数的结果。如果能够打破专业的惯性约束，广泛吸取浩瀚科学知识海洋的营养，便会有超凡脱俗的创新。

第三节　服装整理常用的机械与设备

整理机械和设备是进行服装整理的必要手段。为了获得优质、低成本的服装制品，除根据不同的服装制订出合理的整理工艺外，还必须要有与之相适应的整理设备。随着生产的不断发展及科学技术水平的不断提高，整理机械设备也日趋先进。按照服装整理的内容不同，整理设备常分为洗练设备、染色设备、印花设备、烘干设备、整烫设备等。合理地选择服装整理设备对提高劳动生产率、改善产品质量、降低生产成本有着非常重要的意义。

一、洗练设备

服装洗练设备有各种型号的工业洗衣机、砂磨洗涤机、石磨洗涤机及羊毛衫专用缩绒洗涤机等多种，目前生产上以工业洗衣机最为常用。HW型全自动洗衣机如图1-1所示。该机结构简单，操作方便；使用不锈钢内胆，采用滚筒式结构，正反转自动控制；不磨损面料，不污染衣物，能够达到最佳的洗涤效果。适用于棉、麻、化纤及其混纺衣物的漂染和洗水。

二、印染设备

（一）成衣染色机

GD型成衣染色机如图1-2所示。该设备主要由染槽、叶轮、自动控制系统等组成。染色时根据不同的服装品种及载重情况调节叶轮旋转速度，自动定时设定叶轮正反循环以带动染液循环运动，同时叶轮不断地把浮在液面的成衣毫无损伤地压向染液内，以达到均匀染色的目的。此机机械性能好，自动化程度高，操作容易，维修简便，适用于羊毛衫、真丝绸衣裤、涤纶、锦纶、腈纶衫裤等各种成衣的漂染及手套、袜子等各种纤维成形织物的漂染。

纤维素纤维类成衣染色所使用的设备为转鼓式染色机。转鼓式的机型搅拌力比较强，浴比相对较小，多在1∶5至1∶30之间，可促进成衣染色的匀染与获得较高的上染百分率。一台理想的转鼓式成衣染色机还应有以下的功能：

（1）容量或液面控制装置，以保证浴比每次染色一致，使色泽重现性好，缸差较小。

图1-1　HW型全自动洗衣机

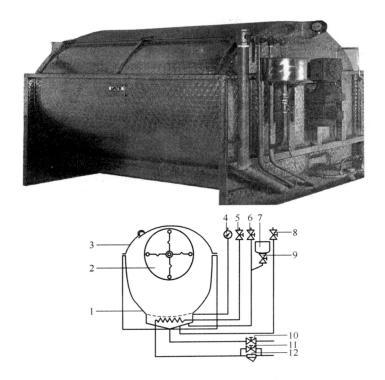

图1-2 GD成衣染色机外形图及示意图

1—主缸 2—浆轮 3—门 4—温度表 5—间接加热 6—直接加热 7—加料桶
8—供水阀门 9—加料调节阀门 10—排水阀门 11—冷却排水阀门 12—疏水器

（2）要有间接加热和冷却装置，可以避免因直接蒸汽将冷凝水及输气管的铁锈带入染浴，造成变色及浴比增大，使缸差无法控制，同时可避免局部过热或升温过快而造成的色花等染疵产生。间接冷却可使染浴缓慢降温，防止骤冷使织物手感变差。

（3）升温自控装置，可使各缸次升温速率一致，减少缸差，提高工效。

（4）有热水供应，如可将间接加热的冷凝水和间接冷却的循环水收集起来，用于染后冲洗浮色，既节能、节水又提高工效。

（5）主电机连接变速装置，使设备染色、清洗、脱水一体化，既可提高清洗效率，节约用水，又可避免被染物带水出缸造成的被染物扭曲变形及撕破等疵病产生。

（6）备有3~5个加料槽（高位槽），可由电磁阀控制并与电脑或自动控制系统相连，有利于分步工艺的实施及自动化。

（7）取样装置，可不开启机门取样对色，保证新色号一次成功。

（8）杂质过滤装置，可使杂质及时滤出，防止漂浮色沾污被染物，也利于换色清机。

（二）印花设备

成衣印花大多采用台板式平网印花，也有采用机械化程度较高的转盘式筛网印花机，但后者投资成本较高。

1.成衣印花用台板

台板是成衣印花的主要设备,有冷台板和热台板两种。前者不用加热,后者要在台板的下面用蒸汽或电加热,蒸汽加热一般情况下成本较低,但台面温度的控制则比较困难;而电加热的台面温度较易控制,但耗电较大。台板要求平整,并具有一定的弹性。其主要结构为主体钢架上面铺以平整的钢板,在钢板上铺两层双面棉绒毯,并且是绷紧的,再在棉毯的上面覆盖表面十分平整而又无接缝的人造革。台板两侧装有定位孔,以固定筛框位置而确保对花准确。在台板上人造革的经向和纬向用白漆划出中心线和衣片的轮廓线,作为衣片贴上时的标准线,使贴布时容易操作。

2.汽蒸设备

染料印花需经汽蒸使染料从浆膜转移到纤维而达到固色或发色的目地。涤纶织物如用分散染料印花,一般常压汽蒸还不能满足固色的要求,须经高温高压汽蒸才能完成。

(1)屋形汽蒸箱:适用于涂料印花、除分散染料以外的其他染料印花。屋形汽蒸箱为土制设备,形同斜顶房屋。蒸箱下部设有直接蒸汽管和间接蒸汽管,蒸汽管上面铺设有洞眼的花板,上盖麻袋,防止水滴喷出。蒸箱两侧装有间接蒸汽管,用以保温,防止产生水滴。衣片悬挂或平铺在架子上,推入蒸箱,汽蒸时间视具体要求而定。

(2)高温高压圆筒蒸箱:适用于涤纶衣片分散染料印花后汽蒸固色。印花衣片挂在星形架上,吊入圆筒内进行汽蒸。温度一般为130~135℃。

(3)圆筒蒸箱:形同高温高压圆筒蒸箱,采用饱和蒸汽汽蒸,温度在100~105℃,适用于除涤纶织物分散染料印花外的一切印花衣衫的汽蒸固色。

三、脱水与烘干设备

(一)脱水机

常用脱水机通常为三点悬垂式离心脱水机,如图1-3所示。上部装卸料的脱水机械,通过高速旋转转鼓形成的离心力,强制除去衣物内的水分。本机转鼓与织物接触部位采用不锈钢,启动采用离心离合器,制动采用内涨式双蹄制动机构直接制动转鼓,因此具有结构简单、不损伤纺织品、操作方便、运转平稳、坚固耐用、适用性强的特点。

该机适用于漂染、洗染等大中型企业对各种棉、毛、化纤等服装洗涤后的脱水。

图1-3 离心脱水机

(二)烘干机

成衣洗染后,经过脱水机除去大部分水分,送入烘干机进行烘干,才能进行整烫、整理成成品。TD型成衣烘干机如图1-4所示。该机采用不锈钢内胆，表面光滑平整，避免损坏衣物表面，高效率的循环排气系统和内笼的旋转动作能有效地保证均匀和快速的烘干，内笼的凸缘设计则帮助衣物翻动，从而进一步提高烘干质量。该机操作简单，清洁方便，适用性强，可用于棉、毛、化纤等多种成衣的烘干。

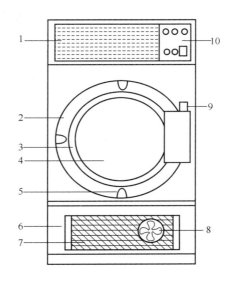

图1-4　TD型成衣烘干机

1—热交换器　2—内笼　3—工作门　4—检视窗
5—凸缘　6—风扇室　7—隔滤网　8—循环/排气风扇
9—机内安全装置　10—控制表板

四、整烫设备

整烫定型加工是服装整理的重要组成部分，是利用水、汽、热和压力，人为地改变面料的形态和结构，使服装获得期望的造型的手段。服装整烫定型设备种类很多，这里简要介绍服装工业常用的几种设备。

（一）熨斗

熨斗是手工熨烫的主要设备，可分为普通电熨斗、调温电熨斗和蒸汽熨斗。常用的普通电熨斗和调温电熨斗重量有1~8kg不等，轻型的适于烫制衬衣等薄型面料的服装，重型的适于烫制呢绒等厚型面料的服装。蒸汽熨斗能对面料进行均匀地给湿加热，熨烫效果较好，工业生产中大多采用蒸汽熨斗。根据蒸汽供给的方式，蒸汽熨斗可分为成品蒸汽熨斗和电热蒸汽熨斗，前者使用锅炉生产的成品蒸汽，后者使用电热蒸汽熨斗内的自热蒸汽。

（二）熨烫台

近年来，熨烫台是与熨斗配合使用共同完成服装熨烫作业的配套设备之一，适用于中间熨烫和小型服装厂成品服装整烫，根据熨烫台的结构和功能可分为吸风抽湿熨烫台和抽湿喷吹熨烫台。吸风抽湿熨烫台与不同形状的烫馒组合，可以组成各种不同功能的专用熨烫台，如：双臂式烫台（图1-5），筒形物用烫台（图1-6）等。抽湿喷吹熨烫台除具有吸风抽湿熨烫台的吸风和强力抽湿功能外，还可对衣物进行喷吹冷风，多用于品质要求较高，需进行精整的服装。强力抽湿能加速衣物的干燥和冷却，使衣物定型快、造型稳定；而喷吹又可使面料富有弹性，同时又能有效地防止极光和印痕的产生。

（三）蒸汽烫模熨烫机

蒸汽烫模熨烫机在服装加工过程中的使用日趋广泛，其特点是能烫出符合人体形态的立体服装造型，一般用于大衣、西服、西裤等半成品或成品需塑造形状的部位熨烫。

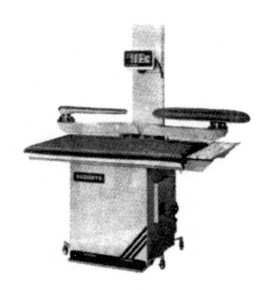

图1-5　双臂式烫台

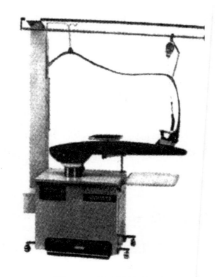

图1-6　筒形物用烫台

蒸汽烫模熨烫机的种类很多，一般可从以下三方面进行分类：

（1）按熨烫对象分：西装熨烫机、衬衫熨烫机、针织服装熨烫机。

（2）按操作方式分：手动熨烫机、半自动熨烫机、成品熨烫机。

（3）按用途分：中间熨烫机和成品熨烫机。中间烫模熨烫机主要用于服装加工过程中的熨烫，如袋盖定型机、领头归拔机等。成品烫模熨烫机则是对缝制工序完成后的成衣进行熨烫，以达到所要求的外观效果。

第二章　服装材料概论

第一节　纤维素纤维的种类和主要性质

纤维素是构成各种植物细胞成分最广的有机物质，它由C、H、O元素组成，其完全水解产物为葡萄糖。棉、麻、木材及其他植物中都含有大量的纤维素。棉纤维中纤维素的含量最高（92%~95%）。纤维素纤维的成分除纤维素外，还含有非纤维素杂质，它们影响到纤维性能，如强力、刚性、色泽、吸湿性、膨润性等。

纤维素纤维包括天然纤维素纤维和再生纤维素纤维两种，天然纤维素纤维主要是棉纤维和麻纤维。再生纤维素纤维主要是黏胶纤维、醋酯纤维、铜氨纤维和Tencel纤维等。

一、天然纤维素纤维

（一）棉纤维

1.棉纤维的种类

（1）细绒棉：又称陆地棉，是世界上最大的棉花栽培品种，国产棉花98%为细绒棉。细绒棉品质优良，是棉织物主要原料。

（2）长绒棉：长绒棉纤维长而细，品质较好，主要用于高档棉织物。

（3）粗绒棉：我国曾长期种植。因纤维粗短，品质较差，现已大部分为细绒棉取代。

2.棉纤维的结构

（1）初生胞壁：初生胞壁决定了棉纤维的表面性质。初生胞壁具有拒水性，这对棉纤维在自然生长中有保护作用，而在染整加工中会阻碍药剂向纤维内部的扩散，影响化学反应的进行，造成织物渗透性差，染色不匀等疵病。再加上纤维素含量较少，故应在染整加工的初期将其破坏并去除。

（2）次生胞壁：次生胞壁是纤维素沉积最厚的一层（约4μm），是棉纤维的主体，质量约占整个纤维质量的90%以上，次生胞壁的纤维素含量很高，共生物含量减少。次生胞壁的组成与结构决定了棉纤维的主要性质。

（3）胞腔：胞腔是棉纤维的中空部分，约占纤维截面的1/10，含有蛋白质及色素。胞腔是纤维内最大的空隙，是棉纤维染色和化学处理的重要通道。

3.棉纤维的主要性质

（1）长度：棉纤维长度与棉花品种有关，棉花生长条件和初步加工（轧花）也有一定影响。棉纤维长度是反映棉花品种优劣和成纱质量的一项重要指标。棉纤维越长，成纱强度、弹性、条干均匀度越好。一般棉纤维的长度在23~38 mm之间。

（2）细度：棉纤维细度与棉纱细度、强度、条干均匀度密切相关。棉纤维细度一般为1.3~1.7 dtex，较羊毛、蚕丝细。

（3）成熟度：棉纤维的成熟度是指纤维细胞壁增厚程度，胞壁越厚，成熟度越好。成熟度受棉花生长条件的影响比较大。除长度以外，棉纤维的其他各项性能几乎都与成熟度有着密切的关系。正常成熟的棉纤维，截面粗、强度高、弹性好、有丝光，有较多的天然转曲，染色性能好。

（4）强伸性：强度是表示纤维性能的重要指标之一，也是纤维具有纺纱性能的必要条件之一。棉纤维强度与棉花种类、细度等有关。棉纤维干态强度约为2.6~4.9 cN/dtex，湿态强度不降低反而略有上升，为2.9~5.6 cN/dtex。棉纤维断裂伸长率仅为3%~7%，变形能力较差。

（5）天然转曲：成熟棉纤维纵向有许多螺旋形的扭曲，这种扭曲是棉纤维生长过程中自然形成的，叫做"天然转曲"。棉纤维具有天然转曲是使棉纤维具有良好的抱合性能与可纺性能的原因之一，天然转曲越多的棉纤维品质越好。

（6）吸湿性：棉纤维标准回潮率为7%~8%，吸湿性较好，棉制服装穿着舒适、吸湿透气、无静电产生。

（7）耐热性：棉纤维耐热性好于麻、羊毛、蚕丝和锦纶，与黏胶纤维接近，但不如涤纶和腈纶。

（8）化学性质：

①碱的作用：纤维素大分子中的苷键对碱的作用比较稳定，在常温下，氢氧化钠溶液对纤维素不起作用。但在高温有空气存在时，纤维素苷键对较稀的碱液也十分敏感，引起聚合度的下降。因此，棉纤维在加工时必须避免长时间带碱并与空气接触，以免纤维素受损。

②酸的作用：酸对纤维素大分子中苷键的水解起催化作用，使大分子的聚合度降低，导致手感变硬，强度严重降低。但只要控制得当，也有可利用的一面。如含氯漂白剂漂白后用稀酸处理，可进一步加强漂白作用；用酸中和织物上过剩的碱，用酸处理生产蝉翼纱、烂花产品等。

③氧化剂的作用：纤维素一般不受还原剂的影响，而易受氧化剂的作用生成氧化纤维素，使纤维变性、受损。纤维素对空气中的氧是很稳定的，但在碱存在下易氧化脆损，所以高温碱煮时应尽量避免与空气接触。在应用次氯酸钠、过氧化氢等氧化剂漂白时，必须严格控制工艺条件，以保证织物或纱线应有的强度。

（二）麻纤维

1.麻纤维的种类

（1）苎麻：苎麻原产于我国，可分为白叶和绿叶两个栽培种，白叶种苎麻适应性强，纤维品质好，我国与世界种植苎麻的多数地区都种白叶种苎麻。苎麻是麻类纤维中优良的纤维之一，纤维长，富有光泽，颜色洁白，强度高，湿强更高，同时具有在水中不易腐烂和发霉、经久耐用、穿着凉爽等特性，可以做夏季衣料等。近年来，通过对苎麻纤维进行改性处理，克服了其固有的断裂伸长小、弹性差、易起皱、染色性能差等不足，提高了成品的服用性能。

（2）亚麻：亚麻纤维细而短，纺纱时不用单纤维，而是用纤维束。亚麻纤维手感近似于棉纤维，凉爽感仅次于苎麻，纤维的吸湿和散热性均较好。

（3）罗布麻：多生长在盐碱地和沙漠地带，纤维洁白，光泽极好。

2. 麻纤维的形态结构

单根麻纤维是一个厚壁、两端密闭、内有狭窄胞腔的长细胞，没有棉纤维那样的天然扭曲。麻纤维的主要化学成分和棉纤维一样，也是纤维素，但含量较低，果胶物质含量较高，还含有蜡状物质、含氮物质、灰分和木质素。

3. 麻纤维的主要性质

（1）强度与伸长：在天然纤维中，麻纤维的强度最大，且湿强较干强高20%~30%，但伸长最小。在麻类纤维中强度最大的是苎麻，它的强度相当于棉纤维的8~9倍，其次是大麻和亚麻，而每一种麻纤维的强度又因品种、收获期、纤维等级和水分含量的不同而有所不同。总的说来，麻纺织品具有较好的耐磨、抗拉的特性。

（2）导电性和耐热性：麻纤维是电的不良导体，因此具有很好的绝缘性能。在干热的情况下，大麻耐热性最好，苎麻和亚麻等品种略差，在湿热的情况下，苎麻的耐热性最好。

（3）色泽：麻纤维具有一定的色泽，通常脱胶后的苎麻为青白色，亚麻为淡黄色，黄麻受白光作用后则变为黄褐色，脱胶良好的红麻为白色，否则呈红色。染色麻布色泽鲜艳，不易褪色。

（4）吸湿性：麻纤维具有较好的吸湿性，标准回潮率为12%~13%，吸湿、放湿速度快，服装穿着凉爽舒适、吸湿透气，特别适于夏季服用。

（5）弹性：麻纤维弹性在各种天然纤维中是最差的，麻织物容易折皱，悬垂感较差，洗涤后需加以熨烫。

（6）染色性能：麻和棉都是植物纤维素纤维，化学性能相同。但是麻纤维对染料的吸收率较低，渗透性也较棉差，所以必须加强染色前的煮练，才能增加麻布的毛细管效应，提高对染料的吸收率，使染色均匀坚牢。麻布一般以漂白和染浅色纱为多，染深色较少。为了改善麻布粗硬和缩水大的缺点，染后大都采取柔软处理和防皱处理，从而提高它的服用性能。

（7）防霉与抗菌性：研究表明，不少麻类纤维，有很好的防霉和抗菌的功能。

二、再生纤维素纤维

（一）黏胶纤维

黏胶纤维是再生纤维素纤维的主要品种，是从不能直接纺织加工的纤维素原料（如棉短绒、木材、芦苇、甘蔗渣等）中提取纯净的纤维素，经过烧碱、二硫化碳处理后制备成黏稠的纺丝溶液，采用湿法纺丝制成，黏胶纤维的主要品种有黏胶长丝、强力黏胶帘子线、黏胶短纤维、富强纤维（高湿模量黏胶纤维）等。普通黏胶纤维一般用作衣料、被面和装饰织物。经改性了的富强纤维因性能较为理想（弹性恢复率高，尺寸稳定性好），比普通黏胶纤维更适宜做衣料。强力黏胶纤维大多用作工业用织物，如轮胎帘子线、传送带、三角皮带和绳索等。改性的黏胶纤维具有多种用途，有的可做高档服装面料，有的可作医用缝线和止血纤维，还有的可用于航天工业。

黏胶纤维在生产过程中，已经过洗涤、去杂、漂白等工序，天然色素、灰分、油脂、蜡状物质等被去除，是一种较为纯净的纤维，含有的杂质比天然纤维素纤维要少得多。

黏胶纤维与棉、麻等天然纤维素纤维相比，由于聚合度、结晶度和形态结构不同，从而造成性质方面的差异。

（1）物理机械性质：普通黏胶纤维的湿强度比干强度降低近50%左右（一般干强为22.07~27.3 cN/tex，湿强为12.36~17.6 cN/tex）。弹性回复能力也差，纤维不耐磨，湿态下的弹性、耐磨性更差，所以普通黏胶纤维不耐水洗，且尺寸稳定性很差，断裂伸长约为10%~30%，湿态时伸长更大，湿模量很低，利用特殊纺丝工艺纺制的强力黏胶纤维和富强纤维在强度、耐水性等方面有所改善。

黏胶纤维比棉纤维有更多的无定型区和更松散的超分子结构，所以吸湿量大，对染料、化学试剂的吸附量大于棉纤维。

（2）化学性质：同其他纤维素纤维一样，黏胶纤维对酸和氧化剂比较敏感，但黏胶纤维结构松散，聚合度、结晶度和取向度低，空隙和内表面积较大，暴露的羟基比棉多，因此化学活泼性比棉大，对酸和氧化剂的敏感性大于棉。黏胶纤维对碱的稳定性比棉差很多，能在浓烧碱作用下剧烈溶胀以至溶解，使纤维失重，机械性能下降，所以在染整加工中应尽量少用浓碱。

（3）染色性能：在染色性能方面，黏胶纤维和棉纤维相似。虽然黏胶纤维的结晶度低，对染料的吸附量大于棉，但由于黏胶纤维存在着皮芯结构的差异，皮层结构紧密，妨碍染料的吸附与扩散，而芯层结构疏松，对染料的吸附量高，所以低温短时间染色，黏胶纤维得色比棉浅，且易产生染色不匀现象，高温长时间染色黏胶纤维得色才比棉深。

（二）醋酯纤维

醋酯纤维是再生纤维的一大品种，按醋酯化程度不同，分为二醋酯纤维和三醋酯纤维两类。与黏胶纤维相比，醋酯纤维强度低，吸湿性差，染色性也较差，但在手感、弹性、光泽和保暖性方面的性能优于黏胶纤维，一定程度上有蚕丝的效应。

醋酯纤维适于制作内衣、童衣、妇女服装和装饰织物，短纤维用于同棉、毛或其他合成纤维混纺。

（三）铜氨纤维

铜氨纤维是把棉短绒等纤维素溶解于铜氨溶液中，制得铜氨纺丝液，采用湿法纺丝工艺制成的再生纤维素纤维。铜氨纤维的性能比黏胶纤维优良，它可以制成非常细的纤维，为制作高级丝织品提供条件。但由于受原料的限制（铜和铵）所以生产受到一定限制。铜氨纤维染色性能较好，上染百分率高，上染速率快，但要注意防止染色不匀。

（四）Tencel 纤维

Tencel纤维又称Lyocell纤维，经国际化学纤维人造纤维标准局命名为Lyocell，是20世纪末开发的符合环保要求的再生纤维素纤维，其原料采用来自山毛榉、桉树等的木浆，生产过程中所用溶剂可回收并循环利用，无环境污染，且纤维本身易于生物降解，是一种绿色环保纤维。

Tencel纤维具有强度高、手感厚实、悬垂性好、光泽优美、吸湿放湿性好、穿着舒适、易染色、色彩鲜艳多样以及相对较好的抗皱性和保型性等特点，同时具备了棉纤维的自然舒适性、黏胶纤维的悬垂飘逸性和色彩鲜艳性、合成纤维的高强度，又有真丝般柔软的手感和优雅的光泽。它可与其他纤维（包括合成纤维、天然纤维或再生纤维）混纺、交织或复合，从而获得表面光洁或具有绒面效应等不同风格的面料。目前，国内外已开发了大量含Tencel纤维面料，既有机织产品又有针织产品，品种有纯纺及与棉、黏胶、麻、毛、蚕丝、涤纶、氨纶等混纺、交织和包芯弹力类产品，广泛用于牛仔服装、运动休闲服装、套装、衬衫、内衣等。

第二节　蛋白质纤维的种类和主要性质

蛋白质纤维是天然动物的毛发经物理、化学方法处理而得到的纤维，具有纤维纤细、手感柔软滑润、光泽好、弹性足、强力大、白度好等特点。蛋白质纤维的化学组成随纤维种类不同而有较大差别，但基本组成单位都是氨基酸。目前，用作服装材料的蛋白质纤维主要包括属于天然蛋白质纤维的羊毛、蚕丝、山羊绒、牦牛绒、兔毛和马海毛等，再生蛋白质纤维的大豆蛋白纤维和牛奶蛋白纤维。除了大豆蛋白纤维为植物蛋白纤维外，上述其他纤维均属于动物蛋白纤维。

一、天然蛋白质纤维

（一）羊毛纤维

羊毛是纺织工业的重要原料，它具有许多优良特性，如弹性好、吸湿性强、保暖性好、不易沾污、光泽柔和等。这些性能使毛织物具有各种独特风格。用羊毛可以织制各种高级衣用织物，如薄毛呢等；可织制手感滑糯、丰厚有身骨、弹性好、呢面洁净、光泽自然的春秋面料，如中厚花呢等；还可织制质地丰厚、手感丰满、保暖性强的冬季服装面料，如各类大衣呢等。

1. 羊毛纤维的组成

羊毛除了主要的角蛋白成分外，还含有羊脂、羊汗、砂土和植物性杂质等其他非蛋白质的物质。羊毛含杂情况因种类和生活环境的不同有很大差别，一般细羊毛较粗羊毛含杂量高。

2. 羊毛纤维的形态结构

光学显微镜下，羊毛纤维的截面接近圆形，纵向可观察到覆盖在毛干表面的鳞片。羊毛是由多种细胞聚集而成，依照细胞的性质、形状和大小的不同，分为三种类型，相应地组成羊毛纤维的三层：包覆在毛干外部的鳞片层，组成羊毛实体主要部分的皮质层和毛干中心的毛髓组成的髓质层。

（1）鳞片层：由片状角质细胞组成，如同鱼鳞般覆盖在毛干表面，鳞片根部长自毛干，上端开口指向毛尖，层层相叠。鳞片在羊毛上覆盖的密度因羊的品种和羊毛的粗细有较大的差异，鳞片的主要作用，是保护羊毛不受外界条件的影响而引起性质变化。鳞片排列的疏密和附着程度，对羊毛的光泽和表面性质有很大的影响。粗羊毛上鳞片较稀，易紧贴于毛干上，使纤维表面光滑，光泽强，如林肯毛。美丽奴细羊毛，纤维细，鳞片紧密，反光小，光泽柔和近似银光。此外，鳞片层的存在，使羊毛具有毡化的特性。

（2）皮质层：皮质层在鳞片层的里面，由纺锤形细胞组成，是羊毛的主要组成部分，也是决定羊毛物理化学性质的基本物质。它和鳞片层之间依靠细胞间质紧密联结在一起。从横截面观察，羊毛皮质层系由两种不同的皮质细胞组成（正皮质和偏皮质）。

（3）髓质层：由结构松散和充满空气的角蛋白细胞组成，细胞间相互联系较差。在显微镜下观察，髓质层呈暗黑色。细羊毛无髓质层，较粗的毛中有髓质层。含髓质层多的羊毛，脆而易断，不易染色，品质较差。

3. 羊毛纤维的主要性质

（1）长度与细度：长度和细度是确定羊毛品质、使用价值以及纺纱工艺的重要指标。细毛的长度一般为6~12cm，半细毛的长度为7~18cm，一般说来，长纤维纺出的纱强度高、条干好、纺纱断头率低。而毛纤维越细，细度越均匀，纱的条干越均匀，但过细会影响成纱质量，易使织物表面产生起毛起球现象。为了体现各类品种毛织物的不同风格，通常相应地选用不同细度的毛纤维。如外衣类毛料服装可选择稍粗的羊毛；作为内衣穿着的羊毛衫，则需用很细的羊毛原料。

（2）卷曲：羊毛的自然形态，并非直线，而是沿长度方向有自然的周期性卷曲。一般以每厘米的卷曲数来表示羊毛卷曲的程度，叫卷曲度。卷曲度与羊毛品种、细度、生长部位有关，羊毛的卷曲度越高，品质越好。

（3）强伸性：羊毛纤维强度很低，仅0.9~1.5 N/dtex，但伸长能力却很大，断裂伸长率可达25%~40%，初始模量较小，仅为9.7~22 cN/dtex，拉伸变形能力大，服装穿着时不易损坏。

（4）弹性：羊毛纤维的弹性较好，不论拉伸、弯曲、压缩，弹性都很好，因此毛料服装的抗皱性和保型性好。

（5）吸湿性：羊毛纤维的标准回潮率高达15%~17%，是所有纺织纤维中吸湿性能最好的一种。同时，羊毛纤维还具有一定的蓄水和吸湿放热能力。

（6）缩绒性：羊毛缩绒性是指羊毛在湿热及化学试剂作用下，经机械作用力反复挤压，纤维集合体逐渐收缩紧密，并相互穿插纠缠，交编毡化。缩绒性是羊毛特有的性质，利用羊毛的缩绒特性，通过缩绒工艺（又称缩呢），可使织物面积收缩，厚度和紧度增加，表面露出一层绒毛，可收到外观优美、手感丰厚柔软、保暖性能良好的效果。

（7）耐热性：羊毛耐热性较差，在加工和使用中，要求干热不超过70℃。当温度达到100~105℃时，纤维很快失水、干燥而变得脆弱，强力降低并泛黄。

（8）可塑性：羊毛在加工过程中常受到拉伸、弯曲等各种外力作用，使纤维改变原来形态。羊毛的可塑性是指羊毛在湿热条件下，按外力作用改变原有形态，再经冷却或烘干使形态保持下来的性质。羊毛衫的整烫定型就是利用羊毛纤维的可塑性，将羊毛衫在一定的温度、湿度及外力作用下处理一定时间，获得稳定的尺寸和形态。毛料服装的熨烫也是利用羊毛纤维的可塑性，在湿、热和压力作用下，使服装变得平整无皱，形成的折裥也可保持较长时间。

（9）化学性质：

①两性性质：羊毛纤维的分子结构中，既含有酸性基团（—COOH），又含有碱性基团（—NH$_2$、—OH），呈两性性质。

②酸的作用：羊毛对酸的作用比较稳定，属于耐酸性较好的纤维，因此可以用强酸性染料，在pH=2~4的染浴中沸染，还可以用硫酸进行炭化，以去除原毛中的草籽、草屑等植物性杂质。但在一定条件下，浓度较高的酸对羊毛纤维也会造成损伤其中无机酸强于有机酸。

③碱的作用：羊毛对碱的稳定性差，碱能拆散多缩氨酸链之间的盐式键，多缩氨酸主链在碱中也能发生水解，羊毛经碱作用后受到严重损伤，聚合度下降、变黄、含硫量降

低、溶解性增加，影响的程度与时间、温度、浓度及碱的性质等有关。

④还原剂的作用：还原剂主要与羊毛纤维中的二硫键起反应，也能破坏盐式键。在碱性介质中，破坏作用更为强烈。

⑤氧化剂的作用：羊毛在漂白加工中常使用氧化剂。毛纤维对氧化剂比较敏感，特别是含氯氧化剂，在高温下作用更为强烈。羊毛加工中使用含氯氧化剂会破坏鳞片层，纤维变细，获得一定防缩效果，同时使表面平滑，具有一定的光泽，手感滑糯或滑爽。但使用不当会使羊毛受到一定损伤，手感变粗糙，且有泛黄和染色不匀等缺点，所以使用时要慎重。过氧化氢对羊毛的作用比较缓和，常用于漂白，但条件控制不当，仍会造成损伤。

（二）蚕丝

蚕丝具有较好的强伸度，纤维细而柔软平滑，富有弹性，光泽好，吸湿性好。采用不同组织结构，丝织物可以轻薄似纱，也可厚实丰满，是高级的服装材料。

1.蚕丝纤维的种类

蚕丝有家蚕丝和野蚕丝两大类。家蚕即桑蚕，在室内饲养，以桑树叶为饲料，吐出的丝称为桑蚕丝或家蚕丝（俗称真丝），主要产于江苏、浙江、安徽等地，是目前产量最高、应用最广的蚕丝纤维。野蚕有柞蚕、蓖麻蚕、樗蚕、天蚕、柳蚕等，其中主要产于东北地区的柞蚕结的茧可以缫丝，其他野蚕结的茧不易缫丝，仅作绢纺原料。通常所说的蚕丝指的是桑蚕丝。

2.蚕丝的组成与形态结构

（1）组成：蚕丝主要由丝素和丝胶两部分组成，占蚕丝总重量的90%以上。此外还含有色素、蜡质、碳水化合物、无机物等少量杂质。

（2）形态结构：在显微镜下观察生丝，丝素呈透明状，丝胶呈暗黑色。一根蚕丝由两根平行的单丝（丝素）组成，外包丝胶，两根单丝的横截面像两个底边平行的三角形，三边相差不大，角略圆钝，脱胶后的蚕丝纵向为光滑表面。

3.蚕丝的主要性质

（1）细度和均匀度：生丝细度和均匀度是生丝品质的重要指标。丝织物品种繁多，如绸、缎、纱、绉等。其中轻薄的丝织物，不仅要求生丝纤度细，而且对细度均匀度有很高的要求。细度不匀的生丝，将使丝织物表面出现色档、条档等疵点，严重影响织物外观，造成织物其他性质如强伸度的不匀。

（2）强伸性：蚕丝纤维干态强度与棉相近，比羊毛高很多，断裂伸长率大于棉而小于羊毛。吸湿后，蚕丝的强伸度发生变化。家蚕丝湿强为干强的80%~90%，湿伸长增加约45%。柞蚕丝湿强增加，约为干强的110%，湿伸长约增至145%。

（3）吸湿性：在各种纺织纤维中，蚕丝纤维吸湿性是比较好的，丝素的标准回潮率为10%，仅次于羊毛和黏胶纤维。

（4）光学性质：蚕丝纤维光泽柔和优雅，精练后的生丝，光泽更佳。蚕丝的耐光性较差，在日光照射下，蚕丝容易泛黄。在阳光曝晒之下，会使蚕丝强度显著下降。柞蚕丝耐光性比蚕丝好，在同样的日照条件下，柞蚕丝强度损失较小。

（5）化学性质：酸和碱都会促使蚕丝纤维水解，水解的程度与溶液的pH值、处理的温度、时间和溶液的浓度有很大关系。丝胶的结构比较疏松，因此水解程度比较剧烈，抵抗酸、碱和酶的水解能力比丝素弱。

酸对丝素的作用较碱弱。弱的无机酸和有机酸对丝素作用更为稳定。在浓度低的强无机酸中加热，丝的光泽和手感均受到损害，强伸度有所降低，特别是在贮藏后更为明显。在丝绸精练或染整工艺中，常用有机酸处理，以增加丝织物光泽，改善手感，同时丝绸的强伸度降低较小。

碱可使丝素膨润溶解，其对丝素的水解作用，主要取决于碱的种类、电解质总浓度、溶液的pH值及温度等。氢氧化钠等强碱对丝素的破坏最为严重，即使其稀溶液，也能侵蚀丝素。碳酸钠、硅酸钠的作用，较为缓和，一般在进行丝的精练时，多选用碳酸钠。

丝素中的酪氨酸、色氨酸与氧化剂或大气紫外线作用，生成有色物质，使蚕丝泛黄。含氯的氧化剂能使丝素发生氧化裂解，而且还会发生氯化作用，使肽键断裂，丝素聚合度下降，强伸度降低，以致失去使用价值。因此，蚕丝纤维的漂白剂多用过氧化氢、过氧化钠、稀酸性的过硼酸钾溶液。

（三）特种动物纤维

特种动物纤维是指除了羊毛以外的动物毛纤维，如山羊绒、马海毛、兔毛、牦牛毛、骆驼绒、羊驼毛等。这类蛋白纤维性能独特，但产量较低，价格较贵，应用不如羊毛和蚕丝普遍，主要用于高档服装面料。

1.山羊绒

山羊绒又称开司米，山羊绒的强伸度、弹性比绵羊毛好，具有细、轻、柔软、保暖性好等优良特性。一般用作羊绒衫，粗纺作高级服装如大衣呢、毛毯原料，也可作精纺高级服装面料。

2.马海毛

马海毛为安哥拉山羊毛，原产于土耳其的安哥拉省。南非、土耳其和美国为马海毛的三大产地。我国现已饲养成功引进的安哥拉山羊。马海毛的形态与长羊毛相似，毛长120~150mm。鳞片平阔紧贴于毛干并且很少重叠，使纤维表面光滑，有蚕丝般光泽。马海毛直径为10~90μm，强度、伸长和弹性均比羊毛大，不易收缩也难毡缩，容易洗涤。马海毛织物手感滑爽、色泽亮丽、轻盈保暖，是提花毛毯、长毛绒、顺毛大衣呢等高光泽毛织物的理想原料。

3.兔毛

兔毛分普通兔毛和安哥拉兔毛两种。由绒毛和粗毛两种纤维组成。绒毛细度在

5~30μm，粗毛细度为30~100μm，大多数纤维集中在10~15μm。兔毛的绒毛呈平波形卷曲，吸湿性比其他天然纤维都高，纤维细而蓬松。兔毛具有轻、软、暖、吸湿性好的特点。含油率约占0.6%~0.7%，故兔毛不必经过洗毛，即可纺纱。兔毛纤维抱合力差，强度、伸长、弹性较羊毛差，因此单独纺纱有一定困难，多和羊毛或其他纤维混纺作针织物，可用于高档女装、毛衫、大衣面料。

4.牦牛绒

我国西藏、青海、四川、甘肃等省大量饲养牦牛，约占世界总头数的90%以上。牦牛绒很细，光泽柔和，弹性好。牦牛绒色泽有白色、黑色、棕色和灰色，其中白色品质最佳，但数量最少。牦牛绒的吸湿性、保暖性、弹性、伸长不如山羊绒，但强度、初始模量和耐酸碱性超过山羊绒，牦牛绒手感柔软、滑腻，可与羊毛、化纤、绢丝等混纺作精纺、粗纺面料原料。

5.骆驼绒

骆驼毛的色泽有乳白、浅黄、黄褐、棕褐色等，品质优良的骆驼多为浅色。骆驼毛被中含有细毛和粗毛两大类纤维。粗长纤维构成外层保护被毛，称为驼毛。细短纤维构成内层保暖被毛，通称驼绒。驼绒的强度大、断裂伸长率高、弹性好、光泽好、保暖性好，可织造高级粗纺驼绒大衣呢、驼绒衫、毛毯和针织品等。

二、再生蛋白质纤维

再生蛋白质纤维的研究很早就开始了，但真正实现工业化生产还是近几年的事。目前，用作服装材料的再生蛋白质纤维主要是大豆蛋白纤维和牛奶蛋白纤维。

1.大豆蛋白纤维

大豆蛋白纤维属于再生植物蛋白纤维类，是采用化学、生物化学的方法从榨掉油脂（大豆中含20%油）的大豆豆渣（含35%蛋白质）中提取球状蛋白质，通过添加功能性助剂，改变蛋白质空间结构，经湿法纺丝而成。我国是世界上唯一能生产这种纤维的国家。该纤维单丝细度小（0.85~1.0 dtex和1.1~1.5 dtex两种），比重小，强伸度较高，耐酸碱性较好，手感软糯，具有羊绒般的手感、蚕丝般的柔和光泽、类似棉纤维的吸湿和导湿性及穿着舒适性和羊毛的保暖性。在纺丝过程中，加入杀菌消炎类药物或紫外线吸收剂等，可获得功能性、保健性大豆蛋白质纤维。但大豆纤维耐热性差，染色性能较差，纤维本身呈米黄色。该纤维可纯纺或与棉、麻、羊毛、羊绒、蚕丝、氨纶等混纺或交织，成纱可制成机织或针织面料，用于高档时装、内衣、衬衫等。

2.牛奶蛋白纤维

最近，日本东洋纺公司开发了以新西兰牛奶为原料的再生蛋白质纤维"Chinon"。这是目前世界上唯一实现工业化的酪素蛋白纤维，具有蚕丝般的光泽和柔软手感，有较好的吸湿、导湿和保湿性能，穿着舒适，但纤维本身呈淡黄色，耐热性差，在干热120℃以上易泛黄，该纤维可做针织套衫、T恤、衬衫等。

第三节　合成纤维的种类和主要性质

一、聚酯纤维

聚酯纤维的主要品种是聚对苯二甲酸乙二酯纤维，商品名称为涤纶。涤纶品种很多，有涤纶无捻长丝、涤纶变形丝和涤纶短纤维等多种。涤纶纤维尽管只有50年的发展历史，但因其性能优异、用途广泛，已成为目前世界上产量最多的合成纤维，也是服装材料中应用最多的合成纤维。

（一）形态结构

涤纶纤维截面多呈圆形，也有不少是异型截面，纵向为光滑平直的圆柱体。为改善纤维的可纺性能，在纤维上加以适当的卷曲。

（二）吸湿性与染色性能

聚酯纤维的吸湿性很差。在标准条件下的回潮率为0.4%~0.5%，干、湿状态下纤维性能变化不大。聚酯纤维没有亲水基团，分子堆砌紧密，因此染色不如天然纤维容易。

（三）机械性质

聚酯纤维强度高，伸长大，弹性回复性能好，初始模量高，因此涤纶织物耐磨性能好，尺寸稳定，不易起皱变形。

（四）化学性能

1.酸的作用

涤纶无论对无机酸还是有机酸都有很好的稳定性，耐酸性比较好。

2.碱的作用

酯键在碱中比在酸中易水解，耐碱性较差。一般在温和条件下，稀的纯碱和烧碱对纤维的损伤微不足道，但浓碱液或高温稀碱液会侵蚀涤纶。由于涤纶具有较大的疏水性，结晶度和取向度高，所以涤纶与氢氧化钠的作用是纤维表面产生水解反应，并由表及里作用，纤维逐渐变细（这种现象称为"剥皮"现象）。利用这一特性，进行碱减量处理，使纤维变得细而柔软，制成有真丝绸效果的织物。

3.氧化剂和还原剂的作用

还原剂对涤纶基本无损伤。对各种氧化剂也有较高的抵抗能力，即使用高浓度的氧化剂在高温下长时间作用，也不会使纤维发生显著的损伤。

（五）其他性质

涤纶在常温下有很好的使用性能，在高温下的耐热性和稳定性较好。涤纶导电性能很差，耐霉、耐虫蛀性能好，贮存方便。

二、聚酰胺纤维

聚酰胺纤维是大分子链上的具有酰胺基的一类纤维的总称。常用的为脂肪族聚酰胺，主要品种有聚酰胺6和聚酰胺66，我国商品名称为锦纶6和锦纶66。锦纶纤维以长丝为主，少量的短纤维主要用于和棉、毛或其他化纤混纺。锦纶纤维一般采用熔体纺丝，纤维的截面和纵向外观与涤纶相似。

锦纶耐碱不耐酸，酸可使酰胺基水解，导致酰胺基键断裂，纤维聚合度下降。

锦纶6和锦纶66的玻璃化温度较低，耐热性较涤纶差，锦纶66耐热性优于锦纶6，氧的存在能加速锦纶热分解。

聚酰胺大分子两端的端基对光、热、氧较为敏感，导致锦纶纤维不耐光，容易变色和发脆，因此锦纶织物不宜长期在日光下曝晒。

三、聚丙烯腈纤维

聚丙烯腈纤维商品名为腈纶，腈纶吸湿性较差，标准回潮率为1.2%~2%，加工易积聚静电，穿着时易沾污。耐日光与耐气候性特别好，不被虫蛀。

腈纶对化学药品的稳定性是良好的，但不同品种之间有差异。腈纶耐矿物酸和弱碱的能力较强，在强碱高温条件下损伤显著，并且发黄。

腈纶性质近似羊毛，故有"合成羊毛"之称。腈纶生产以短纤维为主，可以纯纺，也可以与羊毛或其他纤维混纺，制成毛型织物，粗纤度的腈纶可以加工成毛毯或人造毛皮。其长丝经剪切后制成的膨体织物手感柔软，蓬松性好，起毛起球现象比涤纶和锦纶少。

四、聚氨酯弹性纤维

聚氨酯弹性纤维又称氨纶弹性纤维，是容易伸缩的弹性纤维。氨纶纤维的强度低，一般在0.53~1 cN/dtex，但延伸度高达450%~800%，比一般加弹处理的高弹锦纶（弹性伸长大于300%）还大，形变回复率也比锦纶弹力丝高。

氨纶纤维轻而柔软，吸湿性低，回潮率约1%，染色性能尚可。

由于氨纶强力低，所以一般不单独使用，通常与棉、毛、丝、涤纶、锦纶纺成包芯纱，织成机织或针织弹性面料。用氨纶制成的衣服穿着舒适，能适应身体各部位变形需要，伸缩性好，能减轻和消除服装对身体的限制力和束缚感，适于运动服、舞蹈服、飞行服、内衣、游泳衣等的特殊要求。

第四节　裘皮与皮革的种类和主要性质

一、裘皮

裘皮皮板紧密，防风、保暖和吸湿透气性较好，是冬季防寒服装理想材料，在服装中既可作面料，又可作里料和絮料。同时，裘皮在外观上可保留动物皮毛的原有花纹，如再辅以挖、补、镶、拼等工艺，就能获得多种多样绚丽多彩的花色，因此深受人们喜爱，是一种高档服装材料。

（一）裘皮的构成

裘皮由毛被和皮板组成。毛被主要由针毛、粗毛和绒毛组成。针毛数量少、较长、呈针状、鲜艳而富有光泽，有较好弹性，毛皮的外观毛色和光泽，靠针毛表现；绒毛数量多，短而细密，呈卷曲状，起到保暖作用，且绒毛的密度、厚度越大，毛皮的保暖效果越好；粗毛数量介于针毛和绒毛之间，粗毛的下半段（接近皮板部分）像绒毛，上半段像针毛，粗毛和针毛一起作为毛皮表现外观毛色和光泽的主要部分，同时还具有防水和保护绒毛作用。

（二）裘皮的种类和性质

根据毛被的长短、颜色和外观质量、皮板的大小与厚薄及毛皮的价值等，可将裘皮分为小毛细皮、大毛细皮、粗毛皮和杂毛皮四大类。其中，小毛细皮和大毛细皮属于高级毛皮，适于制作皮帽、长短皮大衣等，区别在于小毛细皮毛短而细密、柔软，而大毛细皮毛较长，张幅大。粗毛皮属于中档毛皮，毛粗而长，张幅也较大，适于制做皮帽、长短大衣、坎肩、衣里、褥垫等。杂毛皮属于低档毛皮，毛长、皮板较差。

二、皮革

皮革是一种特殊的面料，服装用皮革是以动物毛皮为原料，经过浸水、脱毛、软化、浸酸等准备加工以及鞣制、整理加工制成的正面革、绒面革、珠光压花革、印花革以及毛革两用面料，以其特有的御寒性、舒适性、高雅、时尚等功能深受消费者青睐。

皮革的种类很多，可根据原料、鞣制方法、革的性质或用途进行分类。服装用革主要是衣服革和手套革，有正面革和绒面革之分，大多为铬鞣的猪、牛、羊和麂皮革等，厚度为0.6~1.2 mm，质地柔软轻薄，染色坚牢，具有较好的吸湿透气性。正面革的表面保持了原皮天然的粒纹，光亮美观、不易污染，经济价值和使用价值较高。绒面革是革面经过磨绒处理的皮革，一般只有当需要绒面外观或皮面质量不好时，才加工成绒面。

三、人造毛皮和人造皮革

（一）人造毛皮

人造毛皮又称为长毛绒。此面料具有质地轻巧、光滑柔软、吸湿透气性好、保暖性好、不易腐蚀霉烂、防虫蛀、色彩丰富、结实耐穿、容易水洗等优点。人造毛皮的毛是由腈纶、锦纶、氯纶和黏胶纤维织成的，其中腈纶用量最多。

（二）人造皮革

人造皮革主要有人造革、合成革和人造麂皮（仿绒面革）。人造革是将聚氯乙烯涂敷或贴合在底布（机织、针织布或非织造布）上制成的。具有质轻、光滑柔软、强度和弹性比天然皮革好、耐热、耐寒、耐油、耐酸碱、耐污、易洗、裁剪缝纫工艺简单等优点，但卫生性能较差，吸湿透气性能不如天然皮革，制成服装后舒适性较差。合成革是由微孔结构的聚氨酯与底布复合而成。合成革的强度、耐磨性、吸湿透气性都比人造革好，且柔软而有弹性，外观更接近天然皮革，缝纫工艺简便，适用性广。人造麂皮有聚氨酯磨毛型和植绒型两种，前者是采用聚氨酯合成革进行表面磨毛加工而成，具有良好的吸湿透气性、较好的弹性和强度。而后者是采用机械式或电子式植绒方法，将短纤维绒固着在涂胶底布上制得，特点是花色多，如提花风格、绒面外观和装饰效应等。人造麂皮具有麂皮般均匀细腻的外观，并具有一定的透气性和耐用性，是理想的绒面革代用品。

第三章 服装的预处理

第一节 概述

为了满足服装市场风格多变和个性化的需求，成衣染整的服装占服装市场的消费比例不断提高，品种也从最初的针织品羊毛衫发展到针织品的内衣、外衣和机织物的上衣、裙装、裤类等。随着技术的发展，服装染整的适用范围也扩大到了棉、麻、丝、毛、化纤及新型纤维。

一、服装预处理的目的

采用生坯制作的服装中往往含有很多杂质，所含的杂质归纳起来有两部分：天然杂质和人工杂质。天然杂质是指一些天然纤维如棉、麻、丝、毛，在纤维的生长过程中不断生成的杂质，这些杂质一直伴随着纤维，因此也叫纤维的伴生物。棉纤维的天然杂质包括油脂、蜡质、果胶质、色素、木质素、棉籽壳和灰分；麻纤维的天然杂质包括胶质、木质素、天然色素；蚕丝的天然杂质主要包括丝胶、色素；羊毛纤维的天然杂质包括羊毛脂、羊汗、植物性杂质和尘土。人工杂质是指在织物和服装的加工过程中人为加入或带入的杂质。如化学纤维制造时带入的纺丝油剂；浆纱时带给纱线的浆料；为了使针织物缝纫顺利，给纱线添加的柔软剂；为了使毛线编织顺利，给毛线加上的蜡质；在从纱线到服装的加工过程中带入的机器油污；运输、存放过程中带入的污物等。

杂质的存在一方面影响了服装的外观质量，如色素的存在使织物的色泽萎暗、不鲜艳；另一方面阻碍了后续加工过程中染料对纤维的渗透和吸附。成衣前处理的目的是，去除织物上的天然杂质和人工杂质；提高织物的吸湿性和渗透性；有利于服装后续染色、印花、整理加工时染料、助剂的均匀吸附，提高加工质量；使织物洁白、柔软、富有弹性，充分发挥优良的服用品质；对于羊绒针织衫等服装的预处理，可使其表面绒毛稠密，毛绒感增强，弹性和保暖性提高。

二、不同纤维材料的服装预处理内容

（一）棉麻类服装

棉麻类服装主要是去除油脂、蜡质、果胶质、色素、木质素、棉籽壳和灰分，一般

采用煮练的方式去除这些天然杂质和纺织加工及储运中沾污的油渍、污物，当对服装有一定的白度和染色鲜艳度要求时，还要对其进行漂白和增白等处理。对于黏胶纤维制成的服装，由于其纤维本身的杂质含量较少、白度较高，预处理主要是去除纺丝油剂。当对服装的白度需求更高时，也要进行漂白或增白处理。

（二）蚕丝类服装

蚕丝类服装在丝绸裁剪制衣前已经进行了前处理，去除了丝胶和色素，而本身也很少被污物沾污，因此，丝绸类服装的预处理主要是去除缝纫时施加的油剂。如果对白度要求较高再进行漂白处理。

（三）羊毛类服装

采用服装染整的羊毛类服装主要是毛针织服装，预处理主要是去除毛衫织制时的油剂、蜡质，对于浅色或白度要求较高的羊毛衫再需进行漂白或增白处理。

（四）化纤类服装

化学纤维类材料所含杂质主要是纺丝油剂以及服装加工中的油污。这些杂质需经过洗练才能去除。如果要求白度较高，还需要进行漂白和增白处理。

第二节　表面活性剂的基础知识

一、表面活性剂的分类

根据表面活性剂在水中电离的极性基团电荷性质的不同分为阴离子、阳离子、两性和非离子表面活性剂。

1.阴离子表面活性剂

表面活性剂在水中电离后的亲水基为阴离子基团，因此叫做阴离子表面活性剂。主要用作洗涤剂、渗透剂、润湿剂、乳化剂、分散剂等。按离解后表面活性剂的阴离子基团的不同，又分为羧酸类、磺酸盐类、硫酸酯盐类、磷盐类阴离子表面活性剂。

（1）肥皂：高级脂肪酸钠，结构为R—COO—Na。

（2）表面活性剂AS（601洗涤剂）：化学名称烷基磺酸钠，具有分散，乳化，润湿，净洗，起泡性能等功能，淡黄色液体，对酸碱和硬水稳定，微碱性，无毒。

（3）渗透剂T：化学名称顺丁烯二酸二仲辛酯磺酸钠，属阴离子表面活性剂。

2.阳离子表面活性剂

阳离子表面活性剂洗涤能力不强，但具有很强的乳化、分散和抗菌等作用，主要用作柔软剂、固色剂、抗静电剂、抗菌剂等。

（1）腈纶匀染剂1227：十二烷基二甲基苄基氯化铵，属阳离子表面活性剂。

（2）防水剂PF：化学名称羟甲基硬质酰胺氯化物，属于阳离子表面活性剂。

3.两性表面活性剂

表面活性剂在水中电离后亲水基团因为条件不同，既可以呈阳离子又可以呈阴离子的性质。两性表面活性剂与所有类型的表面活性剂有良好的配伍性，毒性低、刺激性小、生物降解性好，有很好的洗涤、渗透、乳化、杀菌作用。在染整加工中常用做柔软剂、亲水剂、抗静电剂等。

4.非离子表面活性剂

非离子表面活性剂，去污能力好，净洗力强，溶解性好。在水中溶解不发生电离，亲水基团不带电荷。润湿剂JFC，净洗剂6501，属非离子表面活性剂。

二、表面活性剂的基本作用

（一）润湿和渗透作用

润湿、渗透与生产有密切的关系，被加工的衣物，首先要有润湿过程；绝大多数的染整加工是在液相中进行的，只有当工作液充分润湿和渗透纤维，才能完成物理、化学加工过程。

1.润湿

如果在洁净的玻璃表面滴上水滴，水滴会在玻璃表面迅速铺展，这说明水对玻璃有润湿性；如果在石蜡表面滴上水滴，水滴将呈球状，是一种不润湿的状态，但若将水换成JFC的水溶液滴在石蜡表面，则水滴将铺展，这是因为JFC是一种表面活性剂，起到了润湿作用的结果。

2.渗透

若将水滴在未经染整加工的坯布上，水滴呈球状，水不能很快润湿坯布。但如果将含有少量JFC的水溶液滴在坯布上，水滴将很快在织物表面铺展并渗透到织物内部，这是因为表面活性剂JFC起到了渗透作用，因此也称JFC为渗透剂。纺织品的染整加工，不但需要液体的润湿，常常也需要渗透。

（二）乳化和分散作用

1.表面活性剂的乳化和分散作用

将一种液体以极微小的液滴均匀地分散于另一种与之互不相容的液体中，所形成的乳状液称为乳液，这种作用称为乳化作用。将不溶性的微小固体粒子，均匀地分散于液体中，所形成的分散体系称为分散液或悬浮液，这种作用称为分散作用。

2.表面活性剂乳化作用原理

如果将油和水放在一起，通过强烈的搅拌作用，油滴会分散在水中，如果停止搅拌使体系静止，最终形成油层和水层。如果在油、水的体系中加入合适的表面活性剂，再重复上述的搅拌操作，得到将是比较均匀乳白色液体，如果没有外界的作用，它是一个稳定的体系，不会出现分层现象。将具有这种作用的表面活性剂称为乳化剂。

（三）洗涤作用

洗涤作用是表面活性剂的基本特征，一些表面活性剂具有优异的去污能力，被广泛用做洗涤剂。

1.污垢与织物的结合形式

（1）化学结合：极性污垢与纤维素纤维的羟基或蛋白质纤维氨基之间，以氢键或离子键等化学作用力结合；非极性污垢与纤维分子间以范德华力结合。如纤维上的染料、原毛上的羊脂、棉纤维上的脂肪蜡质、蚕丝上的丝胶等杂质，都是以化学结合的方式黏附于纤维上。化学结合力一般较强，通常需采用化学方法如精练、还原清洗等洗除。

（2）静电力结合：带有电荷的固体粒子污垢与带有相反电荷的纤维间，产生很强的静电引力结合。这种结合力较大，去除比较困难。

（3）机械结合：固体污垢在纤维上的机械黏附，结合力较前两者为小。

2.洗涤作用原理

固体污物主要依靠分子间的作用力黏附于纤维上，在水介质的洗涤液中进行洗涤有润湿机理和扩散溶胀机理。

（1）润湿机理：含污垢粒子的织物，浸入洗涤液中，表面活性剂首先在污垢和织物表面吸附，水不断向污垢与纤维的界面渗透。由于水与污垢粒子和织物间存在着力的作用，这种力使污物与织物黏附力大大减弱，有利于污垢粒子被剥离进入水中；由于洗涤液中的污垢粒子，黏附力减弱容易被去除。再辅以外加机械力作用，污物被洗除。

（2）扩散溶胀机理：表面活性剂和水分子渗入有机固体污垢后不断扩散，使污垢发生溶胀、软化，污垢与纤维结合点发生变化，黏着的根基被松动，降低了黏附力，经机械作用（水的冲击）脱落，再经乳化作用而去除。

（四）起泡和消泡作用

在织物或服装的染整加工中，起泡作用和消泡作用均有实用意义，如泡沫染整加工，需要起泡，并对泡沫的稳定性、大小、密度都有要求；在织物洗涤中泡沫有携带污物的作用，希望在洗涤过程中有丰富的泡沫产生。另外一些场合是泡沫导致的弊端，如溢流染色时，泡沫会引起织物漂浮打结，造成布的运行不顺畅；轧染、印花浆中有泡沫，会造成染疵和印疵。因此，在染整加工中起泡剂、消泡剂常被用到，起泡剂、消泡剂主要是表面活性剂成分。

三、常用染整助剂及其性质

（一）常用洗涤剂成分及功能

1.净洗剂LS

净洗剂LS为米棕色粉末，属阴离子型，耐碱、酸、硬水和一般电解质，具有良好的洗涤作用，较好的乳化、渗透、匀染、柔软及起泡性，是优良的钙皂扩散剂和洗涤剂，广泛用于毛织物皂洗洗涤，对防毡缩有益。用于印染织物的皂煮，可防止沾色、去除浮色，对阴离子染料有匀染作用。

2.肥皂

肥皂由天然油脂与NaOH水溶液加热皂化制得。结构通式RCOONa钠皂、钾皂在软水中有丰富的泡沫和良好的洗涤能力，肥皂是常用的表面活性剂，有良好的润湿、乳化、增溶和洗涤性能，以洗涤作用最为突出，是常用的洗涤剂，尤其适用于棉织物，在硬水中容易形成钙、镁皂沾污织物、降低去污力，目前在染整加工中已使用不多。

3.烷基苯磺酸钠（ABS、LAS）

ABS和LAS分别为带支链和直链的十二烷基苯磺酸钠，两者均具有较好的发泡、润湿、乳化、去污效果和优良的耐硬水性能。但前者生物降解性差，后者可生物降解。在印染上用作棉布煮练助剂和净洗剂。

4.脂肪醇硫酸酯钠（烷基硫酸钠）

脂肪醇硫酸酯钠具有较好的起泡、去污和乳化性能，织物洗涤后手感柔软、漂洗容易。此洗涤剂价格较高，故主要用于丝、毛等高档精细织物洗涤；它对皮肤刺激小，也用于洗发液和牙膏。

5.仲烷基磺酸钠（SAS）

仲烷基磺酸钠是近十年来开发、发展最快的品种，国外许多净洗剂、精练剂含有此成分，如巴斯夫的Leophen U含27%的SAS。SAS具有良好的化学稳定性和生物降解性，无毒，乳化性能好。

6.烷基聚氧乙烯醚（AE）

烷基聚氧乙烯醚为非离子表面活性剂，具有良好的增溶、乳化和去污能力，主要用于毛、腈纶织物的前处理和净洗。

（二）润湿、渗透剂

润湿、渗透剂是成衣染整中非常重要的助剂，在很多加工工序中用到，因此这种助剂品种多、消耗量大。

润湿、渗透剂JFC属非离子，本身为淡黄色透明的粘稠液体，易溶于水，是重要的纺织染整助剂，易溶于水，具有优良的润湿、渗透性能，纺织工业中作渗透剂，易洗去各种油污且手感柔软。具有耐酸、碱、氯、硬水、重金属盐性能，能与阴离子、阳离子表面混用。有较好的润湿、渗透性和一定的乳化、洗涤性。

（三）乳化剂

乳化剂OP-7为烷基苯与环氧乙烷缩合物，非离子，易溶于油，在水中呈分散态，具有乳化、匀染、扩散、润湿、洗涤作用。

（四）分散剂

1.分散剂WA

脂肪醇聚氧乙烯醚硅烷，阳离子型，黄棕色透明液体。用于毛/腈混纺绒线一浴法染色中，作为酸性染料和阳离子染料防沉淀剂。用于丝绸工业，作为真丝预处理和精练助剂。

2.分散剂IW

脂肪醇环氧乙烷缩合物，非离子，白色片状固体，易溶于水，可与各类表面活性剂混合使用。耐酸、耐碱、耐硬水，具有良好的分散性和乳化性能，在毛/腈混纺织物一浴法染色中作为酸性染料和阳离子染料的防沉淀剂。

（五）匀染剂

1.匀染剂S

苄基萘磺酸钠，$C_{17}H_{13}NaO_3S$，黄色粉末。易溶于水，对强酸，强碱都稳定。润湿、渗透力好。有增溶、乳化、分散等作用。可作为羊毛织物的匀染剂。

2.腈纶匀染剂1227

十二烷基二甲基苄基氯化铵，属阳离子表面活性剂，用作腈纶染色的匀染剂，还是一种非氧化性的杀菌剂，具有广谱、高效的杀菌能力。

（六）固色剂

1.固色剂TCD0-R

阳离子型，用作活性染料、直接染料、酸性染料、硫化染料的固色后处理剂，提高水洗牢度和干、湿摩擦牢度，可与阳离子、非离子助剂混用，不能与阴离子型染料或助剂同浴使用。

2.丝绸固色剂LA

阳离子型表面活性剂，微黄色透明液体，极易溶于水，1%溶液呈微酸性，用作直接、酸性、金属络合或活性染料染色，真丝纺织品成衣的固色剂，可明显提高其湿牢度。可与阳离子及非离子型表面活性剂混用，不能与阴离子型染料或助剂同浴使用。

（七）氧漂稳定剂

氧漂稳定剂ME　化学组成为聚羧酸盐类，为非硅氧漂稳定剂，外观黄色透明液体，阴离子型，易溶于水，以螯合分散重金属离子起到对双氧水的稳定作用，还具有分散污物的作用，增加水洗效果。

（八）后整理助剂

1.抗静电剂SN

化学名称十八烷基二羟乙基季铵硝酸盐，棕色油状黏稠物，阳离子型，易溶于水，具有优良的抗静电性能，还用作涤纶碱减量促进剂。

2.防水剂PF

化学名称羟甲基硬质酰胺氯化物，吡啶季铵盐类，属阳离子型，耐酸和硬水，不耐碱和部分无机盐（硫酸盐，磺酸盐、磷酸盐），不耐100℃以上高温，有吡啶的臭味。

（九）无机助剂

1.碱剂

（1）氢氧化钠：化学式NaOH，俗称烧碱，外观为白色晶体，具有强腐蚀性，易溶于水，水溶液呈强碱性，氢氧化钠是棉纺织品退浆、煮练、丝光的主要助剂，与保险粉组成还原体系，用于还原染料染色。

（2）碳酸钠：化学式Na_2CO_3，俗称纯碱，外观为白色粉末或颗粒，溶于水和甘油，水溶液呈强碱性。是纺织品染整中的重要助剂，用于蚕丝纤维的脱胶，色纱织物煮练剂，与肥皂一起用作色布与印花布的净洗剂、毛线及毛织物精练剂和活性染料染色的固色剂，可防止活性染料直接印花产生"风印"疵病。

（3）碳酸氢钠：化学式$NaHCO_3$，俗称小苏打，白色粉末或晶体，易溶于水，在印染中用于活性染料印花和轧染固色剂。

2.酸剂

（1）硫酸：分子式H_2SO_4，纯硫酸是一种无色无味油状液体，易溶于水，浓硫酸有很强的氧化性，腐蚀性。在印染上用于羊毛炭化剂、棉织物的酸退浆、棉织物漂白后的酸洗和酸性染料染羊毛助剂。

（2）醋酸：又称乙酸，简式CH_3COOH，无色液体，有强烈刺激性气味，纯乙酸在16.6℃以下时结成冰状的固体，故也称为冰醋酸，易溶于水、乙醇、乙醚和四氯化碳。是重要的印染助剂，在印染中主要用作pH值调节剂，如在分散染料、阳离子染料、弱酸性染料染色时调节染液pH值。

（3）甲酸：分子式为HCOOH，又称作蚁酸，无色而有刺激气味，有腐蚀性，皮肤接触后起泡红肿，易溶于水，在印染中甲酸主要用作羊毛、羊绒染色助剂，对羊毛有固色和防虫蛀作用。

3.盐类

（1）氯化钠：分子式NaCl，俗称食盐，无色晶体，溶于水，水溶液呈中性，故称中性盐，溶解度受温度影响不显著，用作活性染料、直接染料、硫化染料、还原染料的促染剂，做酸性染料染丝绸、羊毛时的缓染剂。

（2）硫酸钠：化学式Na_2SO_4，无色晶体，易溶于水，在印染中与氯化钠的作用相似，用作活性染料、直接染料、硫化染料、还原染料的促染剂，用于酸性染料染蛋白质纤维的缓染剂。

（3）醋酸钠：化学式CH_3COONa，无色透明晶体，溶于水呈弱碱性，在印染中主要与醋酸共同组成缓冲溶液。

4.还原剂

（1）保险粉：化学名称连二亚硫酸钠，俗称保险粉，分子式$Na_2S_2O_4$，白色晶状粉末，具有强还原性，遇少量水或暴露在潮湿的空气中分解发热甚至燃烧，并放出有毒的SO_2。保险粉是印染工业中重要的还原剂，用作还原染料染色，丝、毛织品漂白，涤纶染色还原清洗和印染制品的剥色剂。

（2）二氧化硫脲：分子式$CH_4N_2O_2S$，白色无臭晶体粉末，用作合成纤维脱色剂，作为还原剂二氧化硫脲在印染工业中广泛用于羊毛漂白、还原染料与硫化染料的染色、分散染料染色用还原清洗剂和拔染印花拔色（白）剂。

（3）雕白块：化学名称次硫酸氢钠甲醛，俗称雕白块，分子式$NaHSO_2 \cdot CH_2O \cdot 2H_2O$，具有强还原性，白色块状物或粉状物，80℃开始分解，释放出H_2S，主要用作印花拔染剂。

5.氧化剂

（1）双氧水：化学名称过氧化氢，分子式为H_2O_2，是一种油状无色液体，双氧水具有氧化性，是一种应用广泛的漂白剂，印染上用作棉、蚕丝、羊毛、化纤等织物的漂白剂，用于织物退浆和煮练处理，还原染料染色后的氧化发色剂。

（2）次氯酸钠：分子式为NaClO，工业品次氯酸钠为无色或淡黄色的液体俗称漂白水，是一种强氧化剂，在印染工业中用作棉织物漂白，由于有机氯化物排放，污染环境。

第三节　服装的洗练原理及其工艺

一、棉及其混纺纱线编织衫的洗练

（一）棉及其混纺纱线编织衫洗练原理

棉纤维伴生物的主要成分是果胶酸的钙、镁盐和甲酯的衍生物、高级醇、游离脂肪酸、含氮物质、硝酸盐、亚硝酸盐、木质素以及半纤维素等。在氢氧化钠的作用下，脂肪酸被皂化溶解于工作液中；果胶酸的钙、镁盐及含氮物质与氢氧化钠反应生成可溶性的钠盐被去除；脂类则被水解去除；木质素在亚硫酸钠作用下部分转变成木质素磺酸盐而溶解，同时在氢氧化钠作用下，木质素溶胀，且其中的部分成分溶解，使木质素结构变得松软，在机械作用下最终使杂质脱落；蜡质则被皂化产物形成的乳化剂和加入的煮练助剂乳化去除。

棉纱线编织衫的洗练以氢氧化钠为主，辅以亚硫酸钠和高效煮练剂。高效煮练剂是以表面活性剂为主要成分的复合助剂，具有渗透、洗涤、乳化、分散和螯合功能，是煮练工艺中不可缺少的助剂，国内外有很多生产厂家产品供选择。

（二）全棉精梳针织衫煮练工艺

1.碱煮练

（1）洗练助剂：氢氧化钠3~4 g/L；亚硫酸钠0.5 g/L；高效煮练剂KIERALON FR-CD 2 g/L。

（2）工艺条件：浴比（1:15）~（1:20）；温度100℃；时间60 min。

（3）操作方法：棉纱线编织衫的煮练在成衣染色机中进行。根据服装重量及浴比计算的液量，向染色机中加入一定量的软水，将煮练剂、亚硫酸氢钠、氢氧化钠分别在化料桶中溶解，然后依次加入到染色机中，运转2 min，使工作液中药剂均匀，再将棉纱线编织衫放入到染机中，快速升温至100℃，保温处理45~60 min，排掉脚水，更换新水，用50~60℃水洗涤2次，每次约5 min，再用室温清水洗涤2次。

2.酶煮练

与传统的碱煮练工艺相比，酶煮练不再使用大量的化学品，实现了绿色加工，且精练酶处理的棉纱及针织物表面光洁，白度高，毛效好，手感柔软滑爽，对编织衫的损伤小，可使煮练后的净洗更容易，可省去酸中和，减少水洗次数，节约水、电、气，减轻了废水处理的负荷。

（1）处方：精练酶H-200，3~5 g/L。

（2）操作方法及工艺：浴比（1:15）~（1:20）；温度100℃，时间30~60 min；若成衣染浅色，洗练45~60 min，染深色洗练30~45 min。

棉纱线编织衫的煮练在成衣染色机中进行。根据服装重量及浴比计算的液量，向染色机中加入一定量的软水，将所需重量的精练酶用少量40~50℃的水充分溶解，然后加入到染色机中，运转2 min，使工作液均匀，将棉纱线衫放入到染机中，快速升温至100℃，保温处理45~60 min，排掉脚水，更换新水，用50~60℃水洗涤1次，约10 min，再用室温清水洗涤1次。

二、羊毛衫的洗练

羊毛衫染色前洗练有两个目的，一是洗涤，二是缩绒，缩绒是指毛衫在湿润状态下经挤压揉搓，使羊毛纤维互相纠结，从而使毛衫变厚，尺寸缩小，表面产生绒毛，借此改变手感外观和服用性能。成衣染色前洗练的另一目的是洗除纺纱时的毛和油、编织时的蜡质以及储存、运输过程中的污物等，使毛衫能够被均匀润湿，提高匀染性和毛衫染色的鲜艳度，避免染花和色泽萎暗。染色前缩绒（洗衫）比较容易，一般在加有洗涤剂的水中进行，时间要短，温度要略高。羊毛衫洗练处理在羊毛衫成衣染色机上进行。

（1）处方：净洗剂MF230，0.5%~1.5%（与成衣重量的百分比）。

（2）操作：浴比1：30；温度40℃；时间10~15 min；清水洗两次，脱水。

三、真丝服装的前处理

真丝绸成衣主要有双绉、碧绉、乔其纱、绵绸、砂洗绸、绢纺、素软缎、花软缎、留香绉等衣裤，由于真丝绸成衣是采用已经脱胶的本白面料裁剪、缝制而成，不存在天然杂质，因此，真丝绸前处理的目的是将服装在缝制、储存、运输过程中沾染的污物进行洗涤，使服装能够被均匀润湿，有利于匀染，提高真丝衣裤的染色的鲜艳度。为保护真丝成衣的风格，前处理条件需比较温和。真丝服装的前处理在成衣染色机上完成。

（1）处方：净洗剂LS，0.5~1 g/L；润湿剂JFC，0~0.5 g/L。

（2）工艺条件：浴比1：30；温度60℃；时间10 min。

（3）操作方法：根据服装重量及浴比计算的液量，向染色机中加入一定量的软水，将所需重量的净洗剂、润湿剂加入到染色机中，运转2 min，使工作液均匀，快速升温至60℃，将待处理的服装放入到染机中，保温处理10 min，排掉残液，更换新水，用30~40℃水洗涤1次，约10 min，再室温水洗1次。

四、化学纤维、再生纤维素纤维弹力衫裤的前处理

锦纶、涤纶化学纤维纯纺面料弹力衣裤，涤纶/黏胶、涤纶/莫代尔、涤纶/天丝、涤纶/竹纤维等混纺或交织并加有氨纶包芯纱面料类的弹力衣裤，主要品种有男女开衫、男女套衫、男女裤、男女内衣等针织编织物。由于纤维材料是化学纤维和再生纤维素纤维，杂质主要包括来自纤维纺丝过程的纺丝油剂、服装缝制、储存、运输过程沾染的油渍、尘土等。弹力衫前处理的目的是去除这些污物，提高弹力衫的匀染性和染色的鲜艳度及产品品质。弹力衫的前处理可在成衣染色机中完成。

（1）多纤维材料衬衣：35%的8.3tex/72f（75D/72f）CoolmaxR，30%9.5tex棉，35%的4.4 tex/36 f（40 D/36 f）锦氨（20/40）包芯纱。

（2）多纤维针织套衫裤：49%的8.3tex/72f（75D/72f）Coolmax R，40%的4.4tex/36 f（40 D/36 f）锦氨（20/70）包芯纱，11%的9.5tex棉纱。

洗练处方：去油剂FT-128，2 g/L；精练剂L-100Z，0.5 g/L；双氧水，2.5 g/L。氧漂稳定剂，1.5 g/L；直接洗练氧漂30 min。

第四节 成衣漂白方法及工艺

一、成衣漂白的目的

棉质成衣经过洗练处理后去除了大部分杂质，外观品质和内在的吸水性能明显提高，但棉纤维中存在的天然色素在洗练处理中还不能有效地去除，这使得服装的白度不能满足作为漂白服装的需要，染浅淡颜色会显得不鲜艳。漂白的目的就是去除天然色素，提高成衣的白度和染色鲜艳度，同时，对洗练中遗留的杂质有进一步的去除作用。

蛋白质纤维如蚕丝和羊毛，经过洗练后服装白度能够满足绝大部分服装染色的要求，但若要作为漂白服装和染浅淡的颜色，通常也需要进行漂白；化纤服装基本上不含有色素杂质，因此，一般只对成品有漂白要求的服装进行增白处理。

二、成衣用漂白剂

从化学性质上分类，服装用漂白剂有两大类，一是氧化性能的漂白剂，即通过漂白剂的氧化作用破坏色素分子，使之失去发色能力，从而纤维被漂白。生产中使用的这类漂白剂主要是过氧化氢、次氯酸钠。次氯酸钠漂白温度低、节能，适用于纤维素类服装的漂白，但对纤维损伤较大，需严格控制工艺条件，它对羊毛、蚕丝等蛋白质纤维有严重的破坏作用，而且次氯酸钠在使用时和排放废水中含有有机氯化物，污染环境。过氧化氢的氧化性能温和，是目前应用最广泛的漂白剂，适用于各种纤维成衣的漂白，漂白白度稳定，对设备和劳动保护无需特殊要求，具有环保优势，且工艺实施灵活，可与服装的洗涤或增白同浴进行，节能、节水、节时。

另一类是还原性的漂白剂，通过还原作用破坏发色团，达到漂白目的，还原性的漂白剂对纤维比较安全，但在服装的使用过程中，因空气的氧化作用，被还原的色素发色团又恢复到初始状态，使漂白效果下降。常用的还原类漂白剂有保险粉，漂毛粉（60%的保险粉和40%的焦磷酸钠组成），二氧化硫脲等，主要用于真丝绸、羊毛的漂白，不损伤纤维。

三、漂白设备与工艺

（一）全棉编织衫漂白工艺

（1）漂白处方：30%双氧水，6~8 mL/L；双氧水稳定剂ON，2~3 g/L；400 g/L的氢氧化钠溶液，1~1.5 mL/L；荧光增白剂VBL，0.2%~0.4%（对漂白物重量百分比）。

（2）漂白工艺：浴比（1∶15）~（1∶20）；pH值10.5~11；温度90~95℃；时间60~90 min。

对于漂白棉衫，经漂白剂处理后泛黄光，缺乏晶莹透亮的外观，因此，需要用增白剂处理，提高白度。

棉混纺或交织衫如18tex涤/棉（35/65）混纺汗布衫、7.8tex锦纶×18tex棉双面布衫、18tex黏/棉（45/55）混纺双面布衫、18tex维/棉（50/50）混纺双面布衫、18tex腈/棉（30/70）混纺双面布衫、16tex氨纶×18tex棉弹力罗文布衫的漂白，可参照此漂白工艺，适当降低双氧水用量进行处理。

（3）操作方法：棉纱编织衫漂白在成衣染色机中进行。根据服装重量及浴比计算的液量，向染色机中加入一定量的软水，先加入稳定剂，运转2 min，再加入双氧水，最后加入氢氧化钠调节漂白浴的pH值到10.5~11，运转2 min，将棉纱线衫放入到染机中，快速升温至90℃，保温处理60~90 min，更换新水，在40℃左右的水中加入除氧酶，处理10 min，排掉脚水，换新水在30~40℃洗涤约10 min，出机、甩干、烘燥、熨烫。

（二）真丝编织衫裤漂白工艺

真丝绸编织衫经过脱胶，虽然白度、光泽已经较好，但若染浅淡颜色或作为漂白衫商品还需进行漂白和增白。

（1）漂白处方：30%双氧水，3~5 mL/L；双氧水稳定剂 ON，1~2 mL/L；碳酸钠，2 g/L；平平加O，0.2~0.3 g/L；荧光增白剂WG，0.1~0.2%（对漂白物重量百分比）。

（2）漂白工艺：浴比（1∶15）~（1∶20）；温度75~80℃；时间60 min。

（3）操作方法：真丝编织衫的漂白在成衣染色机中进行。根据服装重量及浴比计算的液量，向机中注入一定量的软水，先将双氧水稳定剂、平平加O放入成衣染色机中，运转2 min后加入双氧水，需要增白同浴处理时，预先将增白剂溶解，加入处理浴中，运转2 min，然后将真丝衫放入到染机中，快速升温至漂白温度，保温处理60 min，排掉脚水，更换新水，在40℃左右的水中加入除氧酶，处理10 min，换新水在30~40℃清洗约10 min，出机、甩干、烘燥、熨烫。

（三）化纤编织衫漂白工艺

化纤编织衫主要包括涤纶、锦纶、腈纶编织衫，化学纤维本身白度已很好，若染浅淡颜色或作为漂白衫商品一般也需进行漂白和增白。

1.漂白处方及工艺条件

化纤编织衫漂白处方：双氧水（30%），4 g/L；40波美度硅酸钠，2~3 mg/L；增白剂，0.5%~2%（按织物重量百分比）；冰醋酸，1 mg/L。

工艺条件：浴比1∶20；温度75℃；时间45 min。

2.操作方法

化纤编织衫的漂白在成衣染色机中进行。首先根据服装重量及浴比计算的液量，向机中注入一定量的软水，先将硅酸钠放入成衣染色机中，运转2 min后加入双氧水，需要增白同浴处理时，预先将增白剂溶解，加入处理浴中，运转2 min，将衫放入到染机中，快速升温至漂白温度，保温处理45 min。排掉脚水，更换新水，在40℃左右的水中加入除氧酶，处理10 min，更换新水，在40℃左右清洗约10 min，出机、甩干、烘燥、熨烫。

对于涤纶编织衫增白需要在高温高压成衣染色机中进行。操作方法为首先根据服装重量及浴比计算的液量，向机中注入一定量的软水，预先将增白剂溶解加入处理浴中，加入规定量的醋酸，运转2 min，将涤纶衫放入染机，快速升温至60℃，然后在40 min内升温至130℃，保温处理30 min后降温，至60℃排液。换清水洗涤，出机、脱水、熨烫。

（四）兔羊毛衫的漂白

纯白兔或羊毛衫经过洗练去除了很多杂质，但色素还存在，若需要染浅色或漂白衫作为成品，仍需漂白和增白处理。毛纤维耐氧化、耐碱性能较差，需要在温和的氧化条件下漂白。还原性漂白剂对毛纤维损伤小，因此，还原剂常用于毛纤维的漂白。双氧水是毛纤维使用较多的漂白剂。

1.双氧水漂白

（1）处方：30%双氧水，6 mL/L；焦磷酸钠，0.8~1 g/L；柠檬酸，0~2 g/L；荧光增白剂WG，1%（对漂白物重量百分比）。

（2）工艺条件：浴比（1:20）~（1:30）；温度：80℃；时间：40~50 min。

（3）操作方法：兔毛衫的漂白在成衣染色机中进行。首先根据服装重量及浴比计算的液量，向机中注入一定量的软水，先将焦磷酸钠和柠檬酸分别溶解，放入成衣染色机中，运转2 min后加入双氧水，需要增白同浴处理时，预先将增白剂溶解，加入处理浴中，运转2 min，将缩绒后的毛衫放入到染机中，快速升温至漂白温度，保温处理40~50 min。更换新水，在40℃左右的水中加入除氧酶，处理10 min，换新水在30~40℃清洗约10 min，出机、甩干、烘燥、熨烫。

2.还原剂漂白

（1）处方：保险粉，5 g/L（或二氧化硫脲，3 g/L）；焦磷酸钠，0.8~1 g/L；荧光增白剂WG，1%（对漂白无重量百分比）。

（2）工艺条件：浴比（1:20）~（1:30）；温度60℃；时间60 min。

（3）操作方法：根据服装计算的液量，向染机中注入一定量的软水，先将焦磷酸钠、还原剂分别后溶解放入成衣染色机中，运转2 min，需要增白同浴处理时，预先将增白剂溶解，加入处理浴中，运转2 min，将缩绒后的毛衫放入到染机中，快速升温至60℃，保温处理60 min。更换新水，按1 mL/L用量加入冰醋酸，处理10 min，换新水在30~40℃清洗约10 min，出机、甩干、烘燥、熨烫。

第五节　服装上特殊污迹的处理

服装常常会被各种各样的污物沾染，不仅不美观，有的还会影响使用寿命，因此，一旦被污渍沾染应尽快去除。由于污渍成分不同，洗涤方法也不尽相同，有些可用水或水中加入洗涤剂的常规洗涤方式即可去除污渍，有的则需要特殊的化学试剂清洗。

一、应注意的问题

（1）去除衣服上的污渍前尽可能弄清楚污渍和纤维的类别，可以通过视觉、嗅觉加以鉴别，以采取适当的除渍方法。在不清楚污物类别时，不宜用热水洗涤，有污渍受热后发生凝固，增加除渍难度。

（2）选择洗涤方法一般是先易后难，即先采用清水或常用的洗衣粉、洗衣液洗涤，若效果不明显再考虑选用其他试剂。

（3）若确定了污渍类型并对纤维材料有所了解，应先在内部衣角或内缝缝处做先行实验，观察对纤维有无损伤，对颜色是否有影响。如有影响则需另选除渍试剂。

（4）对局部除渍一般将试剂涂于污渍处，轻揉搓或轻刷，切忌剧烈地硬刷，以不损伤纤维面料为限。

（5）对污渍进行擦拭时，应从边缘向中心擦拭，以免污渍向周围扩散。

（6）除渍试剂一次不要用得太多，"多次少用"通常比"一次多用"效果好。选择除渍剂不要忽略其毒性、挥发性、燃烧性等。注意操作安全。

一些有代表性的药剂如冰醋酸无色透明液体，主要用于去除纤维中残留的碱液，起中和作用，消除极光，保护衣料；氨水是碱性药剂，对汗渍、血渍、漆渍等多种污渍有去除作用；丙三醇是透明黏稠状液体，可对蛋白质纤维上的污渍进行清洗；无水硫酸钠是白色粉末，用于洗涤过程中增强对脏重部位污垢分解处理；牙膏、食用醋也可作为去污剂使用；厨房专用洗涤剂，适用于丝、毛织物。

二、污迹去除的方法

（一）文化用品污迹的去除

（1）蓝墨水迹：先用室温清水浸湿，然后用洁净的织物或非织布蘸少量1%~3%的高锰酸钾溶液涂于墨迹处，当墨迹变成淡褐色时，用2%的草酸溶液擦洗，最后用清水洗净。

（2）红墨水迹：用洁净的拭布蘸上洗涤剂溶液擦洗墨迹，再用10%的酒精溶液擦洗，最后用清水洗净。

（3）墨汁污迹：新的墨迹采用熟米粒或米汁涂于墨汁处，轻轻揉搓，如果洗后织物上还存留斑迹可用10%的草酸、柠檬酸或酒石酸的溶液去除，然后再用清水洗净。陈旧墨迹可用肥皂与酒精2：1的混合溶液反复揉搓去除，再用清水洗净。

（4）圆珠笔油迹：先用冷水浸湿后，用苯或四氯化碳浸渍，轻轻揉搓，再用洗涤剂揉洗，最后用清水洗净。也可先将污渍处浸于无水酒精中，揉洗去除印迹，然后用肥皂洗涤，若还存有痕迹，再用施加少许牙膏揉洗，清水洗净即可。

（5）复写纸色迹、蜡笔迹：先用洗衣液的温水溶液洗涤，然后用汽油揉洗，再用酒精去除，洗后清水洗净。

（6）印泥油迹：先用苯或汽油除去油脂，再用洗涤剂揉洗，若是红色印泥还需在氢氧化钾的酒精溶液中洗涤，最后清水洗涤。注意织物的耐碱性能。

（二）化学品污渍的去除

（1）高锰酸钾斑渍：用5%柠檬酸或3%的草酸溶液清洗，再用清水洗净。

（2）铁锈、铜锈污渍：铁锈先用3%的草酸溶液搓洗，然后用肥皂液洗涤干净。或用氢氟酸50 mL与乙二胺四乙酸钠（EDTA）5 g即按10：1比例混合，在烧杯中预先加入一定量的软水或蒸馏水，制成1000 mL的除铁锈药水，然后将药水涂于锈渍处除锈，然后用肥皂洗涤，自用清水洗涤。铜锈也称作铜绿，先用温水搓洗，再用洗衣液洗涤，若还有痕迹存在，可用稀草酸擦洗。

（3）碱渍：将碱渍处浸于10%的醋酸溶液中2~5 min，然后用清水洗净。

（4）铜汞迹：将污渍处浸于10%的碘化钾溶液中处理，待污渍消除后用清水洗净。

（三）食品污迹处理

（1）酱油：新酱油渍立即用冷水浸洗，再用洗涤剂洗涤去除；陈旧酱油迹需在洗涤剂的溶液中加入少量氨水或硼砂处理去除污渍，然后清水洗净。

（2）茶、可可、咖啡污迹：新污迹用洁净的毛巾蘸水拧干及时擦掉，若加有伴侣或牛奶时，以少量洗涤剂擦拭；陈迹可用浓食盐水浸洗，或用氨水与甘油1：10的混合搓洗，最后用清水洗涤。

（3）酒迹：新酒迹立即用水洗可去除；陈酒迹用2%的氨水和硼砂混合液搓洗，再用肥皂洗涤一次，然后清水洗涤；葡萄酒或果汁甜酒渍，可用柠檬酸与酒精按1：10混合比溶液加热至40℃左右浸洗，再用洗涤剂洗涤，最后用清水洗涤。

（4）水果汁迹：新果汁迹立即用食盐水揉洗一般可去除，若还有痕迹可用稀释20倍的氨水揉洗，然后用清水洗净。白衣服上沾污果汁，先用氨水揉洗，再用洗涤剂洗涤，最后用清水洗净；橘子汁长时间沾污在衣服上或加热，污渍会固着在服装上，未固之前热水洗即可，已经固着的先用甘油搓洗、然后用冰醋酸和香蕉水的混合液洗涤，最后清水洗涤；柿子渍用葡萄酒与浓盐酸一起揉搓，再用洗衣液洗涤，最后清水洗涤。

（5）菜汤、乳汁渍：先将污渍处用汽油揉搓去除油脂，再将氨水与水按1：5比例配成溶液，浸洗污渍，然后用洗衣液洗涤，最后用清水洗净。

（6）动植物油：先用汽油浸湿动植物油渍处轻轻揉搓，然后用洗衣液洗涤，再用清水洗涤。

（7）冷饮渍：新冷饮渍先用水洗涤，再用酒精去除痕迹；陈旧冷饮渍用柠檬酸与酒精混合液浸湿、揉搓，再用洗涤剂洗涤，清水洗涤；冰淇淋可先用小刷子将干的部分刷掉，然后再用毛刷蘸洗涤剂轻刷，小心勿刷起毛球，最后轻轻擦拭。

（四）美容品污渍处理

（1）口红：先用薄纸轻轻擦拭，因口红会越擦越大，所以要由外向内擦拭。然后用汽油或四氯化碳浸湿揉洗，再用洗涤剂或洗衣液洗涤，最后用清水洗涤。

（2）指甲油：先用四氯化碳或汽油浸湿搓洗，再用稀氨水浸洗，在滴上香蕉水轻擦，必要时用双氧水漂洗。

（3）化妆油：先用10%的氨水浸湿揉洗，清水洗，再用4%的草酸溶液浸洗，之后用洗涤剂洗涤，最后清水洗涤。

（4）香水：为防止扩散，先撒些盐在上面，再用软刷刷掉，最后用抹布蘸水用洗剂、酒精擦拭。

（5）粉底霜、膏：用汽油、松节油或四氯化碳浸湿污渍，轻柔处理，再用洗涤剂洗涤，清水洗涤。

（五）其他污渍处理

（1）霉斑渍：新霉斑渍先用刷子轻刷，再用酒精处理；旧的斑渍可先涂上氨水，再涂覆高锰酸钾溶液，轻揉搓，然后用草酸溶液除色，再用清水洗涤。毛、真丝绸服装上的霉斑渍可用8 g/L的柠檬酸在80~90℃时浸泡成衣，处理10 min后取出，清水洗涤。

（2）呕吐渍：先用汽油擦拭，再将污渍处浸于5%的氨水中洗涤，然后清水洗涤，再用酒精与肥皂的混合液擦拭，再洗涤剂洗，清水洗。

（3）血渍：先用淡盐水浸泡30 min，然后用冷水搓洗，再用加酶洗衣粉搓洗；过久的陈血迹可用双氧水擦洗；氨水对血渍也有很好的去除效果。除血渍切记不能用热水烫洗。

（4）汗渍：先用1%~2%的氨水浸泡，洗涤，再用1%的草酸溶液洗涤，然后用洗涤剂和清水洗涤。也可用生姜汁涂于汗渍处，再搓洗，洗涤剂洗涤、水洗即可。

（5）烟熏渍：烟熏渍可用四氯化碳或松节油浸湿揉洗，然后用洗衣液水洗，若还有黄渍痕迹，可用10%的草酸溶液浸洗，再洗衣粉洗涤，最后水洗。

（6）皮鞋油渍：可用汽油、松节油或酒精擦洗，然后用皂粉或肥皂洗涤，若白色成衣沾污黑、棕鞋油需先用汽油浸湿，再用10%氨水洗，最后酒精擦洗。

（7）烟草渍：新烟草渍用温水清洗。陈旧的烟草渍可用盐酸、亚硫酸钾的水溶液去除。白色、浅色成衣上的烟草渍，可用3%双氧水、90%酒精、氨水以18∶4∶1混合液浸洗，最后清水洗。

（8）泥浆：晾干后用刷子去除成块、片、粉的固体，再用吸尘器尖嘴吸除，最后再用酒精彻底除去。

第六节 服装的洗涤方法

服装在生产过程中，经常需要洗涤、熨烫以保证服装的清洁、美观不影响销售，也降低了企业的生产成本。

一、服装水洗

水洗去除的污物主要是水溶性的污物以及能够被洗涤剂乳化、分散的非水性污物。水洗是最为常用的服装洗涤方式，水洗较适用于在水洗过程中不容易发生严重收缩变形的服装，或者即使发生变形或收缩，但是容易经整烫恢复的服装。与干洗相比具有环保、低成本、方便快捷的优点。

（一）一般服装水洗

这里所说的一般服装是指除了高级西服和裘皮以外的各种常用的服装。服装水洗时应先浸泡，无需添加洗涤剂，一般的灰尘10 min左右即可使从衣服上脱离，这时将污水放去，再重新加入新水、洗涤剂，浸泡15 min正常洗涤。洗涤效率高、效果好。

1.羊绒衫、羊毛衫水洗

羊毛、羊绒衫应选用中性或专用弱酸性清洗剂，不可用含氯漂洗液清洗，在30℃左右的温水中洗涤，脱水时间不要过长，20~30s即可，以免变形。羊毛、羊绒衫洗涤的一般步骤和工艺：

（1）预去渍：羊绒衫、羊毛衫进行水洗时先对重点污垢进行预去渍。

（2）洗涤：生产中少量污染的可以采用手工洗涤。浴比1∶20左右，水温35℃左右，放入中性洗涤剂或毛衫专用洗涤剂5~10 mg/L，放入毛衫浸泡15~20 min，提花或多色羊绒衫不宜浸泡。然后在重点脏污处及领口用浓度高的洗剂，采取挤揉的方法洗涤，其余部位轻轻拍揉。注意避免羊毛衫、羊绒衫高温水洗时用力揉搓，以防止发生缩绒、变形和起毛起球。

（3）漂洗：洗去沾在服装上的洗涤剂、泡沫及其携带的污物，室温清水，浴比1∶20以上，将毛衫拎洗1~3 min，挤去水分。重复漂洗2~3次。

（4）酸洗：酸洗对羊绒、羊毛衫具有防虫蛀、柔软纤维、固色作用。浴比（1∶10）~（1∶15），水中加入冰醋酸或甲酸2~5 mg/L，均匀浸泡5 min，取出，挤干水。

（5）柔软处理：在30~40℃温水中加入5 mg/L毛衫柔软剂，浴比（1∶10）~（1∶15），搅匀，将毛衫浸泡5 min，取出，挤干水。

（6）脱水：用甩干机甩干脱水，带有装饰物的羊绒衫，羊毛衫用毛巾包裹甩干脱水，以防装饰物脱落。然后毛衫平铺在台案上，用手整理成原型，阴干、轻烫。

2.真丝服装的洗涤

丝绸服装洗涤用中性、弱酸性洗涤剂，而且用量不宜太多，丝绸轻薄洗涤强度应尽量温和，用洗衣机洗涤时，须选择柔和洗涤程序，少量的丝绸衣物更适合手工洗涤。洗涤工艺为：

（1）预去渍：先对重点污垢进行预去渍，去除局部污渍要细心轻揉。

（2）洗涤：浴比1∶15左右，清水加入中性、弱酸性或专用洗涤剂匀，放入衣物，浸泡10 min，轻揉洗涤5 min，取出，挤去多余水。

（3）漂洗：洗去沾在服装上的洗涤剂、泡沫及其携带的污物，室温浴比1∶15左右，将丝绸服装拎洗3 min，挤去水分。重复漂洗2次。

（4）酸处理：单宁酸处理可增进丝绸服装的光泽，冰醋酸或甲酸可提高服装的色牢度，还有保护纤维的功效。浴比1∶15左右，在室温清水中加入单宁酸和冰醋酸各2 mg/L，均匀浸泡5 min，取出，挤干水，脱水，晾干、轻烫。

3.棉、化纤服装的洗涤

生产中大部分染整加工后的材料制作的服装，不需要经过精练漂白等预处理，只需要进行一般水洗。棉纤和化纤服装对洗涤温度和酸碱度、含氯与否不敏感，更适合水洗涤，洗涤剂可以是中性、碱性或弱酸性，洗涤温度可略高些如30~50℃，不会对服装构成损伤。另外，可以水洗的休闲西服和没有衬里的西服，这类西服材料以全棉、涤棉、化纤为主洗涤的一般步骤和工艺为：

（1）预去渍：洗前对局部重点污垢进行预去渍，根据污渍的性质选择合适的去渍方法。对服装的衣领、袖口部位涂抹衣领洁，放置10 min后洗涤。

（2）洗涤：在工业洗衣机浴比约1∶20左右，清水中放入洗衣液或皂粉2~3 g/L，将服装放入洗涤液中浸泡15~20 min，根据服装的薄厚、沾污程度选择洗涤的强弱档和洗涤时间。为了防止脱色，棉质服装洗涤时可放入一定量的食盐。

（3）漂洗：洗去沾在服装上的洗涤剂、泡沫及其携带的污物，室温清水，浴比1∶20以上漂洗不少于2次。脱水甩干，烘干、熨烫。

（二）裘皮服装水洗

裘皮服装水洗时，会导致鞣制过程中加入到皮板纤维内的水溶性化学物质溶解流失，导致裘皮服装发硬、收缩、失去弹性、毛梢打卷、失去光泽、失去滑爽感等。因此，裘皮服装的水洗需要专用的皮草洗涤剂和皮革洗涤整理剂。洗涤的一般步骤和工艺：

（1）洗涤：按浴比1∶15左右，30℃的清水，按2~3 g/L加入"毛皮洗涤剂"，搅拌均匀后将服装放入，洗涤5~10 min，取出服装，甩干脱去水分。

（2）复鞣裘皮：将"一号复鞣剂"（用于一般裘皮服装）或"二号复鞣剂"（用于高档皮草）配成浓度为5~10 g/L的复鞣工作液，水温35℃左右，将脱水后的裘皮平放在工作台上，并把皮板一面向上，用淋水的方法或海绵浸液法均匀地洒湿洒透皮板，折叠放置10~15 min，让皮板充分吸收营养成分，重获柔弹性。

（3）脱水、干燥：将皮毛中多余的水分脱除，脱水后梳顺毛面。

（4）定型处理：用少量水稀释"滑爽定型剂"，喷洒毛面，然后用梳子梳理毛面，晾干或者在低于40℃温度下烘干即可。

"一号复鞣剂"、"二号复鞣剂"具有定向补充毛皮流失的营养成分的功能，处理后裘皮恢复原有的丰满与活络性，恢复弹性和柔软、色泽鲜亮、不易变黄，毛被蓬松、丰满滑爽；"滑爽定型剂"具有集光亮、滑爽、定型于一体的特性。

二、服装干洗

服装干洗是借助溶剂的溶解力和干洗专用洗涤助剂的增效作用及干洗机的机械力，在相互作用下完成服装的洗涤程序。毛料服装，水洗容易毡缩变形，易褪色，尤其是正装西服含有定型的胶衬，其中含有水溶性树脂，洗后会产生脱胶、起泡现象。而干洗则不会出现这些问题。干洗还可以帮助衣物恢复成"平整如新"的状态。干洗的缺点是洗涤剂成本高，需要专用干洗机，干洗剂对人或环境有一定的污染和影响。

1. 常用干洗剂

目前，常用的干洗剂有四氯乙烯、三氯三氟乙烷及石油溶剂。由于这些干洗剂与水不相溶，呈现油状，通常也称作干洗油。

（1）四氯乙烯（PEKCRO）：四氯乙烯，脱脂去污能力强，但其水解物有毒，对土壤、水质和人体有一定的危害，四氯乙烯开始限制使用。另外，对金属腐蚀性较强，对塑料制品有溶解作用，洗前须将这些饰物和纽扣取下。

（2）石油溶剂：石油溶剂是石蜡（占45%~50%）和环烃（占50%~55%）的混合物，去污力强，对干洗机的腐蚀性远远低于四氯乙烯，对人、环境的影响很小，衣物不残留异味，不损伤纽扣和装饰品。

（3）枧油：枧油是一种干洗助剂，干洗时干洗剂需要有少量的水分存在，以洗涤水溶性的污物。而水与干洗剂互不相溶，枧油是一种表面活性剂，能够使水均匀地分散在干洗剂中，呈透明状。

2. 服装干洗设备

服装干洗在干洗机中进行。干洗机由洗涤滚筒、干洗机冷凝回收部分构成，其中洗涤滚筒有洗涤、甩干、烘干功能，冷凝回收部分将烘干时挥发的气态干洗剂冷凝并回收。并有编程自动运转功能，使用方便。

第四章 染料与染色原理

第一节 染料的基础知识

在古代，人们就开始使用某些植物的花、果、叶、根、皮的浸出液或天然矿物颜料等，在纺织品上着色，这些都属于天然染料。至19世纪中叶，由于化学工业的发展，开始生产化学合成染料。合成染料色彩丰富、染色牢度大幅度提高、颜色深度明显改善、染色加工简便，很快就取代了天然染料。目前，在一些经济发达地区提出了生态纺织品的概念，在染料方面提出几百个具有致癌等不良作用的品种为禁用染料品种。但是与累计总数达数千个品种的化学合成染料相比，只占不足10%。因此，现在服装上使用的染料和颜料绝大多数为化学合成染料。

一、染料与颜料

染料通常是有色的有机化合物，大多能溶于水或通过一定的化学试剂处理，转变成可溶于水的物质。它们能与纤维材料发生物理、化学的结合而染着在纤维上，并使染色物具有一定的染色牢度。染料有粉状、颗粒状和液状。颜料同样是有色物质，分为无机物和有机物。与染料的不同之处在于颜料不能溶于水，也无法与纤维直接结合，而需要借助于高分子黏合剂的黏和作用将其黏附在纺织物或服装表面而使其着色。为使用方便，市售的颜料是由研细的颜料粉末和分散剂、润湿剂、水共同调配成的分散液，称作涂料浆。

二、染料的类别

染料通常以染料的化学结构进行归类。但为了便于使用也可将染料的使用方法进行归类划分。用于纤维素纤维染色的染料主要有直接染料、活性染料、还原染料、硫化染料、不溶性偶氮染料等。用于蛋白质类材料的有酸性染料、酸性媒染染料、1∶1金属络合染料（亦称酸性含媒染料）、1∶2型金属络合染料（亦称中性染料）、活性染料等。用于化学纤维染色的有涤纶染色用的分散染料，腈纶染色用的阳离子染料等。

三、颜料的类别

颜料的类别有三类，一类是无机颜料，如目前在服装上经常见到的金、银色就是由青铜粉形成金色、铝粉形成银色。颜料中的黑色常用炭黑，白色则用钛白粉。第二类是有机颜料研磨后的细粉。第三类是荧光颜料，是将一些荧光物质与某些粘流态的塑料混合后，待其硬化后粉碎研细而制得。

四、染料的基本性能

对于某只染料性能的评价项目比较多，主要有色光、力份、溶解度、杂质含量、上染百分率、染色牢度等几大项。色光主要表示某只染料的色相及纯度情况。染料使用者在进行仿色实验时，色光是选择染料的首要特征。

力份是染料有效含量的一种相对表示方法，其基准通常以企业在该只染料开发初期时确定。染料溶解度是指在规定温度下，某染料在总体积1L的溶液中所能溶解的最多克数。染料的溶解度是评价染料性能的一个重要项目，是决定染料能否顺利染色的第一关。

上染百分率是指染色达到平衡时，上染到纤维上的染料量与所使用的染料总量之比。它既可反映染料的上染性能，亦可反映染色工艺（包括处方和条件）的合理性。染色牢度是指经染色后的材料在使用或染色后的加工过程中能保持其原有色泽的能力，所以染色牢度又分为服用色牢度和工艺色牢度两类。

五、染料的名称

染料的名称通常采用三段命名法，用冠称、色称和尾注三部分组成。冠称一般为应用类别、品牌或染料性质，取其一种即可。如国产染料通常以应用类别做冠称，表示某只染料属于哪一类，有助于明确其应用方法。如：直接红、活性黄、还原蓝分属直接染料、活性染料、还原染料等。国外的染料多数以品牌作冠称。

色称是指某只染料染色后在被染物上所得的颜色，可从三方面进行色称的命名：

（1）取自光学，如：红、橙、黄、绿、蓝、紫。

（2）取自自然现象，如：湖蓝、金黄、烟雾红等。

（3）取自植物，如：枣红、桃红、青莲、玫瑰、橄榄等。

尾注：由英文字母、阿拉伯数字、符号组合而成，表示染料类别内的系列、色泽偏向、性能适宜的染色方法。如R、Y、B、G等分别取自红、黄、蓝、绿等色称的英文词组的第一个字母，表示某只染料的色泽偏向。在这些字母前的阿拉伯数字则表示这种色泽偏向的程度。X、K分别表示活性染料中的低温型和高温型；L表示耐光色牢度好；C、S、W分别取自棉、丝、毛英文词组的第一个字母，表示某只染料分别适于染棉、丝、羊毛；Ex.Conc表示高浓度等。

以香港里奥化工公司的毛用活性染料为例，尤若菲克斯活性红NW Brill. 2BL 150%（Eurofix NW Brill. Red 2BL 150%），NW表示这是一只新型（N）毛用（W）活性染料，艳红色（Brill. Red），偏蓝光（2B），耐光色牢度好（L），力分为150%。普拉蓝RAWL（100%）表示某进口品牌的蓝色染料，R偏红光，W适于羊毛染色，L耐光牢度好，后面的100%表示染料力份。

六、染色助剂与染料的标准化

染色助剂是一大类用于改善染色效果的辅助品，包括酸、碱、盐、氧化剂、还原剂和表面活性剂。通常染色助剂命名是以其在染色中所起作用而确定。对于酸、碱、盐等多种化合物直接使用其化学名称或俗称，如硫酸，乙酸（俗称醋酸），氢氧化钠（俗称烧碱），碳酸钠（俗称纯碱），重铬酸钠（俗称红矾）等等。按染色助剂的应用类别划分为两类，一类是对染料溶解和上染起重要作用的助剂，称助溶剂和助染剂，如尿素是各种水溶性染料的助溶剂，醋酸、甲酸等是阳离子染料的助溶剂。另一类是改善染色效果的助剂，主要有润湿渗透剂、匀染剂、固色剂、促染剂、媒染剂、增艳剂等等，这类助剂的称谓由冠称加尾注组成。冠称：进口助剂多采用品牌命名，国产助剂多采用所起的作用命名。尾注可区分同种不同产品。如消泡剂8411，冠称是助剂的应用类别，尾注用以区分不同产品的规格。

第二节 纤维素纤维面料常用的染料

纤维素纤维包括天然纤维素纤维和再生纤维素纤维，如棉、麻、黏胶纤维等。尽管它们的外观形态各不相同，又有不同的种属和规格，但是它们主要的化学组成均是纤维素。它们与染料的结合方式具有共同性，所以在染色时将这些材料归为一类。可用于纤维素纤维面料染色的常用染料有直接染料、活性染料、还原染料、硫化染料、不溶性偶氮染料等。

一、直接染料

直接染料的主要优点是色谱齐全，在水中溶解后的颜色色相与染着在纤维上的基本相同，因而仿色直观。其染色处方组成只有染料与中性盐两种，十分简单。在染色操作时只需加热、加盐，适当搅拌，就比较容易获得所需颜色。但是传统的直接染料染色牢度差，为了保留其优点，克服其缺点，一百多年来染料科技工作者经过不懈的努力，不断推出新的直接染料类型，为直接染料注入新的性能，使得今日直接染料的新类型具有与活性染料相媲美的优良的染色牢度。

直接染料最重要的性质是盐效应与温度效应。即盐的用量对直接染料的上染百分率有直接影响，并呈正相关性。温度对直接染料的上染百分率也具有重要影响，在一定温度以下，随着温度上升，直接染料的上染百分率逐渐提高，超过这个温度有部分直接染料品种的上染百分率下降；而也有部分染料品种上染百分率进一步提高。

直接交链染料、直接混纺染料以及部分直接耐晒染料、直接铜盐染料，不仅传承了直接染料直接性的优点，同时在染色牢度、工艺性能等方面，如耐130℃高温，甚至可在弱酸性条件下上色，与昔日的直接染料类型不可同日而语，具有很强的技术优势。其中新类型直接染料具有和活性染料、还原染料相近的各项性能。

二、活性染料

活性染料与直接染料结构上的不同之处是在染料分子中引入了能与纤维素纤维形成共价键的活性基团。让染料通过活性基团与纤维素纤维上的羟基产生共价键结合。使得染色牢度大大提高。活性染料的染色分为两个阶段，第一个阶段与直接染料类同，即加盐促染，第二个阶段加入纯碱进行固色，即在较强的碱性条件下（pH值10左右）促使染料的活性基团与纤维素上的伯羟基发生共价键结合。染色后在皂煮中去除未能发生共价结合的染料即浮色，以确保活性染料具有较好的染色牢度。

评价活性染料性能的一个重要指标就是活性染料的固色率，即指与纤维形成共价键结合的染料量与未染色时染液中的染料量之间的百分比。

活性染料牢度好，色泽鲜艳，色谱齐全，多数品种适合染中浅色。近几年也开发了一些可染深色的品种，扩大了活性染料的使用范围。纤维素纤维染色，活性染料应是首选类别。在活性染料中目前应用较多的是KE型和ME型活性染料。

三、还原染料

还原染料不能直接溶解于水中，需要借助还原剂在强碱性条件下转变为隐色体才能溶解并上染于纤维，故称作还原染料。隐色体在染浴中可以上染纤维素纤维，上染后需在空气或流水中氧化，个别情况需加入氧化剂帮助氧化。氧化后染料回到不溶于水的色淀状态，固着在纤维上，可以获得高的染色牢度。

还原染料的还原是一项比较复杂的操作，染料生产厂将还原染料还原成隐色酸，再制成其硫酸酯，称为可溶性还原染料，可以稳定存放。染料应用厂在使用时直接用温水溶解同时加入一些纯碱和尿素即可对被染物上染，染后加入亚硝酸钠氧化，使染料从隐色酸的硫酸酯转化为不溶于水的色淀即可完成染色过程。

还原染料色泽鲜艳，色谱齐全，使用历史长久，以染色牢度高著称。一些传统印花以及蜡染、扎染等采用还原染料。这个类别的染料按化学结构划分为蒽醌类和靛类。后者代表性品种是今天广为流行的牛仔布上的蓝色，即靛蓝。靛类染料不耐氯漂，所以人们让沸石吸收次氯酸钠溶液，提高牛仔布石磨蓝的生产效率。还原染料中有些黄、橙、红色品种有光敏脆损作用，使纤维素纤维材料强力大幅下降。可溶性还原染料，染色牢度好，染色均匀，但得色浅，适宜染浅中色，价格较高。

四、硫化染料

与还原染料相类似，硫化染料也不能直接溶于水中，需要借助还原剂，将其还原成隐色体，才能溶解并上染纤维素纤维，染色后经氧化转变成不溶状态固着在纤维上。由于这类染料结构中有比较复杂的含硫结构，所用的还原剂为硫化钠，故称硫化染料。

硫化染料的类型有一般硫化染料、分散型硫化染料、液体硫化染料和水溶性硫化染料。在服装染色方面建议使用水溶性硫化染料、分散型硫化染料和片状硫化碱。

硫化染料价格低廉，染色牢度较好，颜色以黑、藏青、深蓝、棕、绛等深色比较突出，适于染中深色等深暗的颜色。由于硫化染料不耐氯漂，所以常用于水洗、磨白风格的服装和彩色牛仔系列服装的染色。染后进行轻度氯处理可获得仿旧效果。

五、不溶性偶氮染料

不溶性偶氮染料是由具有水溶性的偶合组分（色酚）与重氮组分（色基）的重氮盐在纤维上偶合生成的。由于该类别的色基重氮化时需要在0~10℃条件下进行，常常需要加冰冷却，故也称作冰染料。染色时，一般先使纤维素材料吸收色酚（此过程称为打底），然后与色基的重氮盐偶合在纤维上形成染料（此过程称为显色）完成染色过程。偶合组分又称打底剂，重氮组分又称显色剂。不少扎染和蜡染的艺术品均采用此类染料染色。

不溶性偶氮染料的突出优点是可以在纤维素材料上染得浓艳的深色品种，如黄色、橙色、红色、绛紫色、蓝色、棕色、黑色，是直接染料和硫化染料无法替代的。

第三节　蛋白质纤维面料常用染料

可用于蛋白质纤维面料染色的有酸性染料、酸性媒染染料、酸性含媒染料、活性染料、毛皮染料（指氧化染料）等。酸性媒染染料与毛皮染料，染色时染着在纤维上的颜色，与染料上染前和上染固着得色后，颜色差异大，多数不是同一色相，故仿色比较困难，染色操作也比较繁琐，很容易出现批次之间的色差。其余几个类型的染料染色前后均为同一色相，故仿色比较容易，染色操作也比较简单。蛋白质纤维面料的一个共性是耐酸不耐碱，在酸性条件下进行染色对材料的损伤较小，所以除毛皮染料外，蛋白质纤维面料的染色均在酸性条件下进行，只是不同类别的染料，酸性条件不同而已。

一、酸性染料

酸性染料具有很好的水溶性，可直接溶解在水中。在酸性条件及温度作用下可直接上染蛋白质纤维材料，通常使用浸染法常压染色，上染百分率较高。根据染色时的酸性不同，这类染料又可分为强酸性染料和弱酸性染料。强酸性染料的分子量较小，移染性好，染色均匀性较好，多使用稀硫酸的水溶液，染色pH值在2~3，主要以离子键与纤维结合，染色湿牢度偏低。弱酸性染料的分子量较大，移染性差，染色均匀性较差，需要认真选择染色助剂，小心控制升温速度，可以获得满意的染色效果，多使用醋酸水溶液，染色pH值在5左右，以离子键和分子间力与纤维结合，染色牢度较好。

酸性染料色泽鲜艳，色谱齐全，应用范围较广。铁离子、铜离子对酸性染料色泽影响较大，轻则造成染色色光萎暗，重则改变色相，应加以注意。

二、酸性含媒染料

酸性含媒染料是染料分子中已经含有金属络合结构的酸性染料。与酸性媒染染料相比，酸性含媒染料是在染料生产过程中已完成了金属离子与染料的络合作用，而酸性媒染染料是在染色过程中完成络合作用的。故染色过程中没有明显的颜色变化，仿色容易，且可用于服装染色，并减少了服装各部位的色差；其次染色过程中不再使用媒染剂，简化染色过程，缩短了在高温阶段的染色时间，对纤维的损伤明显减少，使被染物的手感、弹性及使用寿命都得到改善。

三、中性染料

中性染料又叫做1∶2金属络合染料，根据其水溶性基团的不同，又可分为磺酸基类与磺酰基类两种。前者可以在等电点条件下pH值4.5~5进行染色，后者只能在pH值6~7条件下进行染色。

1∶2金属络合染料因染料结构特点，耐高温性好。磺酸基型的可在等电点染色，故不仅可用于全毛产品，也适用于毛/锦、毛/涤、毛/腈等混纺产品染色。磺酰基型则可以在中性条件下与直接染料对毛/棉、毛/黏等混纺产品染色。1∶2金属络合染料色谱齐全，色泽特点同酸性媒染染料，适合于染中、深色。染色牢度略逊于酸性媒染染料，但好于其他酸性类染料。

四、毛用活性染料

毛用活性染料是一类含有活性基团（α-溴丙烯酰胺、乙烯砜、二氟一氯嘧啶以及复合活性基）的染料。染料的活性基团可以与羊毛中胺基、伯羟基、巯基发生反应形成共价键结合。具有很高的湿处理牢度。

活性染料染蛋白质纤维可以获得较纤维素纤维更加鲜艳的色彩，对于毛纤维，除上述作用外，还可以与弱酸性染料、磺酸基1∶2金属络合染料同浴进行等电点染色，可增加染色牢度，改善1∶2金属络合染料染色的鲜艳度。

由于形成共价键结合的反应可以在pH=5的条件下完成，加之采用较好的染色助剂可以大大提高染料的固着率，对于蛋白质材料染色非常适宜。

第四节　合成纤维面料常用的染料

合成纤维染色，基本上是一类纤维只有一种类别的染料相对应，具体而言，涤纶使用分散染料染色；腈纶使用阳离子染料染色；锦纶使用专用的酸性染料染色（弱酸性染料和1∶2金属络合染料），氨纶染色需用非极性的染料，中性染料（磺酰基1∶2金属络合染料）为佳，分散染料亦可。

一、涤纶类面料的染色及所用染料

涤纶染色需要在较高的温度下使其纤维的分子链段产生运动，进而出现一些较大的空隙，同时高温也使染料分子产生热运动进入到纤维的空隙中，完成上染过程。分散染料在水中以分散液状态存在。在高温下分散染料呈单分子状态，与纤维间产生吸附作用，进而进入到纤维的空隙间，这便是分散染料上染涤纶纤维的基本过程及结合原理。

采用分散染料对涤纶染色有三种方法，即高温高压染色法、载体染色法和热熔染色法。分散染料以上述三种方法上染涤纶，均在酸性条件下进行。

分散染料色谱比较齐全，色泽不够浓艳，染深色性能一般。染色湿牢度较好，因为染料分子量大小的不同，其升华色牢度和耐熨烫色牢度有所不同，表现为熨烫部位服装材料会褪色或者色相变化，白衬布有明显沾色。通常分子量大的高温型分散染料升华和耐熨烫色牢度较好，低温型分子量较小的染料则较低。运用染料的这种特性，可以进行升华转移印花。就是事先将分散染料印刷或绘画在转印纸上，然后将它敷在涤纶织物上，于180℃熨烫30~60s，涤纶织物便可以得到非常漂亮的花色。此技术简单易行，不经过任何后处理，也没有环境污染。尤其适合手工制作。

二、腈纶类面料的染色及所用染料

腈纶又称聚丙烯腈纤维，其高分子结构中引入染色基团（称第三单体），有羧酸基和磺酸基之别，但均呈阴离子性。故染色采用阳离子染料，阴阳离子结合完成染色，即阳离子染料与腈纶是以离子键方式结合。染色基团数量是有一个限度的，用摩尔比来表征，所以腈纶纤维染色时有染色饱和值。

阳离子染料的另一项重要的特性指标是配伍值。根据其染色速率的快慢划分为5个等级，配伍值为1的染料上染速率最快，5为最慢，2、3、4居其间。因此在染色时，所选的拼混染料的配伍值应当相同，可以保证匀染性和较好的重现性。

阳离子染料中X-型阳离子染料、迁移型阳离子染料和分散型阳离子染料。可用于腈纶服装染色。X-型阳离子染料的阳离子基团以萘磺酸封闭，在水中不呈现离子性，类似分散染料的性能，上染速度缓慢，容易匀染和透染。在高温阶段，纤维上的磺酸基团可将染料上的萘磺酸取代与染料发生离子键结合，染色牢度与同品种X-型阳离子染料基本相同。阳离子染料中分散型阳离子染料对涤纶的染色效果较好。

若使用分散型阳离子染料，其在水中为非离子，与阴离子无离子作用，故可采用一浴法同时对腈纶与羊毛或棉进行染色，用时、用水及能耗比分浴染色降低50%左右。如果采用合适的防沉淀剂，也可以实现酸性/阳离子染料同浴一步法染色。

三、锦纶、氨纶等面料常用染料

锦纶学名叫做聚酰胺纤维。锦纶弹力丝主要用于制作袜子、泳衣，服装里料的尼龙绸和工装也有使用，在服装面料中多与其他天然纤维混纺。用于锦纶染色的酸性类染料主要是一些大分子的染料，染色时在接近中性的弱酸条件下进行染色。这是由于大分子染料在染浴中移动速度较慢，酸性偏弱也可控制染料的移动速度，从而获得匀染的效果。具体的染料类型有弱酸性染料和1∶2金属络合染料。市场上也有一类经过筛选的强酸性染料可作为锦纶染色的专用染料，这类染料在染色时应用醋酸做助染剂，pH值控制在3~5，同时要使用阻染剂，以防止色花。

上述染料用于锦纶染色，色谱齐全，色彩较该染料染羊毛、丝绸更加鲜艳，色牢度与丝绸处于同一水平，略低于羊毛。广州里奥化工公司推出的一类新型锦纶用活性染料优耐菲克斯（Eunyfix），应用工艺简单，湿处理牢度均可达到五级左右，但是染深浓色尚有困难。

氨纶又称莱卡，大多是弹力纤维，近几年在国内外服装上有大量使用。氨纶主要对各类纤维进行缠绕使用，以增加其弹性，很少单独使用。所以氨纶的染色同时需要考虑与氨纶同时染色的纤维所用染料的影响。单独氨纶染色可用分散染料或磺酰基的1∶2金属络合染料即中性染料。因为氨纶不具有带电的离子性染座，对其进行染色的染料、助剂以非离子型效果较好。由于氨纶的结构特点，氨纶的染色应在100℃以下进行，若在高于100℃的水中将导致氨纶弹性的丧失。

第五节　天然染料

天然染料是指自然界天然形成的可用于印染的有色物质。按其来源有植物染料、动物染料和矿物染料。一般情况下它们对纤维没有亲和力，需借助媒染剂固着在纤维上。因此这些染料在颜色的稳定性、染色牢度等方面均较差。天然染料在使用技术上比较复杂，如植物染料，需要对较大量的某种植物进行较为复杂的处理，提取色素，并随即进行染色。对于同种颜色，来自于不同的植物，其提取色素的方法有很大的差异。所以天然染料的染色过程包括植物采集、色素提取、染色及固色处理等多个环节，以人工劳动为主的比较复杂的过程。

植物染料是天然染料的主体，为人类所知的植物染料来自木本、草本植物，地衣，苔薤等，有数千种之多。被《染料索引》（Colour Index 简称C.I.）收录，有C.I.编号的天然染料有92种，有黄、橙、红、蓝、绿、棕、黑等颜色，并将其作为独立的一个类别，以区别于合成染料。若按照合成染料的应用分类，多数天然染料为媒染染料，也有还原染料、直接染料、酸性染料和阳离子染料的品种。矿物染料实际上属于颜料范畴。

一、黄、橙色天然染料

可用于染黄、橙色的植物染料比较多，如姜黄是将姜的根放在沸水中煮45 min后，色素开始析出，将提取液过滤后，就得到染液。还可以从淡黄桲草的叶、茎，万寿菊的花，石榴的果实，柚木的叶，菲岛桐的花和豆荚果等植物中提取染液。将被染物在50~60℃先用媒染剂（可用的媒染剂取自金属的离子，如铝、铬等）浸渍30 min，将被染物冷却、挤干，浸入染液沸煮45 min，水洗、皂洗、干燥即得到黄、橙色。

栀子花所得果实加水煮沸60 min，煮两次，其提取的染液在40~45℃加醋酸调pH值5左右，可染棉与丝织物，浸染10 min后水洗，干燥得到灰黄色。这种染色方法类似于直接染料和酸性染料。槐树花的花蕾加水和醋酸煮沸60 min，煮两次，提取的染液在pH值5~7，将棉织物浸染20 min后水洗再用铝盐（明矾溶液）处理得到亮黄色，这种染色方法类似于媒染染料中的后媒法染色。

二、红紫色天然染料

红紫色的天然染料存在于植物的根、皮及某些昆虫体内，虽然不如黄、橙色的天然染料来源广泛，但在动、植物中的量比较大，容易提取。茜草是一种从远古流传至今的可提取天然染料的植物，现在使用的主要是印度茜草和英国茜草。茜草主要使用其生长2~3年的根部，将其洗净、晾干、收藏，用时取出用水煎煮即可得到染液。其染色是按媒染染料的方法进行。对蚕丝、羊毛或毛皮染色在酸性条件下多以预媒法进行。由于对蛋白纤维吸收比较好，可不再另加媒染剂，所得颜色比较鲜艳。用茜草的提取液多次浸染，即每染一次晾干后再染，颜色随浸染次数由浅而深。茜草所提取的染液中主要含有茜素，用不同的媒染剂可得到不同的颜色，如用铝盐（即明矾）做媒染剂可得鲜艳的红色，用于棉织物染色，这种红是在中东地区盛行一时的土耳其红。

红花是中药中用于活血的一种药材。由于其花中含有红色素和黄色素，为了得到纯红色，需将花朵在弱酸性的水中浸泡数日，并多次挤干、换水，可分离出黄色素。再将所形成的花饼溶解在弱碱溶液（古代多用草木灰汁）中，制得的染液在染色时少量多次地施加米醋，可染棉、蚕丝、羊毛，染得的红色非常鲜艳，称"真红"，其逐渐将茜草取代。在植物染料中还有紫草根得到的紫色；红甜菜中的甜菜红；指甲红花中的指甲红等。但是以茜草和红花最为著名。

红紫色的天然染料中还有一类动物染料，比较著名的有胭脂红和紫胶。寄生于仙人掌上的胭脂红虫取其雌虫磨细后浸水可取出红色素，将经过以铝盐为媒染剂预处理的羊毛、蚕丝浸入到胭脂红色素中可染成鲜艳的红色，是天然染料中最漂亮的红色。但是这个红色不稳定，遇酸变黄，遇碱转暗。紫胶虫是生长在野生和人工种植的植物上的寄生虫，这种虫在植物上分泌的一种树脂状的分泌物即为紫胶。这种黏性的紫胶可用水或苏打水溶解，将溶解后的紫胶液用石灰沉淀可得紫胶色素。但紫胶色素所染的棉织物为红色。染色时需先将紫胶色素在水中煮沸，再浸入棉织物或纱线染色。红曲是产自细菌的红色素，不溶于水可溶于酒精，亦可用来着色。

三、蓝色天然染料

蓝色中最著名的是江南水乡的蓝印花布，它所用的天然染料取自一种一年生草本植物蓼蓝，别称靛蓝，是蓝草中的一类。其根药用为板蓝根，其叶可提取蓝色色素，是还原染料的一种，牛仔蓝即用靛蓝染料所染。公元五世纪《齐民要术》中记载了蓼蓝的种植方法和制靛技术，即使用蓝草的叶放在肚大口小的瓮中用石灰乳（即较浓的石灰水）和酵素在室温下发酵得到可用于染色的隐色体靛白，将棉布浸入靛白液中，再取出透风、晾干就得到蓝色，反复浸染—透风便能得到较深的深蓝色。在当时由蓝草提取的蓝色即称靛青或靛蓝，后来合成的靛蓝染料是沿袭了天然染料的名称。天然靛青较之合成染料之前的各类天然染料的优势是水洗色牢度好，且蓝草易得。

四、黑色天然染料

天然染料中与天然靛青齐名，且如今仍在使用的黑色即为苏木黑。苏木亦称洋苏木，是产于南美洲热带雨林中的一种乔木，色素取自于树干的木材。木材本无色，用沸水浸泡后可得棕橙色液体，在碱性溶液中易被空气氧化成红棕色的苏木精，加入铁盐或铬盐等媒染剂以预媒或后媒的方法对锦纶、蚕丝等染色，可在纤维上形成黑色不溶性染料，染色牢度较好，属于现代媒染染料的应用类别。络合后的染料也可用于纤维素纤维材料印花。

如今人类主张回归自然，期望安全，天然染料的应用成为一种时尚甚至是一种奢华。所以对于婴幼儿服装、个性化时装来说，天然染料是一种很好的选择。

第六节　特种染料和颜料

特种染料和颜料主要是指以染色或印花的方式用于服装上，并产生特殊色彩效果的染料和颜料。如光致变色效果和热致变色效果，荧光色彩效果，不同光反射效果如夜光、钻石、珠光、金银等效果，对丰富舞台服装和晚礼服装饰效果以及工装的特殊要求提供了想象空间，可以激发服装设计师的灵感和创新能力。这些物质有些是染料，可以用染色的方式进行；有些是颜料，需要采用黏合剂、涂层剂等多种辅助手段来实施。

一、感光变色染料

这是一类可用于纺织品染色的，由于光源转化而产生色相变化的染料。有可对腈纶染色的阳离子染料，还有可对羊毛、蚕丝染色的弱酸性染料。染色品随光源的不同，比如在荧光灯、白炽灯下色相从蓝紫色转为红色。

二、感温变色材料

目前较成功地将感温变色材料应用于纺织服装印花的品种是一种称作胆甾型液晶的物质。它在常温下为半固体半液体状态，在熔点以上，固液比例因温度变化产生可逆变化，对光线的折射、反射亦随之变化，使得颜色也发生变化。一般情况下温度在此区间上升，颜色沿红、黄、绿、蓝变化，温度下降颜色则沿反方向变化。用于纺织服装的较好的胆甾型液晶温度变化区间是28~33℃，变色敏感温差在1℃以下。在晴天白光下，这种液晶物质呈现出彩虹状色彩并随温度变化呈多色交替。由于液晶材料的半固体半液体特点，应先将其做成微胶囊后，再与黏合剂及水混合，以涂料印花或涂层整理的方式在服装上使用。

三、荧光染料和颜料

荧光物质的特点是吸收紫外光线后发出可见光，具有增加光强度的加色效应。荧光增白剂即为一例。荧光染料除了对紫外光线吸收后发出可见光外，还能对可见光选择吸收后产生颜色。其色彩晶莹、鲜艳、强烈。荧光染料可以强化服装的色彩效果，加大色彩对比力度。荧光染料按染料应用类别可分为分散荧光染料和阳离子荧光染料，可用于涤纶、锦纶和腈纶的染色，染色方法与分散染料和阳离子染料的染色方法相同。

荧光颜料是将荧光染料溶解在无色透明的树脂溶液中，在树脂固化后，加入润湿剂、分散剂，经过研磨、分散后，制成具有荧光效果的粉体分散液。使用时将其视同涂料色浆加入黏合剂以涂料印花或涂料染色等方式应用于服装着色。

分散类荧光染料色彩比较丰富，可用品种较多，有黄、橙、红、绿、蓝等色十几个品种。阳离子荧光染料在色彩上与碱性染料及阳离子染料的差别，不如分散荧光染料与分散染料的色彩差别大，因而在色谱和品种方面也逊色不少。

四、服饰辅料着色染料、颜料

服装上的纽扣、带扣、拉锁、标志等辅料都是服装的有机组成部分，这些材料经常需要自己动手对其进行着色。这些材料常用的主要是各种塑料、金属。一般批量生产时，可在熔融状态下加入各色颜料或矿物混合后注塑成形（即混练）。这样可使材料颜色内外一致性好，使用寿命长。小批量生产时需要采购已成型的饰件，用染色的方法对其进行着色。染后的饰品色彩比混练的浓艳，为表面得色，不耐磨。染色只能表现单一的色彩效果，而混练色因所使用的颜料和矿物，色彩丰富，而且因混练手法不同，可制作出不均一的如雨花石一般的色彩、纹路、图案等，表现力较强。混练所用的颜料，可以使用本节所介绍的普通颜料、装饰印花用的特种颜料和分散型的荧光染料等。能够进行染色的服饰材料中塑料的品种有聚酯和聚酰胺，还有被称作有机玻璃的聚甲基丙烯酸甲酯，它们均可以使用分散染料进行染色，主要是低温型和中温型的分散染料、分散型荧光染料。聚酰胺的染色，既可以使用分散染料按聚酯材料的方法进行染色，也可以使用锦纶染色所用的染料，如弱酸性染料和1：2金属络合染料。

对于铝制金属的着色是将成型铝件经过电氧化处理，在铝件的表面形成氧化铝吸色膜。然后将铝件浸没在染液中进行染色，染料进入吸色膜的微孔中，染后对吸色膜进行封闭，以防染料在水洗时褪色。表面氧化铝着色所用的染料是从直接、酸性、活性、碱性、分散以及醇溶染料中筛选出的，可用于表面氧化金属铝的染料如下表所示。

铝制金属饰品着色染料分类

颜色	黄色	红色	绿色	蓝色
染料品种	直接冻黄 G 酸性橙 Ⅱ 茜素黄 分散黄 3G 醇溶黄 GR	直接耐晒桃红 G 茜素红 S 酸性红 S 碱性玫瑰精	直接耐晒翠绿 直接绿 B	直接耐晒翠蓝 GL 活性艳蓝 M-BR 分散蓝 FFR 分散蓝 RRL

第七节　染色过程与染色基本原理

服装染色主要是采用浸染方式，即将服装浸没在染料水溶液中，边搅拌边加热，使染料逐步上染纤维并与之结合。

一、染料的水溶液

染色及染料溶解对所使用的水是有着较高要求的。首先水的硬度要低。硬水中的钙、镁离子可使某些染料产生絮凝，溶解性下降，也使染后的织物色光萎暗，手感粗糙。另外水中的金属离子，如铁、铜等离子具有络合能力，与某些染料络合，将使染料的色光变暗，颜色鲜艳度下降。对于成衣染色企业，可以采用小型的水净化设备，滤除金属离子及降低水的硬度，提供符合染色要求的水质。

一般而言，染料的水溶性基团是阴离子的，直接、活性、酸性等染料，溶解性均较好。用染料量20~30倍的软水加热即可全部溶解；分散染料则需先用温水润湿后，再加入分散剂及软水制成分散液；若是还原染料或硫化染料，则需在碱性条件下还原成具有水溶性的隐色体方可使用。染料在水溶液中其离子或分子都会发生不同程度的聚集。一般情况下，染料的结构复杂，相对分子量较大，则容易聚集，反之亦然。染料的溶解性与染料在溶液中的聚集状况有很大关系。容易聚集的染料其溶解度较低，不易聚集的染料则溶解度高。电解质食盐、元明粉浓度的提高和溶液温度的降低都将显著提高染料的聚集度，使染料的溶解性下降。表面活性剂如润湿剂或渗透剂对染料有助溶作用，即加快染料的溶解速度，并对染料有一定的分散、增溶作用，使其在染液中均匀分布。

染料的有效溶解或分散是染色过程得以发生的先决条件。有相当一部分染色疵病是与染料溶解状态有关的，所以染料的溶解问题应引起高度重视。

二、染色基本原理

染料在其溶液中上染纤维，并与纤维结合固着，一般有三个阶段：首先，溶液中染料向浸没在其中的纤维移动，并吸附在纤维表面；其次，在纤维表面吸附的染料透过表面向纤维内部渗透扩散；最后，进入纤维内部的染料分子与纤维大分子以各种方式发生结合而固着。

染料分子与纤维大分子的结合方式与染料和纤维的类别有关。如活性染料与纤维素纤维是以共价键结合；阳离子染料与腈纶是以离子键结合；酸性媒染染料与羊毛是以配位键结合；直接染料与纤维素纤维、中性染料与蛋白质纤维是以分子间力方式结合，属于物理的作用。

三、染色过程分析

对离子型染料上染亲水性纤维而言，能使染色过程发生的先决条件是染料的溶解和纤维的润湿。若染料不能全部溶解或纤维不能充分润湿，则将影响纤维对染料的吸收，使纤维不着色或少着色，降低染料的得色量，同时使浮色增加，造成染色牢度下降，所以要利用表面活性剂和温度的作用，在染色准备阶段，使纤维充分润湿，染料全部溶解。

在染料被纤维吸附的过程中，影响上染的主要因素有电解质作用、染液流动速度等。电解质在染液中对纤维素纤维与对蛋白质纤维的作用是不同的。纤维素纤维在水中呈负电性，对纤维素纤维染色的染料在染液中亦呈负电性。加入电解质后，食盐或元明粉中的钠离子为正电性，可以中和纤维表面的负电性，可使染料迅速吸附到纤维表面。我们将电介质的这种作用称为促染作用。蛋白质纤维在酸性溶液中纤维的等电点以下，主要呈阳离子性，即正电性，与可对其染色的各类酸性染料的负电性具有异性相吸的作用，加快了染料从染液中向纤维表面的移动速度。电解质如食盐或元明粉的阴离子基团，因尺寸比较小，在染液中的移动速度快于染料，率先与纤维结合，降低了纤维表面的正电性，使染料的移动速度降低，在纤维表面吸附的过程延缓。我们将电解质的这种作用称为缓染作用。

在染料向纤维内扩散的过程中，染液中染料浓度作用较大。浓度越高，纤维表面与纤维内部的浓度差越大，扩散速度加快。反之，扩散速度将变慢。浴比是指染液与被染物的倍数关系。如1∶30，即染液量是被染物质量的30倍。当染料总量一定后，浴比大，则浓度低，扩散速度慢；浴比小则染料浓度高，扩散速度快。

染色速度取决于染料在染液中移动速度和在纤维中的扩散速度。染色温度的作用对染料在染液中移动和在纤维中扩散提供能量，使染色速度加快。

第八节　染色疵病与解决方法

认识染色疵病以及造成的原因和解决的方法，对于保证服装面料的品质和服装的质量有十分重要的意义。

染色常见疵病有三大类，即染花、色差、浮色。产生的原因来自于操作、技术、管理等多个方面。有些疵病产生原因比较单一，而更多的疵病产生原因比较复杂，分析和解决的难度较大。从质量管理角度，应当各部门配合，各环节把关，上工序要为下工序考虑，才能将染色疵病杜绝。

一、染花产生的原因及解决方法

属于染花范围的具体疵病形态比较多，也可从外观特点将其归类，主要有色点、染斑、夹花三个类型。色点是被染物表面分布有与所染色泽不同的微小点状颜色。既有深浅不一致，也有色相不一致的情况。但形成的原因却千差万别。从工序角度进行分析，容易确定其产生的原因，在纤维原料质量方面，羊绒制品中，因抓绒的方式即分梳工艺等问题，将山羊的皮屑混杂在羊绒纤维中，上色较浅，形成浅色点，有时数量较多，解决的方法只有严把原料关。在染色工序中产生的色点，多数是因染料溶解不充分所造成，解决方法要求操作工加强染料溶解操作，先将染料用润湿剂和少许水打浆，待染料完全润湿后，加入沸水或沸煮使其全部溶解。溶解后的染料要用细箩过滤，不让未溶物进染缸。

有时被染的成衣染后有留白或得色非常浅的情况，造成原因可分两种，一种是被染物染前未能充分润湿，或是洗涤不充分致使纺纱交叉点处pH值与染浴pH值差距较大，染料在没有润湿的地方不上色或上色不充分，在pH值不符处，无法与纤维结合。对这种情况应加强清洗，在洗涤出缸前可适当根据染色要求加少量的酸或碱液浸泡后再出缸。而洗后的被染物不要长时间放置，最好随染随洗。如需放置，不应超过1h，并用塑料布蒙上，以防上层的被染物风干。染色操作时，将被染物加入染缸中不要立即升温，而是在始染温度下运转10~20 min，并在染液中加入一些渗透剂再升温。第二种是被染的成衣缝合线处出现留白或色浅的情况，造成的原因是此处的纱线所受张力较大。染料在张力低处易被吸收，而在张力高处不易被吸收所致。解决这个问题的办法一是降低升温速度；二是针对成衣染色尽量选择大分子、高温区间上色的染料。对材料而言，高温可使其张力差距减少，此时再上染可解决留白或色浅的问题。

染斑是指面积大于色点的局部颜色差异，有四个环节应重点关注。第一个环节是织造、搬运、存放时留下的锈渍和油渍，未能有效清洗，使染料不能遮盖而造成。解决办法是在进入染整加工前对每件被染物逐一查验，发现锈渍、油渍、霉斑后单独剔出，并进行斑渍的单独清洗，然后再与大批共同洗涤、染色即可。第二个环节是染前洗涤时未能将洗涤剂清洗干净。第三个环节是要注意单独清洗锈渍、油渍时，所使用的药剂不能对纤维产生损伤，如不能使用氧化剂或还原剂，否则易改变纤维的染色性能。第四个环节是在染色操作中加料，无论是酸、碱，还是表面活性剂，均应先将其充分溶解后再加入染缸。在染色过程中的局部磨损也会造成染斑，如丝绸的灰伤，羊毛、棉等织物表面起毛等，应将染色设备造成磨损的部位的毛刺抛光或用布包缠，以防磨损。

夹花疵病产生的原因，一是被染物由不同纤维混纺的，如麻与黏胶纤维混纺，羊毛与锦纶混纺，都用同一种染料染色，上色时存在竞染现象；另一种则是因沾色造成的。

二、色差产生的原因及解决办法

对于贸易阶段中的原样与来样间的色差产生原因有两个方面，一是原样的材质与定货样的材质不同，二是由生产过程中造成的。

原样或确认样与放样间的色差主要与染料的上染性能和配伍性能有直接关系。上染过程中浴比、升温速度、pH值、助剂品种等的变化都会对染料的上染性能产生影响，进而影响染料间的配伍性能，使同一染色处方中几只染料上染的先后顺序及上染量发生变化，导致放样时产生色差。解决这种色差需要把握的一个原则是：小样染色的各步操作要规范，大样放样时将小样染色的工艺条件完全重现。

生产中的批间色差和交货样与确认样间的色差通常涉及染料性能和生产管理两个方面。首先应尽可能挑选一些能对生产中出现的主要问题抗干扰性强的染料品种。其次在染色处方组成中，可根据原样靠色选染料。

物体的颜色取决于其反射光谱曲线的特征，两个不同颜色的色样其反射光谱曲线不同，但在某一特定光源下，却可以呈现出相同颜色。这种由照明条件引起的等色是照明条件等色，是异谱同色色差中常见的一种。它使得两色样在晴天日光下颜色相同，而在灯光下则存在色差。可以从两个方面解决这类色差。一方面客户确认的成交样由生产方提供，而不是直接采用客户提供的原样。另一方面，生产方在接单后生产中所使用的染料与确认时成交样所使用的染料必须相同（同品种、同生产厂家），中途不得更换或添加，这样可以控制异谱同色色差的产生。

三、浮色产生的原因及解决办法

浮色指未能与纤维有效结合的染料。如果在出厂前没有完全消除这些浮色，将会降低织物的染色牢度等级，影响产品质量及销售。浮色产生的原因是多方面的。有时升温速度过快致使上染速度过快，大量染料堆砌在纤维表面，形成浮色；二是染色助剂用量不足，使染料上染没有足够的动力，染料不能充分渗透进入纤维以内，同时纤维的结合力也弱而造成浮色。这两种情况都要调整助剂用量，控制适宜的升温速度，使被染物匀染、透染，染料与纤维充分结合，可减少浮色的产生。染料未能充分溶解，在染浴中随着染色进程变成微小的不溶性颗粒吸附在纤维表面，造成浮色。在混纺物染色时，如染涤纶的分散染料对羊毛、蚕丝的沾色较重，这种沾色是以表面吸附为主，产生浮色。对浮色的清除常使用染后皂煮的方式。如果操作得当可使大部分浮色清除，但是染料的浪费较重。应当在制订染色工艺中，包括染料选择上，将防止浮色的产生作为重要的考虑因素，原则是不产生或少产生浮色，再以皂煮等手段去除浮色。

第九节　染色质量与染色牢度的测试与评价

一、染色质量的评价

对质量的评价是以标准的形式进行的。这里所指的标准属于法规的范畴，是技术性法规。标准通常为三个类别，即基础标准、方法标准和产品标准。基础标准主要对标准化工作的基本问题进行规范使之成为标准。方法标准则对产品实施监测的方法进行规范使之成为标准，在方法标准中对某项考核项目是按照同一方法进行的，使得考核具有可比性和公平性。产品标准是对一类产品所应考核的项目和技术指标做出的具体规定，考核项目的检测方法是直接采用方法标准中的相应标准。

二、染色牢度的测试与评定

染色牢度是指被染物经染色加工后，在使用时或染色之后的后续加工过程中能够保持原来颜色的能力。染色牢度是总称，在其内部划分有许多的考核项目。就服装而言在使用时遇到的情况不同，采用的染色牢度的具体考核项目也有一定差别。如内衣和可外穿的内衣如衬衫和T恤，需要考核的染色牢度项目有：耐洗色牢度、耐水浸色牢度、耐汗渍色牢度、耐光色牢度、摩擦色牢度、熨烫色牢度。对于泳装、内裤、袜子还应增加耐氯色牢度。因为泳池中消毒用的氯以及内衣、袜子洗涤时洗衣粉中杀毒剂所含氯对染料有较大影响。

同时可以通过褪色牢度和沾色牢度两个方面来考核染色牢度。褪色是指已染色的布样，在进行某种染色牢度测试后，颜色变化情况。沾色是指与被考核的染色布同条件下进行色牢度测试时，染色布对贴衬的白织物上沾染颜色的情况。对褪色和沾色程度的评价是按等级进行的，可划分为5个等级，1级最差，5级最好。等级的评定是按灰色样卡进行比色。对褪色进行评级使用GB/T 250–2008《纺织品 色牢度试验 评定变色用灰色样卡》，对沾色进行评级用GB/T 251–2008《纺织品 色牢度试验 评定沾色用灰色样卡》，均为5级9档制，即在每级之间设置一个过渡级，如在3级与4级之间设置的过渡级为3~4级，不是一个独立的级，故不能念作3.5级。等级评定的比色方法是以未做色牢度测验的原样布与经过色牢度测试后的试样布，在标准光源的条件下以规定的同样面积进行色差比较。两布样的色差靠近相应灰色样卡的那一档，即为该档所示级别。5级即表示两布样之间不存在色差，其余级别表示存在不同的色差，以1级色差最大，等于和大于1级色差者均归入1级色差。

服装的色牢度试验属于方法标准的范畴。耐洗色牢度试验，是对服装或纺织品在标准洗涤情况下褪色或沾色性能的评价，按照国家标准GB/T 3921-2008《纺织 色牢度试验 耐皂洗色牢度》进行试验。

耐水色牢度和耐汗渍色牢度所依据的方法标准是GB/T 5713-1997《纺织品 色牢度试验 耐水色牢度》、GB/T 5711-5718-1985《纺织品 色牢度（水浸）试验方法》和GB/T 3922-1995《纺织品 耐汗渍色牢度试验方法》。

耐光色牢度所依据的方法标准是GB/T 8427-2008《纺织品 色牢度试验 耐人造光色牢度：氙弧》。耐光色牢度所考核的是服装在穿着过程中经受日光后引起的颜色变化程度。只考核褪色，不考核沾色。使用的仪器是日晒牢度仪。评级时以同时进行光照的标准日光褪色布为标准（替代变色卡），对色布褪色程度进行评级。1~8级中，1级最差，8级最好。按相应产品标准，不低于4级为合格。

耐摩擦色牢度所依据的方法是GB/T 3920-2008《纺织品 色牢度试验 耐摩擦牢度》。使用专用仪器——摩擦色牢度试验仪，将色布固定在仪器的台架上，将棉贴衬布固定在摩擦头上，与色布进行接触式摩擦，往复10次，取下棉贴衬布，剪贴，用评定沾色用灰色样卡评级。耐摩擦色牢度有干摩擦色牢度和湿摩擦色牢度之分，差别在于将棉贴衬布直接进行试验为干摩擦色牢度；将棉贴布浸轧蒸馏水后，湿态对干色布进行试验为湿摩擦色牢度。

耐熨烫色牢度依据的方法标准是GB/T 6152-1997《纺织品 色牢度试验 耐热压色牢度》。它分别对色布和白布进行褪变色与沾色评级。评级方法同前述耐洗、耐水等色牢度方法。

以上介绍的染色牢度考核项目是服装均需考核的项目。对于不同的服用场合，考核的染色牢度也不尽相同。通常，染色牢度的考核项目还有耐刷洗、耐气候、耐海水、耐烟气、耐氯等一系列染色牢度。对一类服装应考核哪些项目，是在相应的产品标准中规定的。产品的用途不同，考核的项目也不同。产品标准中还规定了考核项目的合格标准，即是对此类产品的评价。

第五章　服装染色

成衣染色的服装具备快速的市场响应能力，将90%以上的加工放在染色前完成，根据市场对服装的销售进度，不断地翻单补货，可最大限度地减少过季服装的积压。但是在服装款式方面则以常年不衰的品种为主，如春夏装的夹克、文化衫、T恤、长裤、裙子、毛衫、毛裤等。成衣染色的服装以素色为主，因其快速的市场响应能力，色彩紧跟流行色。一般在淡季将这些服装加工为成衣，在旺季时按市场需求染色、配饰、包装、供货。有人计算过各种染色方式的交货周期：纤维染色至制成成衣交货周期需3~6个月；纱线染色至制成成衣需1.5~3个月；织物染色至制成成衣需20~40天；成衣染色的正常周期只需7~10天，翻单的品种视批量大小及供货紧急程度，可在1~3天内出货并陆续供货。由此可见，服装染色的市场响应能力比其他染色方式要迅速得多。对于多数高档、传统、在正式场合穿着的服装，要求色彩稳定、配色和谐、蕴义高雅。面料较多采用纤维混色，色纱交织或嵌条等配色手法。

第一节　概述

一、服装染色的特点

成衣染色的染料和染色方法多取自织物和纱线染色的染料和染色方法。但是并不是所有可用于织物、纱线的染料及染色方法均可用于成衣染色。在织物和纱线染色中，被染物的结构和张力是基本相同的，而在成衣染色中，被染物的结构和张力存在较大差异。如款式最简单的文化衫、毛衫，其领口、袖口、下摆等俗称三口，针织方法多用双针板（筒），以罗纹等双面针织物制作，而其正身、袖子等处多用单面针织物，故在正身与三口之间被染物的织物结构是不同的。这种结构的不同使得被染物的张力也存在较大差异。通常单面针织物内在张力小，纤维溶胀后，在织物和纱线内尚有一定的间隙，便于染料进出。双面针织物内在张力大，纤维溶胀后，在织物和纱线内比较紧密，不利于染料进出。同时服装各衣片被缝合处、缝合线及缝合部位的张力更大，导致被染物很多部位的紧密程度不同。染料的一般上染规律是张力小、比较疏松的部位染料容易上色；张力大、比较紧密的部位染料上染困难，其外在表现是容易得色的部位得色深，不易上色的部位得色浅。所以同一件成衣染同一颜色时就会出现深浅不一，甚至色光不一的色差。在正常检验中被视为染疵，这种染疵是成衣染色中需重点解决的问题，也是成衣染色有别于织物、纱线染色较突出的表现之一。选取一些分子较大且在高温阶段上色的染料，在高温条件下浸染，使得单件成衣各部位得色一致，可以消除色差。

通常要染色的成衣一种是使用织造后的坯布（生坯）；另一种是使用织造后并经过适当前处理的织物（熟坯）。两者的差别有以下几个方面：

（1）缩率的差别：通常织物的缩率由织缩和染缩两部分组成。织缩在织物下机后至坯布存放期即可完成。染缩是在染整加工中完成的，一般情况下80%的染缩是在织物染整加工的前处理阶段完成的。若采用生坯缝制的成衣进行染色，这些成衣需要以成衣方式进行前处理。染色成衣产生的收缩是在成衣后发生，导致成衣各部位张力不均的状况加剧，在染色时色差加大。若用熟坯缝制的成衣准备染色，上述收缩在缝制前已完成，其影响已消除，减少了使色差加大的机会。

（2）内应力的差别：织物在纺纱织造时产生的内应力，是染整前处理中需要解决的问题之一。以坯布方式进行染整前处理，内应力的去除比较一致和彻底。以生坯制作的成衣进行前处理，由于裁片面积较小，又是多片缝合，内应力方向不一致，内应力的消除比较困难，容易出现成衣扭曲等新问题。所以使用熟坯的优点在于不会产生新的内应力问题，原有坯布的内应力去除比较彻底，从而控制了色差扩大的趋势。

（3）纤维表面杂质去除程度：织物经过前处理，不仅将纤维表面的纺纱油剂、污垢等清除彻底，还可去除棉脂、棉蜡及色素。经过浓碱处理的机织物丝光和针织物碱缩，还可增加纤维对染料的吸收。蚕丝制品坯布脱胶比较充分。所以熟坯的吸收状态一致性较好。若对生坯制成的成衣进行前处理，最大的问题在于同一件成衣丝胶去除的不一致性，因为张力大的地方不仅对染料吸收少，对助剂吸收也少，杂质去除不彻底。造成了同一件成衣各部位有差别，再用此成衣去染色，则将色差进一步扩大。综合以上三种因素，选择熟坯缝制被染成衣，比较容易控制各部位间色差。

坯布的选择是首要问题。但是缝纫用线的选择也不可忽视。一般要用与坯布同一类材料的缝纫线进行缝合，才能保证成衣染色时缝纫线与成衣得到同样的色泽。另外缝纫线在成衣中所受的张力最大，对染料的吸收少，得色浅，也将影响染色质量。解决的方法主要有两种。一种是选择的缝纫线对染料的吸收要明显好于成衣，如棉的机织品，可用黏胶长丝的缝纫线。另一种是缝合时将缝纫设备的张力调低，缝合速度降低，如针织物用套口缝合机，需将缝合张力降低，使得缝纫线张力得以缓解，增加对染料的吸收。有时这两种方法要同时使用，方可奏效。

服装染色与织物、纱线染色的另一个不同处在于前后的辅助工序不同。服装染色时，对于有门襟或开口的款式，如开衫、T恤、夹克以及裤、裙的开口部位等，在染色前不能锁扣眼、上拉链，而要用手工对襟缝合，以防止染色使两对襟收缩不一致，造成门襟不齐的疵病。染后去除缝合线再锁扣眼、上拉链，这样可以避免扣眼处张力过大而造成的色差问题以及染色时高温、强化学条件等对扣眼、纽扣、拉链的蚀损。同理，服装的纽扣、垫肩、商标、号码、水洗标以及品牌标志的刺绣等都要在成衣染色后再进行加工，以保持服装总体的美观。服装口袋的面料与服装同时加工。对针织物而言，口袋与服装在款式及用料方面均为一体，可同时染色。而对机织布来说，服装口袋是另外一种材料，可先行缝制，在成衣染色后再缝到服装上。一般情况下口袋使用涤棉白布不需染色，有时为了方便也可先缝在成衣上，同时染色。

二、服装染色的接单和生产

服装染色可以划分为接单和生产两个过程。在接单过程中最主要的工作就是拼配色样，并交客户确认。拼配色样是染色工艺的第一步。第二步把客户要求的成衣材料剪成两小片，并按成衣要求进行缝制，用内部确定的递样染色处方对其进行染色。然后观察缝合处、缝合线与未缝合试样之间有无色差，是否透染。若有问题需调整染料品种或类别，问题不明显可用助剂品种或助剂用量进行调整，至符合要求方可递样。

当客户确认递样并下订单后，即开始进行生产。可以根据被染物的材料质地用递样染色处方复染。一般情况下，被染物材料批次不同，每批材料都应再次试染对样。如果染后没有明显偏差，可用同一个染色处方来制订染色工艺。如果偏差较大，则只能调整染料用量和染色工艺，不能更换染料，以防止异谱同色色差出现。

服装成衣染色的生产流程通常如下：制订染色工艺→成衣配重→称染化料→成衣清洗→被染物精练（在染缸中）→染化料的化料→加入染化料→染色运转→清洗及后处理→脱水→烘干→检验→熨烫→辅料缝纫→检验→包装→入库。

注意事项：

成衣染色的被染物配重是按订单中号型、号码的比例配重。例如，一订单中同款成衣如有四个号，就按1∶2∶2∶1配比例，这四个号及比例基本单位为6件。这6件成衣为一个计量单位，染色时根据染机的大小确定的装机量是这6件重量的整数倍。配缸时按6件的号码比例来数件数，即对固定的染机，每次装机的被染成衣件数应是符合号码比例，4号齐全的6件的整数倍数。这样可使被染物的重量恒定，当每次加液量相同时，浴比也可不变，可减少缸差。

成衣进入染机后均需加水运转。若有泡沫应适当清洗，若无泡沫可适当运转使被染物充分润湿，以利染色。

染色运转包括升温、保温和降温及根据工艺中途加料等。不同应用类别的染料采用不同的清洗和后处理。

第二节　纤维素纤维类服装的染色

在进行成衣染色的服装中数量较大的是针织圆机制造的棉针织服装，以文化衫和T恤衫为主。另一类大宗的针织品主要是针织横机手工织造的纯棉编织衫。圆机针织品以单纱产品为主，而横机手工编织衫以股线产品为主。在机织物制作的服装中，产量较大的品种是纯棉布缝制的男女裤，上衣类的服装较少。可进行成衣染色的纤维素纤维类的服装，主要是春夏季穿着的服装和休闲服装。

一、直接染料染色

按染色牢度、染料的利用率以及环保的要求，经常选用的直接染料包括D型直接染料，这类型的直接染料是高温上染的品种，可用于纤维素纤维类服装染色。与之相似的染料有日本化药公司生产的Kayacelon C型的染料；瑞士科莱恩公司生产的直接坚牢素染料（Indosol SF型）。国产同类直接染料为直接交链染料，都是高温上色，色牢度较高，是纤维素纤维类服装染色主选染料。如果成衣出口欧盟国家，需要注意的是铜离子是否超标。因为这类染料是铜络合结构的染料，具有耐高温性、耐日晒性、对其他纤维粘色较少等突出优点。

下面以纯棉编织衫为例说明直接染料的染色过程。

1.染浴组成

（1）直接坚牢素染料（以下用量均按被染物重量百分比计，颜色为红玉色）。

①精练浴：

食盐	5 g/L
平平加O	0.2%

②染浴：

直接坚牢素红玉SF–R	0.3%
直接坚牢素黄SF–GL	0.05%
食盐	5 g/L

③固色浴：

直接坚牢素E–50	2%
食盐	3 g/L

（2）D型直接混纺染料（以下用量均按被染物重量百分比计，颜色为香橙色）。

①精练浴：

食盐	5 g/L
平平加O	0.2%

②染浴：

直接混纺黄D–3RL	0.25%
直接混纺大红D–GLN	0.15%
食盐	5 g/L

③固色浴：

固色剂DUR	3%
硫酸铵	3%

2.工艺程序及工艺条件

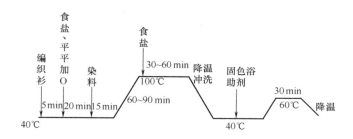

图5-1 直接染料染色升温工艺

3.操作要点

（1）染料选用新型直接染料，D型直接混纺染料中，浅色经固色后，色牢度可与活性染料相当；直接坚牢素染料中深色经固色后，色牢度可与还原染料相当。

（2）纯棉编织衫入水受力后容易变形，解决的方法是使用涤纶制造的针织网眼布做成的染色口袋，每袋大小可装一件编织衫，容量要宽松适当。太紧会影响染料渗透而色花；过松，编织衫变形仍然会发生。编织衫在清洗前就装袋，至染色，固色完毕，脱水后再拿出烘干。

（3）精练浴以被染物充分渗透为主要目的。加入部分食盐可使成衣提前吸收，便于染料进入后均匀上染。精练浴和染浴是同浴分步进行。

（4）染浴组成简单，重点在于控制升温速度。编织衫纱线及缝合处紧密不易渗透，要将升温速度降低。在100℃时中浅色保温30 min，深色则要60 min。

（5）固色处理对直接染料很重要，两个类型的固色剂是不同的，不能互用。

（6）各步处理浴比根据机械性能及需要，控制为（1∶10）~（1∶30）为宜。

二、活性染料染色

选用的活性染料应有较高的固色率，并可在较高温度上色为基本条件。首选双活性基的KE型活性染料，既有较高的固色率，又适合棉织物的高温浸染，可用作纤维素纤维类服装染色。其他还有双活性基的ME型活性染料；国内生产的B型活性染料；广州里奥化工公司的考特菲克斯（cotofix）等活性染料。

下面以纯棉文化衫为例说明活性染料（使用双活性基活性染料）的染色过程。

1.染色浴组成

浴比 1∶20（以下用量均按被染物重量百分比计，颜色为嫩黄色）。

①精练浴：

食盐	5 g/L
平平加O	0.2%

②染浴：

考特唑黄4GL	1.1%
活性艳蓝M-BR	0.05%
食盐	10 g/L

③固色浴：

纯碱	10 g/L

④皂煮浴：

丝光皂	5 g/L
平平加O	0.2%

2.工艺程序及工艺条件

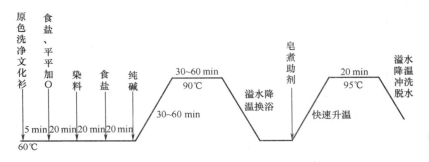

图5-2　活性染料染色升温工艺

3.操作要点

（1）染料均选用KE型双活性基的活性染料，其中艳蓝M-BR的染色条件同KE型的活性染料用于补充色谱。用于成衣染色是因为其始染和固色温度较高，属活性染料中高温上染类型。因其含双活性基，固色率高，更凸显其优点。高温上染是成衣染色解决色差的主要方法。

（2）精练浴作用是使文化衫充分润湿。在染色时可减少色差。精练浴在精炼处理后可不放残液，直接加入染料而成染浴。

（3）染浴中先加染料后加食盐，可使文化衫边口、缝纫处多吸收染料。染料和食盐可用60℃温水溶解多次，过筛后入染机。不可用沸水冲化或沸煮染料。

（4）固色浴中纯碱亦用温水冲化后再入染机。文化衫若为罗纹口，升温速度要慢一些；如为汗布缝合，升温速度可快一些。染料用量大者90℃保温时间应长，反之则短。保温结束后，用溢水降温，同时冲洗，染后放水，换水后再皂煮。

（5）皂煮浴的作用是清除浮色，所以换水后可先快速升温至沸，再加入已化好的皂煮液进行皂煮，之后清洗，脱水出机。

（6）处理浴的浴比，根据机械性能及需要控制在（1:15）~（1:30）为宜。

三、硫化染料染色

硫化染料染着在服装上，对人体无直接的毒副作用。用于纤维素纤维类服装染色可选择水溶性硫化染料，还原比较充分，染色时浮色少，换色时染缸清洗比较方便。如果批量较大，可选用在染料厂已还原的液状硫化染料，可省去还原操作和化料工序，使用直接方便。这类染料是环保型的，开桶1~2天应用完，否则大部分染料会在1周内被空气氧化产生沉淀，导致计量不准确。在染色过程中，为了防止染色循环与空气中大量氧气接触而造成的提前氧化形成浮色，可在染浴中适当添加葡萄糖作为还原剂。

以纯棉西裤的染色为例说明硫化染料的染色过程。

此类西裤为机织棉布，线卡其。使用水溶性硫化染料染色，色号为黑色或藏青色。

1. 染浴组成

浴比1∶25（以下用量均按被染物重量百分比计）。

①精练浴：

硫化碱	1%
平平加O	0.2%

②染浴：

水溶性硫化黑	8%
硫化碱（60%，片状）	8%
纯碱	0.5%

③皂煮浴：

丝光皂	0.5%
平平加O	0.2%

④防脆浴：

尿素	1.5%
磷酸三钠	0.7%

2. 工艺程序及工艺条件

洗净棉西裤进染机→关舱门，加水至规定水位→升温至80℃，加入已化好的精练浴助剂→80℃运转20 min→加入已化好的染化料→升温至90℃运转60~90 min→关热源自然降温至70℃后，30~40 min溢水冲洗，降温至40℃放水，冷水冲洗两次→加水升温至沸，加入皂煮浴助剂，皂煮20 min→热水冲洗一次，冷水冲洗两次，加水后加入防脆助剂，室温处理30 min，放水、脱水出机。

3. 操作要点

（1）硫化染料以染深色著称，在硫化染料中用于成衣染色的类别首选水溶性硫化染料，其分子结构中有水溶性基团，在硫化碱还原染料时可脱去，解决了染料的溶解与水洗性能间的矛盾。由于其较常规硫化染料还原充分，染料利用率高，染料用量亦可减少，浮色也较少。

（2）通过精练浴使西裤充分润湿。在其中加入少量硫化碱，可使西裤的缝纫处吸收后充分吸收染料，并防止未还原的染料微粒沉积，减少色差。

（3）染浴较长时间高温运转，能使染料充分渗透吸收。染浴液面要高，以防被染物长时间暴露被氧化而色花。水溶性硫化黑在空气中即被氧化，故在自然降温及溢水冲洗中即可逐步氧化显色。但是有些染料如水溶性硫化蓝，则需加入氧化剂后才能氧化显色，故需增加氧化浴，进行氧化处理。

（4）充分皂煮对硫化染料去除浮色，改善被染物手感和色光有重要作用。

（5）硫化黑染料有贮存脆化问题，可以使用尿素吸收和磷酸三钠中和酸性物质保护纤维素类纤维的方法，即防脆处理。

四、可溶性还原染料染色

可溶性还原染料是在染料厂制造染料时，将还原染料还原成隐色体并使其硫酸酯化，这样还原染料的隐色体可以干粉状态贮存运输，在使用时无需还原可直接溶于水中，故称作可溶性还原染料。

可溶性还原染料对于纤维素纤维类服装的成衣染色有很多便利之处：首先，此类染料使用时省去了复杂的染料还原，可直接溶于水中，操作比较便利；其次，这类染料不会与空气中的氧气发生氧化作用，化学性质稳定，在上染完成后需要在酸性条件下才能发生氧化完成染色；另外，这类染料对纤维直接性小，匀染性极好，可透染缝合处，适宜染浅色，在棉织物上得色明亮。这类染料因在中性条件下上染，酸性条件下氧化显色，所以也可用于蛋白质纤维染色，和毛/纤维素纤维混纺品的染色，羊毛得色比棉织物深。

可溶性还原染料染色的优点很多，一是不像液体硫化染料易受氧化，所以易于保存；二是被染物露出液面不会被空气氧化而导致色花、色淀等染疵发生；三是染机清洗比较方便。

下面以纯棉浅色T恤为例说明可溶性还原染料的染色过程。

1.染色浴组成

浴比1∶20（以下各用量均按被染物重量百分比计，颜色为浅桃红色）。

①精练浴：

纯碱	0.5%
平平加O	0.2%

②染浴：

可溶性还原桃红IR	0.35%
亚硝酸钠	0.7%
食盐	2.5%

③氧化浴：

浓硫酸	3.5%
亚硝酸钠	0.3%
尿素	3%
硫脲	1.5%

④中和浴：

纯碱	3%

⑤皂煮浴：

丝光皂	0.5%
平平加O	0.2%

2.工艺程序及工艺条件

洗净T恤（原色）进染机→关舱门加水至规定水位→加热至80℃→加入已化好的精练浴药剂→80℃运转20 min→加入已化好的染色浴染化料→加热至沸运转20 min→关闭热源运转至60℃，运转30 min→排染液→加水至规定水位并加热至60℃→运转10 min，加入已化好的氧化浴药剂→60℃运转15 min→排氧化浴→换水洗2次→加入已化好的纯碱中和15 min（30~40℃）→加入已化好的皂煮浴助剂升温至沸→运转15 min，排皂煮液→80℃热水运转10 min→冷水洗3次→脱水→烘干

3.操作要求

（1）染料选用可热染的可溶性还原染料。这些染料在温度较高时，上染百分率较低，匀染性很好，有利于染料在张力不同的成衣各部位上色一致。由于这类染料多为浅色号，故染液中残留的染料量不会很多，对环境压力不大。

（2）精练浴有两个作用。作用一，为使成衣各部分的渗透性好，加入平平加O有利于染料的上染，特别是对于张力不一致的三口及缝合处，在80℃运转一段时间，有助于这些部位的渗透。作用二，由于可溶性还原染料是在酸性条件下显色，为防止成衣某些部位张力大或意外沾有酸性物质未被洗净，而造成染料提前显色致使色花，所以要在精练浴加入部分纯碱以中和酸性物质。

（3）在染色浴中，温度控制是操作的关键。温度高有助于染料和食盐的溶解，不致在染色过程中析出，影响染色结果。染色采用80℃入染料，升至沸点（100℃）后缓慢降温的方法，是使染料高温匀染，低温提高上染百分率，兼顾了染料的匀染及吸尽。染后，应将染液排出后再进行氧化，这样染液中残余染料不会成为浮色。

（4）氧化浴中对染料的氧化，是此类染料全部染色过程中技术要求最高的环节。氧化剂亚硝酸钠在无酸环境中不发生作用。故在染色浴将氧化剂总量的70%先行加入，令其与染料均匀上染成衣。待氧化浴中再加入强酸和补充部分氧化剂，可使染料的氧化显色完全均匀。基本可以控制由于氧化迅速而形成色花和色差问题。氧化浴中的尿素和硫脲的作用，首先是中和硝酸，以防二氧化氮气体产生，造成对人体的伤害。同时染色车间也应加强排风条件，改善通风效果，将可能产生的二氧化氮气体及时排出。其次是

防止氧化剂用量不当或局部浓度过度而造成染料的过氧化情况。染料过度氧化后，致使色相和色光产生较大的变化，将造成色浅、色花、色差等疵病。

（5）在氧化浴中使用强酸，首先是与染料发生作用，之后应及时将酸液（即氧化浴溶液）排出，并先水洗，再用纯碱进行中和。然后用皂液将成衣皂煮，皂煮一方面可去除浮色，另一方面可使染料氧化体的结晶转型，在纤维上改变分布状态，使被染物色光鲜艳。这些特点是还原染料所独有的，也需认真对待。应当说，可溶性还原染料染色所历经的五浴：精练浴、染浴、氧化浴、中和浴、皂煮浴是一个整体，其中任何一浴出问题，都将产生染色疵病，均需认真对待。

第三节 蛋白质纤维类服装的染色

成衣染色的品种主要以毛针织服装和丝的手编针织服装为主。可用于蛋白质纤维类材料染色的染料有酸性染料、酸性媒染染料、酸性含媒染料、活性染料、中性染料等。蚕丝针织服装染色可选用弱酸性染料、1∶2金属络合染料、活性染料。

一、真丝针织衫的成衣染色

1.染浴组成

浴比1∶25（以下用量均按被染物重量百分比计，颜色为黄色）。

①精练浴：

丝光皂	8%
纯碱	0.5%
硅酸钠	2%
二氧化硫脲	0.5%

②中和浴：

醋酸	2%
平平加O	0.1%

③染浴：

中性艳红S-5GL	0.15%
阿西多黄M-3GL	1.05%
醋酸	0.5%~1.2%
硫酸铵	5%~8%
匀染剂	0.8%~1.5%
渗透剂	0.5%~1%

④固色浴：

丝绸固色剂（Silkfix 3A Liquid）	1%~6%
醋酸	3%

2. 工艺程序及工艺条件

真丝针织衫成衣装袋入染机→预处理（80℃，30 min）→精练（95~98℃，60 min）→清洗中和→染色（40℃加入已化好的染料，运转20 min后升温，1℃/1.5 min至85~95℃，保温30~60 min）→自然降温至80℃溢水冲洗降温放水→固色（加入固色剂升温至60℃，运转15 min）→脱水→烘干→出袋

3. 操作要点

（1）染料选用以双磺酸基1∶2金属络合染料为主。该类染料色泽具油画感，染真丝针织衫，色彩具有欧洲古典风格，十分相宜。由于此类染料分子量大，与丝纤维结合较好，再经丝绸固色剂固色处理，各项染色牢度均高于现有中性染料、弱酸性染料在真丝织物上的染色牢度。

（2）由于采用针织横机或圆机织造，不宜直接使用厂丝，应使用将厂丝半脱胶的半熟丝，既有一定的强力，又有一定的柔韧度，便于织造。制成成衣后，在染整阶段要全程使用涤纶针织网眼口袋，以防磨损造成灰伤，烘干后方可出袋。精练的目的是脱胶，但不能脱净，要保留1%~2%的丝胶以保护丝素。故精练前预处理应使用精练残液，不另加助剂，这样可代替初练和复练。精练时温度控制与设备有关，如液流运动激烈可控温在95℃，液流运动缓则可高至98℃，但不宜过高，避免灰伤。精练液排至专用缸中，以备预处理时回用。精练后用清水冲洗2~3次，加入醋酸和少量平平加O进行中和，室温处理20 min后即可放水，再加水转入染色阶段。

（3）染色仍采用分子量较大的染料高温上色原则。为保证染料的均匀性和渗透性，要合理选用助剂。匀染剂要选用两性离子型。这类助剂在低温阶段与染料形成络合物，温度升高后才缓慢释放染料，使其上染纤维，匀染性很好。可选用的品种有阿白格SET、里奥灵B、匀染剂PW-BXN；可配套使用的阴离子渗透剂有拉开粉BX、渗透剂XP-1。染色升温速度根据缝合处透染程度确定，若不透染可降低升温速率。终染温度：浅色85℃，中色90℃，吸尽差的深色号可达95℃。温度不可过高，防止产生灰伤。

二、羊毛衫的成衣染色

羊毛衫的染色也适宜采用等电点染色法，因为在此条件下羊毛的化学性质稳定，不易受到损伤。

1. 染浴组成

浴比1∶25（以下用量均按被染物重量百分比计，颜色为酒红色）。

①精练浴：

拉开粉BX	0.2%

②染浴：

优若兰艳红2BL	1.15%
优若兰酱红B	0.55%
醋酸	1%~2%
硫酸铵	5%~8%
匀染剂PW-BXN	1%~1.5%
渗透剂XP-1	0.5%~1%

2.工艺程序及工艺条件

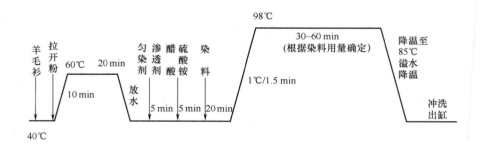

图5-3 中性染料染色升温工艺

3.操作要点

（1）染料选用原则：一是根据等电点染色法要求，二是成衣染色选高温上染染料，三是可以并用同色的毛用活性染料来调节色泽鲜艳度，四是要使羊毛衫中的锦纶（约占10%~20%）与羊毛上色一致，不出夹花色疵病。双磺酸基1∶2金属络合染料可满足上述四项要求。

（2）羊毛衫是先缩绒，再染色。精练作用是充分渗透并清洗未冲净的皂液。

（3）染色前的加料顺序很重要，要严格执行。加入染料后要充分运转，才能缓慢升温。等电点染色法的优点是染色质量稳定。

三、希力染料蓝狐皮染色

1.选皮

根据所染颜色选择适宜的原料皮，要求收缩温度在95℃以上。

2.洗涤

浴比1∶20；温度45℃；毛皮脱脂剂JA-50，2 mL/L；纯碱，0.5 g/L（浅彩色），2 g/L（深色及黑色）；氨水，0.5 mL/L（浅彩色），2 mL/L（深色及黑色）。

处理时间：30 min。

出皮、清洗、甩干。

3.彩色染色

浴比1∶25（干皮）；染色温度68℃。

元明粉，5 g/L；匀染剂LP，1 g/L，处理15 min；希力毛皮酒红G-NB，1.5 g/L。

处理30 min后分两次各加入甲酸（85%，1.5 g/L），每次加完甲酸处理30 min，然后再处理1~2小时。

操作：放水升温，加入毛皮匀染剂LP及元明粉，投皮转动15 min后加入希力毛皮染料，染色30 min后加入50%的甲酸，随后升温到70~72℃转动30 min，再加入另一半量的甲酸，保温染2h后出皮，洗浮色，甩干整理。

4.染黑色

操作：放水升温，加入毛皮匀染剂LP及元明粉，投皮15 min，加入50%的希力毛皮黑ERL染色20 min，加入50%的甲酸续染15 min，加入50%的希力毛皮黑ERL保温染色15 min，加入剩余50%的甲酸固色，90 min后出皮，洗浮色，甩干整理。

四、酸性毛皮染料兔皮染色

1.选皮

根据所染颜色选择合适的原料皮，要求收缩温度在95℃以上。

2.洗涤

浴比1：20（干皮）；温度40℃；毛皮脱脂剂JA-50，0.5~1 g/L；时间30 min。

出皮、清洗。

3.染色

浴比1：20（干皮）；温度68℃；元明粉，5 g/L；毛皮匀染剂LA，0.5 g/L；处理15 min。

投入15 min后再加入：

①棕色：酸性毛皮黑棕C-HR，3 g/L；分两次加入，每次运转30 min。

②蓝色：酸性毛皮蓝，2 g/L，分两次加入，每次运转30 min。

　　　　30 min后，加入甲酸（85%，0.75 mL/L）；然后运转60~90 min。

③黑色：酸性毛皮黑N-DBS，4~6 g/L；运转30 min后加入甲酸（85%，3 mL/L）；继续运转120~180 min。

操作：放水升温，加入毛皮匀染剂LA转15 min，之后每30 min间隔加入染料和甲酸，染料分两次加入，甲酸分两次（棕色或蓝色）或三次（黑色）加入，都加完后保温染色至规定时间后出皮。

4.洗浮色

洗涤剂，2 mL/L，30~35℃；处理40 min。

冲洗，出皮，甩干，整理。

第四节 化纤类服装染色

一、低温可染涤纶（黛丝）针织衫染色

1. 染浴组成

浴比1∶20（以下用量均按被染物重量百分比计，颜色为粉红色）。

染浴：福隆艳红RD–BR，0.5%；福隆蓝RD–GLF，0.05%；山德酸PB，1.5%~3%；依格纳RAP，1%~3%。

2. 工艺程序及工艺条件

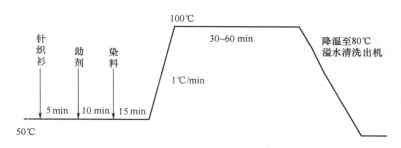

图5-4 分散染料染色升温工艺

3. 操作要点

（1）黛丝是指经聚醚改性的涤纶，结构疏松可在100℃染色。本案例使用的是其长丝加捻产品。手编针织前应使用棉纺厂蒸纱设备在100℃汽蒸30~40 min，经热定型后，再织造染色，以保持手编衫的尺寸稳定性和染色后的平整性。

（2）黛丝手编衫在洗涤后，应在洗涤设备中加入0.3%的醋酸中和其碱性，以利染色，不需另设精练工序，可提高染机效率。

（3）染浴中山德酸PB是酸性缓冲剂，同时具有分散作用和对重金属离子的螯合作用，防止因重金属离子存在，使分散染料在高温时受到不良影响。依格纳RAP是涤纶染色的扩散匀染剂，耐电解质，并具有防皱性能，可避免手编衫染色时起皱。这两个助剂均是福隆快速染色染料RD型的配套助剂。

二、锦纶长丝横机针织衫的成衣染色

1. 染浴组成及工艺条件

本例可选用磺酸基1∶2金属络合染料和适于等电点低温染色的染料，使用羊毛衫染色的染浴组成及工艺条件。

2. 操作要点

锦纶长丝横机针织衫同黛丝手编衫一样采用长丝蒸纱定型，再经织造后染色。染色前

亦按黛丝案例要求进行洗涤，然后按羊毛衫的工艺程序和条件进行染色加工。在终染温度98℃保温20 min后，视残液中染料余量状况，确定是否补加醋酸（醋酸应稀释后加入）以提高染色上染百分率。

锦纶长丝针织衫染色时也应装入涤纶针织网眼袋中，可避免擦伤致使局部色浅。

三、改性腈纶仿羊绒衫的成衣染色

改性腈纶仿羊绒衫是薄型毛衫类产品，在外观和手感方面与真羊绒衫相比可达到以假乱真的程度，但腈纶具有洗涤不收缩、色泽鲜艳的优点。染色中因采用分散性阳离子染料，使染色均匀，染色弊病较少，染色牢度较好。

1. 染浴组成（以下用量均按被染物重量百分比计，颜色为果绿色）

①染浴：

分散型阳离子嫩黄7GL	0.25%
液状分散阳离子翠蓝SDL-GB	0.08%
醋酸	1%~2%
硫酸铵	5%
分散剂	1%~2%
平平加O	0.5%

②柔软浴：

柔软剂FT-400	6%~8%
抗静电剂SX	0.5%
醋酸	0.5%~1%

2. 工艺程序及工艺条件

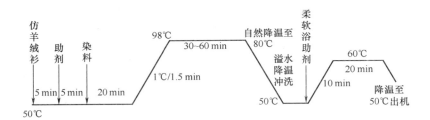

图5-5　阳离子染料染色升温工艺

3. 操作要点

（1）改性腈纶仿羊绒衫染色只需简单水洗，即可进入桨式染色机染色。染色后用规定的柔软剂处理可增强羊绒感，但柔软剂利用率不高，可用固定机台进行续缸使用，每缸补加头缸助剂用量的1/3即可。

（2）采用分散性阳离子染料，可较好的解决色花问题，使用方便。但染色降温时先缓慢自然降温至80℃，然后小水流溢流降至50℃即可放水，这样可避免因骤冷而致使手感变硬。改性腈纶在染色中没有普通腈纶遇热伸长的现象，但改性腈纶品种不同，羊绒般手感也不同，且羊绒感在染色后才出现。

第五节　混纺纤维类服装的染色

对不同染色属性的材料，在同一染色环境下进行染色时，需要考虑多方面的问题。就染色方法而论有同浴染色和分浴染色之别。同浴染色系指在同一染浴中使不同染色属性的材料获得均一色相的过程。其中有用同一类染料在同一染浴中同时或分步上染不同染色属性纤维；也有用不同类型的染料在同一染浴中同时上染对应染色属性的材料。如果这一过程是在同一染浴同一过程中完成，称同浴一步法；如果这一过程是在同一染浴中分步实施的则称作同浴多（两）步法。分浴染色是指不同染色属性材料的染色是在不同染浴条件下进行的。若其中一种纤维在纺纱前已完成染色，那对另外纤维的染色则称为套染。

1.混纺纤维染色在纤维、染料、染色条件等方面存在的差别

不论同浴还是分浴染色，由于服装中存在的不同染色属性的纤维，所以都需要共同经历相同的染浴环境。染浴中酸、碱、氧化剂、还原剂等化学药剂以及高温等条件都将对被染物产生影响，所用的染料类别也将有诸多不适之处。归纳起来，混纺染色在纤维、染料、染色条件等方面存在如下差别。

（1）染料、助剂的离子性差别。染料、助剂都存在不同的离子属性。通常阴、阳离子相聚将产生沉淀，对染色产生影响。如腈纶染色所用染料是阳离子性，而除分散染料、磺酰胺基1∶2金属络合染料外，多数染料类别均为阴离子染料，所以将腈纶与涤纶之外的大多数纤维混纺，若同浴染色，就会因离子性能方面的差异导致染料沉淀，如没有特殊措施，将使染色无法正常进行，产生色淀、色花、色浅等染色疵病。

（2）染色温度存在的差别。涤纶浸染通常为130℃高温高压。蛋白质纤维耐热性差，在高温下轻者泛黄，重者解体。氨纶在有水情况下，在100℃以上将失去弹性。

（3）染浴环境酸、碱性方面的差别。从纤维角度来说，涤、腈、锦、毛、丝耐酸性较好；棉、麻、黏胶、维纶耐碱性好。从染料角度来说，分散染料、阳离子染料、酸性类染料均需在酸性条件下上染；活性染料、还原染料、硫化染料等则需在碱性条件下染色。没有适宜的pH值条件，这些染料都将无法正常上染、固色，有些染料甚至无法溶解或水解变质。

（4）沾色问题指在混纺染浴中对应上色纤维所用染料对非对应上色纤维的沾色问题。首先，造成非上色纤维色光和色相的改变，使不同纤维间的色差、交货样和确认样之间的色差扩大。其次，沾色染料对非上色纤维不能形成真正的结合，主要以吸附方式存在，将导致被染物染色牢度下降。

（5）染色牢度间差别。不同类别及品种的染料，对同一被染物进行染色加工，其染色牢度等级是存在差别的。

2.混纺纤维类服装进行成衣染色的发展动向

对含有不同染色属性材料的成衣进行染色时应采用同浴染色，尤以同浴一步法染色为佳，其优点是生产周期短，能耗、水耗、工时都较节省，纤维损伤小，但是矛盾较多。如有相应的措施，染色质量较好。

目前对混纺纤维类服装进行成衣染色的最重要进展有以下三方面，基本解决了前述混纺纤维类服装染色的主要矛盾。

（1）分散性阳离子染料。在水溶液中，上染时该类型染料呈非离子性，故可与阴离子染料同浴使用而不产生沉淀。

（2）直接染料中的D型直接混纺染料和直接坚牢素染料（Indosol SF）均可在酸性条件下上染纤维素纤维。

（3）为解决羊毛在高温高压条件下染色受损伤的问题，使用羊毛保护剂可使羊毛经受120℃高温高压染色。

一、涤/棉混纺机织布夹克染色

1.被染物

涤/棉混纺夹克。

面料：涤/棉纱卡（涤55%，棉45%）

里料：涤纶里子绸（涤纶100%）

2.染浴组成

浴比1:25（以下用量均按被染物重量百分比计，颜色为紫色）。

①染色浴：

福隆青莲HFRL	4.1%
直接交链紫SF-B	1.9%
匀染剂MP-851	2%
新型金属络合剂CI-1	0.5%
元明粉	1.5%
醋酸	1.5%

②固色浴：

固色剂DFRF-1	5%
醋酸	0.5%

3.工艺程序及工艺条件

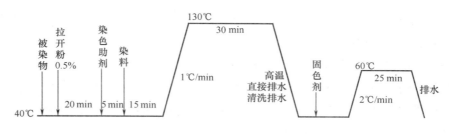

图5-6　混纺品染色升温工艺

4.操作要点

（1）染色处方中分散染料用量是对被染物中涤纶重的百分比；直接染料用量是对被染物中棉纤维重的百分比；助剂用量是对被染物总重的百分比。计算时要加以注意。

（2）被染物在服装加工中是不加黏合衬的。所用的面料、里料均应先在印染厂进行前处理和热定型，使被染物在染色中变形较小，不出现条花、折痕等疵病。染前应从下摆至领口将两前襟对齐缝合，以免在染色中收缩不一致造成前襟下摆不齐。

（3）染色使用转鼓式高温高压染色机。染前洗涤后，进入染机先用拉开粉充分润湿后再加入染料助剂，升温至130℃染色。染后在高温阶段直接将残液排空，再用温水洗涤，可有效去除涤纶低聚物的黏附，不用还原清洗工艺。

（4）案例中的直接染料一为进口品种，一为国产品种，结构中含有金属离子，游离出的金属有可能对分散染料在高温条件下产生作用，造成色浅或变色。可在染浴中加入新型金属络合剂CI-1，可有效络合游离金属离子，防止分散染料受影响。而有些D型直接混纺染料不含金属离子，则没有上述问题。

（5）不同类别的直接染料使用的固色剂不同，但处理条件基本相同。以直接坚牢素染料和直接交链染料的固色牢度为最好，直接混纺染料固色牢度稍逊。

二、毛/腈混纺毛衫的染色

1.被染物

毛/腈混纺精纺单面套衫（羊毛55%，常规腈纶45%）。

2.染浴组成

（1）湖蓝色：

兰纳素蓝8G	1.2%
液状分散阳离子翠蓝SDL-GB	0.55%
醋酸	1.5%
硫酸铵	5%
阿白格B	1%

阿白格FFA	0.5%
分散剂WA	0.8%

（2）富士绿：

中性艳黄S-5GL	1.5%
兰纳素蓝8G	1.5%
分散型阳离子嫩黄7GL	0.9%
液状分散阳离子翠蓝SDL-GB	0.6%
助剂同湖蓝色	

3.工艺程序和工艺条件

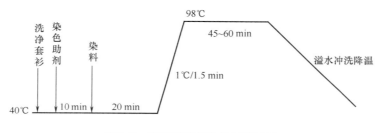

图5-7　毛腈混纺品染色升温工艺

4.操作要点

（1）染料选用：阳离子染料使用分散型不仅可用同浴一步染色，还可防止该染料瞬间集中上染造成的色花。由于阳离子染料色泽艳丽，羊毛染料要选用与之相近的、色泽鲜艳的毛用活性染料。其他色号可以从适合等电点染色工艺的染料及分散型阳离子染料中选取、试染。染化料用量计算同本节涤棉混纺机织布夹克染色实例。

（2）套衫染色采用桨式染色机。加入上述染化料即可染得所需颜色。关键技术在于选取染料。染色后用溢水方法缓慢降温，可不致使腈纶手感变硬。

三、涤/棉牛津布短风衣的涂料染色

涂料染色的一般染色过程是将纺织品或服装浸入颜料、分散剂和水制备的涂料分散液中，使纤维对颜料发生吸附作用。再对被染物施加黏合剂，并在较高的温度下烘干、焙烘固化完成染色。

涂料染色存在的主要问题有两个方面。一是由于颜料对纤维的吸附较差，所以涂料染色得色浅，多是浅色，少量中色，几乎没有深色。二是黏合剂使用多，手感差；黏合剂使用少，高分子膜的牢固度差。但是利用这一特性，选择一些高分子膜牢固程度中等偏下的黏合剂品种，在进行涂料染色后，对其实施一些破坏性的处理，可获得服装仿旧效果。这已形成服装仿旧整理中的一条途径。

1.被染物

涤/棉牛津布短风衣。

2.阳离子改性处理

浴比1∶25。

（1）助剂用量：

增深固色剂T　　　　　　3.5%（按被染物重量百分比计）

纯碱（氨水）　　　　　　调节pH值9.5~10.5

（2）处理工艺：

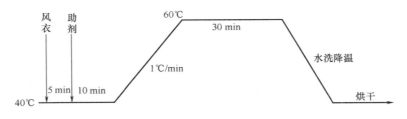

图5-8　改性处理升温工艺

3.染色（蓝色）

（1）染色处方：

涂料蓝D-301　　　　　　4.5%（按被染物重量百分比计）

平平加O　　　　　　　　0.5%

柔软剂SKS　　　　　　　4%（按被染物重量百分比计）

（2）染色工艺：

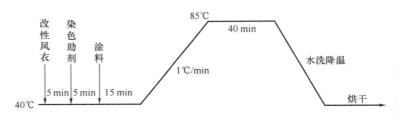

图5-9　涂料染色升温工艺

4.注意事项

（1）阳离子改性处理如在印染厂实施，可节约水的消耗量，提高设备效率，也可减少缸差和色花。在成衣染色时可直接进入染色程序。

（2）用增深固色剂T进行阳离子改性的材料，在涂料染色时可不使用黏合剂。因该改性剂为多官能团助剂，一端可与纤维中的羟基或氨基结合，另一端可与有机颜料中的伯胺基、仲胺基、磺酰胺基、酰胺基结合，使其固着，织物手感较好。

（3）此工艺要使用D型涂料，该涂料主要由有机颜料制成，含有各种胺基，可与增深固色剂T结合。

第六节　服装的天然染料染色

天然染料一般是一种植物染一种颜色，用单色（原色），很少用拼混色。染色过程是集植物采集、制取染料、染色及后处理为一体的完整过程。较之合成染料而言，是作坊式加工，对匠人要求技术全面。一般的天然染料提取法，如同煎煮中药，再将汁液用米醋（酸性）或草木灰水（碱性）调节pH值。现在酸碱调节可直接用醋酸或纯碱。

一、槐花染得亮黄色无领衫

被染物：白色纯棉无领衫一件。

植物采撷：每年6月前后，待国槐树现出花蕾未绽放时，采撷槐花蕾，去枝蔓留花蕾500 g，用清水洗净，备用。

染液制取：将洗净槐花蕾500克，加去离子水2 L、冰醋酸5 mL，加热至沸，文火煎1 h。将汁液过滤留用。余下槐花蕾再加入去离子水、冰醋酸重复操作。将两次的汁液合并加去离子水至6 L，并加入冰醋酸调节pH值6左右。

染色及显色：将圆领衫放入染液中，从室温开始加热，30 min升温至50℃，再染30 min。取出后用水淋洗一遍，放入3 L水、20 g明矾，于40℃处理，至圆领衫显出亮黄色，色泽稳定不变后，取出水洗、晾干，即可穿用。

二、古法制靛及染色

被染物：纯棉平布中式对襟布褂一件。

植物采撷：明朝李时珍本草记蓝凡五种：蓼蓝、崧蓝、马蓝、吴蓝、木蓝。马蓝又名板蓝，其叶可制靛，其根入药治感冒，清病毒。每年夏、秋两季刈割蓝草的茎、叶。一件布褂需刈蓝草茎叶800~1000 g。

染液制取：取一陶坛，加水10 L，将蓝草茎叶断为寸长，浸入水中。以木头或石块压着，使其不漂浮于水面。初夏及秋日浸5~7天，伏天浸1~2天，待其充分发酵。将发酵液过滤出，用木棒搅动，令其氧化沉淀。将沉淀物真空过滤得滤饼备用。

染色及显色：滤饼放入陶坛中，加水10 L，放入纯碱250 g，酒酿（川人称醪糟）100 mL，室温下用木棒搅动，至水中颜色转为橙黄色，即完成微生物还原过程，将靛蓝还原成隐色体。将布褂浸入染液中，全部浸没20 min后，将布褂提出在染缸上方搭晾，空气氧化至布面全部泛为蓝色，再次浸入染液。如此重复操作，染一次，空气氧化一次，布褂上的蓝色就逐步加深。反复4~5次可得深蓝色。染毕水洗，另寻金属容器，用肥皂50 g加水10 L于

100℃，皂煮15 min取出、水洗、晾干即可穿用。

三、红花染绢丝睡袍

被染物：桑绢丝织贡缎睡袍一件。

植物采撷：中药红花又称番红花或红蓝花，用其花，可至中药店买200 g干品。

染液制取：用口罩纱布双层缝一口袋，将干品红花装入，口扎紧。口袋要留足空间，保证红花吸水溶胀后不圆胀，便于拧绞。取一容器将纱布袋放入，加入5倍体积的水和20 mL米醋，使其浸没。每日将纱布袋取出，拧绞，并换水加醋浸泡。数日后，所浸之水已无黄色即取出花饼备用。

染色及显色：取容器，放入花饼，加入去离子水8 L、纯碱100 g，于30℃左右浸泡，并用木棒搅动。待花饼呈半溶解状态后，将已充分润湿的绢质睡袍浸入，并用木棒搅动，每隔10~15 min加入米醋30 mL，并不断搅动，重复操作至红色呈现并不断加深，这时测染液pH值至6~6.5可结束染色。将睡袍冲洗晾干即可穿用。所得色彩为非常鲜艳的红色，称真红。

四、姜汁浸染汗布背心

被染物：纯棉白色低支纱汗布无袖无领背心一件。

植物采撷：当年生姜鲜品250~300 g。

染液制取：将生姜鲜品切成小块，放入家用果蔬榨汁机（或切碎机）中（可适量加水）榨汁，全部压榨后过滤出汁液。将残渣装入纱布袋拧绞至无汁液。将收集的姜汁备用。

浸染：将所取姜汁兑入凉白开水至300 mL左右，将汗布背心干品浸入其中，使其充分吸收汁液。浸泡30 min后，将汗布背心取出勿拧绞，平摊在案板上于阴凉处晾干。

第六章　服装及服饰品印花

第一节　印花概述

一、印花基本概念

将染料（称作染料印花）、颜料（称作颜料印花）或其他特殊材料，借助花版施印于服装上而形成可复制图案的过程称之为服装印花。印花也可以看成是对局部的着色。

印花时每一块花版施印图案中的一个颜色，若干花版按顺序连续施印，得到多种颜色构成的彩色图案。所以图案有几种颜色，就需要几块花版。

染料印花根据所印纺服装的纤维材料类别来确定所用染料，如表6-1所示。

表 6-1　适用于不同纤维纺织品印花的染料

纺织品纤维类别	适于印花的染料
纤维素纤维（棉、麻、黏胶等）	活性染料、还原染料和不溶性偶氮染料
蛋白质纤维（羊毛、蚕丝等）	弱酸性染料、中性染料和毛用活性染料
聚酯纤维	分散染料
锦纶纤维	弱酸性染料、中性染料
腈纶纤维	阳离子染料

表中所列纤维材料，均可使用颜料印花，但是必须认真选择与纤维材料相对应的黏合剂。

染料印花中，染料对相应的纤维具有亲和力，如同染色一样，各种染料上染着色的条件也要符合其上染某纤维的工艺要求。各种染料印花的着色（固色）要求如表6-2所示。

表 6-2　各种染料印花的固色要求

各种染料印花	固色条件
纤维素纤维纺织品的活性染料印花	碱性条件下汽蒸固色
蛋白质纤维纺织品的酸性、中性染料及毛用活性染料印花	酸性、中性条件下汽蒸固色
聚酯纤维纺织品的分散染料印花	弱酸性条件下用过热蒸汽或高温高压蒸汽或高温焙烘来完成上染固色
锦纶纤维的酸性染料及中性染料印花	酸性、中性条件下汽蒸固色
腈纶纤维纺织品印花	弱酸性条件下汽蒸固色

与在染液中染色不同，染料印花是使用具有一定黏度的印花色浆通过印花花版印制到面料上的，印花色浆具有一定的黏度，可以防止所印的花形边缘渗化，色浆的黏度是由印花糊料造成的。印花糊料除了有增稠作用外，在汽蒸发色时还有一定的吸湿作用，以利于染料对纤维的上染。印花糊料包括一些天然高分子物如海藻酸钠、淀粉以及淀粉的加工物，如印染胶和糊精，还有纤维素、植物种子胶的醚化产物等。

涂料印花几乎适用于所有纺织纤维的纺织品。与染料印花不同，涂料印花色浆中的颜料对纺织纤维没有亲和力，印花时颜料对纺织纤维的着色，是通过黏合剂将颜料粘着在纺织纤维表面上实现的，所以涂料印花色浆中含有黏合剂的成分。为了防止印花时花纹渗化，色浆中还含有起增稠作用的增稠剂（与糊料不同，增稠剂只起增稠作用）。涂料印花中黏合剂的成膜固色，采用焙烘或汽蒸的方式。

二、印花方法

纺织品印花方法以印花设备划分，可以分为滚筒印花、筛网印花、转移印花和数码喷墨印花。如果以印花工艺来划分，可以分为直接印花、防染（防印）印花、拔染印花、共同印花等。以特殊效果来划分可以有烂花印花、发泡印花、胶浆印花、金银粉印花、变色印花、烫金印花、液光印花及芳香印花等特种印花。

（一）以印花设备划分的印花方法

1.滚筒印花

滚筒印花机是苏格兰人T.Bell（贝尔）于1783年发明的。滚筒印花机的花版为铜质凹纹花辊（版），所以滚筒印花机也叫铜辊印花机。滚筒印花机的印制速度一般为70~100米/分，加工速度快，花纹印制精致，适合印制数量大的印花产品。滚筒印花的制版成本高，周期长，印花操作复杂，不适合服装和小批量、多品种的市场需求，目前较少应用。

2.筛网印花

筛网花版上的花纹是由漏空的网孔构成的，筛网印花有平网印花和圆网印花两种。筛网印花的印制原理为，印花色浆在刮刀（或磁棒）的作用下透过印花版的花纹网孔，漏印到被印织物上形成花纹。目前，纺织品、服装基本上都采用筛网印花。

（1）平网印花：平网印花也叫丝网印花，平网花版是由绷紧的丝网粘固于网框上，再经上胶（感光胶）、感光制得。平网印花的花版尺寸变化范围较广。最小可到十几厘米，如用于成衣或衣片局部印花的花版，最大可到若干米，如用于窗帘、床上用纺织品的花版。平网印花适应性强，无论轻薄面料，还是厚重蓬松的面料都可以施印。平网印花有网动平网印花设备、布动平网印花机，还有转盘式的成衣、手套等平网印花机。网动平网印花设备有手工平网印花台板，还有自动控制的网动平网印花机。

平网台板印花适合于成衣和衣片以及织物印制，印花台板没有固定的规格，视应用情况而设计。印花台板由台板架、台面和加热管构成。台板架可以用角铁（或其他金属型材）焊接制成，台面由三层组合而成，底层为易导热的铁板，中层为工业呢毯，表层为人造革。台面下铺设的加热管，可使台面温度达到45℃左右，用于加热烘干印花织物，这样的台板称为热台板，如果不配置加热装置就叫做冷台板。印花时衣片、织物用贴布胶（浆）平贴在台面上，以防止被印织物移动而影响精确对花，印花版置于衣片、织物上进行刮印，为了使各印花版能精确对花和完整连续地接版，印花版和印花台板上都设有对花装置。手工平网台板印花灵活性强，印花花版的套数原则上不受限制，适用较小批量的印花加工，成衣、衣片印花广泛地采用这种印花方式，一些特种印花、生产打样也常用这种方式。

　　自动控制网动平网印花机由印花台板（也称台案）、固定于台板的滑道、运行于滑道上可自动控制平网定位的装置组成，平网固定在该装置上，如图6-1所示。印花过程与手工台板一样，所不同的是，平网花版的移动和刮印色浆是通过计算机自动控制的。该印花设备控制精度高，印花的重现性好，灵活性强，常用于高档面料及衣片的印花。

　　转盘式平网印花机是印制成衣或衣片的专用印花机。如图6-2所示，有4色、6色和8色等种类。印花装置分布在中心轴周围，每一组印花装置由承印台板和花版组成，印花版能够绕中心轴转动，当印花版转到相应的印花位时落下，然后刮印色浆完成印制。

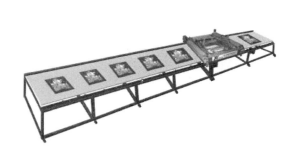

图6-1　自动控制网动平网印花机　　　　　　图6-2　转盘式平网印花机

　　布动平网印花机由进布、印花、烘房和出布等装置组成。印花装置是布动平网印花机的主体，由无接缝橡胶导带、印花单元（平网花版）、导带驱动与控制装置、贴布上胶及水洗装置等组成。织物被贴布胶粘在橡胶导带上，随导带自动运行，印花版自动控制印制图案。这种印花机主要用于家纺产品及匹布的印花。

　　（2）圆网印花：圆网印花兼有滚筒印花连续运转和平网印花色泽浓艳等特点，适应性强，生产效率高。圆网印花机的印花花版是呈圆筒状的圆网，圆网材料的主要成分是金属镍。不同规格的镍网其圆周长和宽度都有规定的尺寸，一般镍网网孔呈蜂巢状。印花时，镍网花筒内的刮刀将网内的色浆刮过有花纹处的镍网网孔，漏印到纺织面料上形成图案。

　　圆网印花机分作放射式、立式和卧式三种，常规印花以卧式为主。圆网印花机操作方便，劳动强度低，车速一般为70~80米/分。该印花机主要用于家纺产品及匹布的印花。

（3）转移印花：转移印花就是将印花图案预先印制到特定的纸张上，得到所谓的转移印花纸，然后将转移印花纸上的图案通过热和压力（或者在一定的湿度下施加压力）转印到纺织面料上。理想的纺织品转移印花技术应该具有两大特征，一是能够达到纸张印刷的图案效果，二是属于清洁的加工方式。平板式烫印机是常用的衣片和成衣用转移印花设备，如图6-3所示。

（4）数码喷墨印花：数码喷墨印花是通过纺织品专用的喷墨打印机将图案打印在纺织品、服装、衣片上，这种专用的喷墨打印机称为数码印花机。喷墨印花属无版印花，它不需要制版就能够实现印花，喷墨印花对所印图案没有限制，从传统的花布纹样到国画、油画乃至彩色照片都能印制。

喷头是数码喷墨印花机的关键部件，它的选择与配置组合决定了喷墨印花的清晰度和印花速度。数码喷墨印花机有导带式和平板式两种，导带式适于匹布的印花，平板式适于衣片和成衣的印花。图6-4为平板式数码喷墨印花机。

图6-3　平板式烫印机　　　　　　图6-4　平板式数码喷墨印花机

（二）按印花工艺划分的印花方法

1. 直接印花

直接印花是在纺织面料上直接印制各种颜色的印花色浆从而形成印花图案的印花方法，各色浆之间没有阻、障、破坏作用。直接印花是最广泛使用的印花方法。

2. 防染、防印印花

在纺织面料上印制能够防止染料着色的印浆，然后染色或压（叠）印其他颜色的色浆，先印花部位的色浆能够阻止染色或后续印花浆中染料着色，从而形成花纹。防止染料着色的物质称为防染剂，含有防染剂的色浆叫防染浆。先印防染浆再染色的印花叫防染印花，先印防染浆后压（叠）印的印花叫防印印花。如果防染浆中只有防染剂，防染或防印部位呈现的是印制前纺织面料的颜色（一般为白色），这样的防染或防印称为防白印花。如果防染浆中除了防染剂还含有不受防染剂影响，能正常上染纤维的染料，防印印花后得到的图案颜色为防染浆中染料的颜色，这样的防印称为色防印花。防染印花有的属于机械防染，比如印蜡防染。而防印印花一般为化学防印。

3. 拔染印花

拔染印花是在已染色的面料上，印制能够破坏已染色染料的印浆，印花后经适当处理如汽蒸、水洗，印花部位颜色破坏，形成白色花纹，这种印花方法称为拔白印花，简称拔白。印浆中能够使面料上颜色消色的物质叫做拔染剂，含有拔染剂的色浆叫拔染浆。如果拔染浆中含有不受拔染剂影响的染料，且能够在印花过程中上染所印面料，印花处的地色（先前已染色的颜色）被拔染剂消色，同时又被拔染浆中的染料着色，这种印花方法称为着色拔染印花，简称色拔。拔染印花的纹样边界干净清晰，特点鲜明，对于深色背景花布上的白色或浅颜色精细线条或细点子，多用拔染印花的方法印制。

4. 共同印花

用不同类别的染料、颜料及不同的其他印花材料，印制同一块织物的方法叫共同印花。如涂料和染料的共同印花，金粉和涂料的共同印花，变色颜料和普通涂料的共同印花等等。共同印花可以组合出色彩斑斓的印花产品。

（三）按印花效果划分的印花方法

1. 基于涂料印花技术的特种印花

许多特殊的印花方法都是基于涂料印花的技术，即一些具有感官效果的材料（主要是它们的粉体或微胶囊）通过印花黏合剂与纺织品黏合而获得印花的效果。发泡印花、金银粉印花、珠光印花、夜光印花、变色印花、芳香印花等都是通过使用相应的黏合剂将具有上述感官功能的粉体或微胶囊制成印花色浆，印制而得。

2. 烫金印花

烫金印花也称金箔印花，它是仿制的金箔印花，即将仿金（银）的电化铝箔烫印黏合到织物上而成的印花。

三、印花的过程

纺织品印花的过程如下所示：

```
图案 ——→ 工艺 ——→ 打小样
设计 ←—— 设计 ←——
 ↓       ↓↑
制版 ——→ 打大样 ——→ 印花 ——→ 后处理(汽蒸、焙烘、水洗)
```

在纺织品印花的过程中，图案和工艺密切相关，不可分割。制版依赖于图案，但也离不开工艺的支持，比如防染、拔染工艺的应用可以有效地解决一些印花难题。

印花的工艺设计是依据印花对象及印花要求，决定糊料、染料或涂料的选择，确定印花方法，并制订印花工艺。工艺设计要考虑印制效果、印制质量和成本。印花小样、大样的试验主要是通过对色以确定印花色浆的染料处方，通过检验印花色牢度以满足客户对质量的要求。所谓对色就是将印花所得花样颜色与样品（一般为来样）花样颜色进行对照，确定。

四、制版

平网印花版为筛网，平网印花制版一般采用感光制作，制版的过程为：

$$\left.\begin{array}{l}\text{印花图案→分色描稿}\\\text{网版准备→上感光胶}\end{array}\right\}\text{感光→显影}$$

（一）分色描稿

印花是每一个颜色一块花版，各色花版按顺序印制得到彩色图案，所以制版首先要分色。分色是将组成印花图案中的各色纹样从图案中分别分离出来的过程，其中所提及的"各色纹样"包含同色相不同明度、不同纯度的色彩纹样。一般采用计算机分色，没有条件时也可以手工分色。描稿是将分出的各色纹样分别制成黑白稿的过程，一般是通过激光照排机输出菲林片。输出的菲林片是黑白片，黑色花纹可遮挡光线；黑色花纹之外是透明的，可透过光线。先进的制版是在喷蜡或喷墨制版机上进行的，省去了制作黑白菲林软片和贴软片工序，因此制版精度和效率都大大提高。

（二）平网网版准备

1. 丝网的基本特征

（1）丝网的目数：是指每平方单位（厘米、英寸）丝网所具有的网孔数目或每个线性单位长度（厘米、英寸）中所拥有的网丝数量。公制单位为孔/cm、线/cm，英制单位为孔/英寸、线/英寸。丝网的目数越高丝网越密，网孔越小，越易印制精细图案，反之亦然。

（2）丝网的开孔率：丝网中网孔面积所占的百分率。开孔率越高，色浆的透过量越多。

2. 平网制版的准备

（1）丝网的种类及选择：按照材料不同将丝网划分为尼龙、涤纶等丝网；按照丝网目数不同将其划分为高、中和低目数的丝网。因涤纶丝网的尺寸稳定，纺织品印花多使用涤纶丝网。但涤纶丝网不适用于含碱色浆印花。

丝网目数的确定应根据印花织物、色浆性能、花纹面积等因素来定。通常精细的花纹，选用目数大的丝网；织物吸浆量大的，选用目数小的筛网。另外，在选择丝网时，一般保证所选丝网网孔的宽度至少是色浆中颗粒尺寸的三倍。

为了提高印花版的耐用性，制版前需对丝网进行预处理，预处理的内容包括去除丝网上的污渍和对丝网进行糙化处理。

（2）网框的选择：网框是支撑丝网的木制或金属框架，通过粘网胶使丝网紧绷于其上，保证了丝网的平整和稳定。网框的材料要满足绷网张力的要求，稳定、坚固、耐用、轻便。

（3）绷网和粘网：绷网可以采用手动、电动、气动等不同形式绷网，绷网的原理基本一致，关键是丝网所受张力要保证均匀一致，否则会影响制版精度及对花精度。绷网和粘网是前后进行的，当绷紧丝网的内应力消除后，就可以粘网了。粘网使用的黏合剂称为粘网胶，其性能要满足丝网与网框粘结牢度的需要，应耐水、耐色浆中的各种化学药剂、耐温度的变化，且不损坏丝网，易干。绷好的网版不应马上涂感光胶，至少要放置24 h，使网版上丝网的张力趋于稳定。

（三）上感光胶

感光胶的主要组分是成膜剂、感光剂和助剂等。感光胶有耐油性和耐水性之分，纺织品印花的色浆绝大多数为水性浆，所以，多数情况使用耐水性感光胶。感光胶一般分为单液型和双液型两种，双液型感光胶的贮存稳定性好，存储时间长，使用双液型感光胶前先将感光剂按配方用水溶化，然后再混溶于乳胶中。

上胶有手工上胶和机械自动上胶。手工上胶又有刮斗直涂法和刮刀平涂法。刮斗和刮刀都是不锈钢制的，涂胶的刮刀口必须平整、光滑。机械自动上胶是通过自动上胶机进行的。刮胶的厚度直接影响印花花版的印制质量和网版的耐用性。胶膜厚一些的网版，印制时，给浆量多一些，适用于粗纹纹样和表面粗糙、蓬松的织物；对于精细花形刮胶不能太厚，否则会影响印制的精细度，但太薄会使网版的耐用性降低。刮胶后的网版在无尘埃、空气流动的环境中（烘房），在湿度不大于80%、温度小于40℃的条件下干燥，干燥时网版水平放置。

（四）感光

平网感光设备有简易晒版箱、感光连拍机和真空晒版机等。感光时黑白稿菲林正片要与印花版贴紧，若制作更精细的印花花版，必须使用真空晒版机。计算机控制的喷蜡或喷墨制版不需菲林片，直接在上了感光胶的印版上将具有遮光性的黑色蜡或墨点打印成黑色花纹。

感光时所用的晒版光源有炭精灯、氙灯、荧光灯、高压水银灯、超高压水银灯和金属卤素灯等。大多数感光材料的感光波长分布在250~510 nm之间。印花花版的感光除了与合适的光源有关外，还与光源的强度、感光的距离、感光时间等因素有关。感光胶涂布越厚，胶层感光固化所用的时间相对就长；精细图案上胶的胶层不会很厚，其曝光所用的时间不应过长，长时间曝光，会使非常精细的纹样曝光过度而无法显影；环境温度的高低对感光胶的固化反应也会产生一定的影响。

（五）显影

显影是将曝光后的网版浸泡在25℃左右水中2~4 min，等网版上未感光部分的胶膜吸收水分膨润后，取出，先用较强水压冲洗印花面，再以较弱水压清洗整个网版。显影时网版上未感光的胶膜必须被完全溶解、冲洗掉。蒙翳是一层极薄的感光胶残留膜，易在纹样的细节处出现，而且还高度透明，容易使人误认为是水膜，显影操作中可用安全光线检查所冲洗后的网版有无蒙翳，如果存在蒙翳，应继续冲洗。网版的检查是制版极重要的工序之一。检查的内容包括曝光的时间是否正确、网孔是否完全通透、胶膜上是否有针孔和砂眼等缺陷。不该开孔的地方要用堵网液或感光胶液涂抹封堵。

五、服装及服饰品的印花

服装及服饰品的印花对象涉及围巾、披肩、衣片、成衣等，包含了从服装、服饰的半制品到缝制成品的印花。构成服装及服饰品的纤维材料涉及所有的纺织纤维，印花用染化料也包含了染料、涂料及其他特殊印花所用的材料。所以服装及服饰品的印花涉及了所有的印花内容，包含了从印花技术到印花工艺的全部。

服装及服饰品的印花与匹布印花不同，一般不使用连续式的印花设备印花，多选用网动平网印花设备，如手工平网印花台板、自动控制的网动平网印花机和转盘式平网印花机，用于转移印花的平板烫印机和平板式数码喷墨印花机也是合适的选择。

涂料印花及一些特种印花因不需印后水洗等麻烦的加工过程，所以是衣片及成衣印花的较佳选择。

第二节　服装及服饰品的直接印花

直接印花是在纺织面料上直接印制各种颜色的色浆从而形成图案的印花方法。直接印花是最广泛使用的印花方法，直接印花有染料直接印花和涂料直接印花。

一、服装及服饰品的染料直接印花

使用染料调配的印花色浆通过花版直接印制到面料上，经过烘干以及汽蒸或焙烘固色，印花处的染料上染到纺织纤维上，从而形成花纹，最后进行皂洗、水洗、烘干。这样的印花方式叫染料的直接印花。

染料印花的色浆是由染料、原糊、助剂和水调配而成。原糊是由糊料用水调成的，糊料在印花中起增稠作用，防止色浆渗化，使所印花的花形边界清晰。

印花过程中，印制在面料上的色浆在烘干的过程中变成浆膜，浆膜暂时性的粘附在印花部位的纤维表面，汽蒸或焙烘中色浆中的染料扩散上染到纤维上实现对纤维的着色，然后经过水洗，糊料、未能上染的染料（浮色）及印花助剂被洗除。

一般印花色浆中染料的浓度很高，需用助溶剂帮助染料溶解；不同的染料，根据所染纤维，需用酸或碱来调整色浆的pH值，以利于染料的上染；厚重或绒面的面料需要在色浆中加入适量的渗透剂，帮助印花色浆对面料润湿和渗透；偶氮类染料在汽蒸时会受到还原性物质的作用影响正常发色，所以色浆中还要加入弱的氧化剂以保护染料，如加防染盐S。

（一）糊料

糊料在印花色浆中扮演着重要的角色，它可以提高色浆的黏稠度，防止色浆渗化。在调制印花色浆时使用的是已经完成充分糊化的，具有一定黏度的原糊。原糊是干粉状糊料调于水中充分糊化后得到的。在印花色浆中，原糊所占的比例一般在40%~50%左右，所以原糊的黏度比色浆要高。

1.印花糊料的作用及基本要求

（1）印花糊料的作用：使印花图案精确、均匀、清晰；作为染料对纤维着色的传递介质，起载体作用；使染料能均匀、暂时地黏着于纤维；汽蒸时吸湿，助于染料上染。

（2）印花糊料的基本要求：不能对织物着色或沾色；与色浆中的其他组分有较好的相容性；有较好的染料传递性，给色性能好；有良好的抱水性，防止染料随水分而渗化；有合适的浸润性能（尤其是对于蓬松、厚重面料印花）；有良好的流变性，使印花图案得色均匀，花形线条精细、轮廓光洁；汽蒸时应具有一定的吸湿能力；具有良好的洗除性。

2.常用印花糊料及其性质

（1）印花糊料的分类如下。

天然糊料（天然亲水高分子物）：淀粉、海藻酸钠、各种树胶、野生植物种子胶。

天然糊料的化学变性物：淀粉和纤维素及各种树胶、野生植物种子胶等的化学变性物。

合成高分子物：丙烯酸共聚物的钠盐、铵盐；马来酸酐共聚物的钠盐、铵盐。

（2）各印花糊料的性质如下。

淀粉：淀粉是由直链和支链淀粉组成的，因淀粉糊料制糊麻烦，目前很少直接使用。

淀粉的变性物（含加工淀粉和变性淀粉）为了改善淀粉糊料印透性、均匀性差，印花后淀粉糊料不易洗除等不足，对淀粉进行加工和变性处理，以提高糊料的应用性质。

印染胶：淀粉经200~270℃处理得到印染胶，印染胶的印透性、均匀性比淀粉糊高，吸湿性高，易洗除，耐强碱，具有还原性，可作为还原染料的印花原糊，成糊率稍低。

白糊精：淀粉+稀酸 $\xrightarrow[120~130℃]{处理}$ 水解 $\longrightarrow$ 中和 $\longrightarrow$ 白糊精

黄糊精：淀粉+稀酸 $\xrightarrow[180℃]{处理}$ 黄糊精

白糊精和黄糊精的印透性、均匀性、黏着力较好，但是成糊率低，有还原性。

淀粉在上述处理过程中，1.4甙键断裂后产生潜在的具有还原性的醛基，这样的糊料由于具有还原性，在用于偶氮染料的印花色浆中，在汽蒸发色时会导致染料的还原色变。

羧甲基淀粉的抱水性好、黏度对pH值较敏感，遇Ca^{2+}、Mg^{2+}凝结、沉淀，黏度下降；

醚化度在0.5~0.8时可溶于冷水；醚化度高的可用于活性染料的印花。

甲基淀粉对酸、碱、金属离子稳定，给色量、均匀性好；抱水性、洗除性不好。

羟乙基淀粉稳定性、印透性好，易洗除，成膜柔软，耐碱，对重金属离子稳定。

羧甲基纤维素的醚化度为0.6~0.8者溶于水。羧甲基纤维素成糊率高，皮膜强韧性好，易洗除，取代度高的可与活性染料共浆。

甲基纤维素耐金属离子性能好，pH 3~12稳定，适用于金属络合染料印花。

羟乙基纤维与羟乙基淀粉类似，耐酸、碱及电解质。

海藻酸钠：海藻酸钠糊中加入较多的醇、食盐、烧碱生成凝胶，冲稀后可再次溶解；遇金属离子易形成凝胶，加入六偏磷酸钠可防止硬水的不良影响；在pH 5.8~11稳定；印透性、均匀性、吸湿性良好，浆膜柔软、坚牢，易洗除；制糊简便、成糊率高，可用40~45℃温水调制，制糊温度不能超过80℃。普通海藻酸钠原糊含海藻酸钠4%~8% 左右。适用于大多数染料的印花，尤其适用于活性染料的印花，但不适于阳离子染料的印花。

合成龙胶是由豆荚植物种子胶醚化而成。合成龙胶浆流变性、渗透性好，印制精细；适宜于酸性及弱碱性色浆，成糊率高，膨润性大，易洗除，可混于淀粉糊及乳化糊中来改善糊料性能。对拒水性的纯化纤和混纺织物印花适应性较好。

（二）纤维素纤维服装及服饰品活性染料直接印花

在纤维素纤维面料的染料印花中，活性染料占据了绝对的地位，原因是活性染料的色牢度高，而且颜色鲜艳，色谱齐全。

1.用于纤维素材料的服饰品印花的活性染料

符合印花加工要求的活性染料在汽蒸（焙烘）固色前性质稳定；在汽蒸（焙烘）固色的过程中能迅速地扩散到纤维素纤维的内部；印花着色的递深性和固色率高；染料对纤维的亲和力低，印花固色后，未与纤维结合的染料在水洗中不能沾污白地，容易被洗除。

高温型（如K型）活性染料，反应活性低，稳定性好，在碱性色浆中相对稳定，汽蒸时能与纤维素的羟基发生反应，形成共价键。中温型（如KN型）活性染料也具有一定的稳定性，在需要的时候也可以用于印花。其他如双一氯均三嗪活性基染料（普施安SP）、甲砜基一氯嘧啶类染料（Levafix P）、氟氯甲基嘧啶类染料（Levafix PN）、二氟一氯嘧啶类染料（Levafix P–A）等，它们在色浆中稳定，印花着色不仅具有较高的固色率，而且染料与纤维的结合键也比较稳固。

2. 活性染料印花的糊料

（1）海藻酸钠糊：海藻酸钠分子中不含有伯羟基，不会与染料上的活性基发生反应，因此不会降低活性染料的固色率。且糊料分子的每个糖环上含有负离子基 "—COO^-"，它与活性染料阴离子相斥有利于染料的上染。

（2）醚化度高的羧甲基淀粉糊或其他羧甲基化植物种子糊料。

3. 用于活性染料印花的助剂

（1）碱剂：反应活性较高的活性染料，选用小苏打作为印花固色剂。调制色浆时，糊料降温后再加入小苏打，否则当pH升高，会导致活性染料的稳定性降低，产生CO_2的气泡，影响印花效果。反应活性较低的染料，选用纯碱作为印花固色剂。

（2）尿素：尿素具有助溶作用，有利于染料的溶解，具备一定的吸湿作用，并且对纤维起一定的膨胀作用，有利于染料的扩散。在采用焙烘法固色时，尿素能减少棉织物在碱性介质中的泛黄。尿素在高温焙烘时，会与KN型活性染料反应，使染料失去与纤维的反应活性，因此，KN型活性染料高温焙烘法色浆中不能加用尿素。

（3）防染盐S（间硝基苯磺酸钠）：防染盐S为弱氧化剂，使用它作为印花助剂能够防止偶氮结构的活性染料在汽蒸时被还原性物质破坏。

4. 纤维素材料服装及服饰制品的活性染料印花工艺（全料法）

（1）印花工艺流程：印制→烘干→蒸化（或焙烘）→水洗→皂煮→水洗→烘干。

（2）印花浆处方：

染化料名称	M、K型	KN型
活性染料	x g	y g
海藻酸钠原糊	300~500 g	300~500 g
防染盐S	10 g	10 g
尿素	50~100 g	50~100 g
小苏打	15~30 g	10 g
加水合成	1000 g	1000 g

（3）汽蒸、焙烘条件：汽蒸：100~102℃，蒸5~10 min；或焙烘：150℃，保持4~5 min。

（4）水洗、皂煮：活性染料的固色率一般在50%~95%，汽蒸（或焙烘）固色后，浆膜中仍可能还含有具有活性的染料，所以皂煮前需将浮色洗除，先冷水洗，再热水洗，然后皂洗，以免在碱性皂煮时造成持久的沾色。

（三）涤纶服装及服饰品的分散染料直接印花

1. 用于印花的分散染料

用于直接印花的分散染料其升华牢度要适当高，另外还要考虑分散染料印花时的递深性以及不沾污白地等问题。依据上述原则，可以在中温型和高温型分散染料中选择合适的染料。

2. 涤纶纤维服饰制品的前处理

涤纶面料印花前要用洗涤剂或NaOH稀溶液处理，纺丝油剂、污渍等被乳化或皂化去除。为了保证印花加工中织物平整，印花前还要在针板拉幅机上190~210℃下处理20~30 s进行热定型，而膨体纱涤纶织物的热定型温度限在150~170℃之间。

3. 用于分散染料印花的糊料

分散染料印花一般可以使用海藻酸钠、合成龙胶、小麦淀粉、醚化淀粉及醚化的植物种子胶等作为糊料。

4.用于分散染料印花的助剂

（1）尿素：尿素有助于在蒸化固色时染料在涤纶纤维上吸附和扩散上染，但也存在着易吸湿渗化的危险，尿素加入的量远比活性染料印花色浆少得多。因为尿素在高温下会分解，对环保不利。采用焙烘固色时，可使用HLB值4~6的阴离子或非离子表面活性剂代替尿素。

（2）释酸剂：某些分散染料在高温碱性条件下易发生水解，影响染料的正常发色，所以印花色浆中要加入非挥发性的释酸剂，如硫酸铵、柠檬酸或酒石酸等。

（3）防染盐S：作为氧化剂，可防止含硝基、偶氮基的分散染料在高温焙烘固色时受到还原作用发生变色。

5.涤纶服装、服饰品的分散染料印花工艺

（1）印花工艺流程：印花→烘干→蒸化（或焙烘）→水洗→皂煮（或还原清洗）→水洗→烘干。

（2）印花浆处方：

分散染料	$x\%$
尿素	1%~3%
防染盐S	1.5%
原糊	50%~60%
加入醋酸调pH	4.5~6
水	$y\%$
合成	100%

（3）蒸化（或焙烘）固色的方法有三种：高温高压蒸化法，125~135℃，蒸30 min；热熔法，依据染料的升华性，防止沾污白地，一般在200℃左右，处理1~1.5 min；常压高温汽蒸固色法，175~180℃，6~10 min。

（4）水洗、皂煮（或还原清洗）是为了洗除浮色，用碱和保险粉还原清洗是为了洗除吸附在涤纶表面的分散染料，以提高印制品的色牢度。

（四）锦纶服装及服饰品的直接印花

1.用于锦纶纤维制品印花的染料

弱酸性染料、毛用活性染料色谱齐全，颜色比较鲜艳，适用于锦纶面料的印花。中性染料适宜印制深浓颜色的花纹。印花时要考虑锦纶6和锦纶66得色的差异。

2.锦纶纤维制品的前处理

同涤纶针织物一样，锦纶面料上的油污等污渍，在印花前要先通过洗涤去除。为了保证印花加工中织物平整，印花前也要进行热定型。锦纶织物采用湿热定型效果比较好。

3.用于酸性、中性染料、毛用活性染料印花的糊料

酸性和中性染料印花色浆pH值在4~7，糊料可选用合成龙胶糊料、瓜耳豆胶糊料等。

4.锦纶纤维制品印花的助剂

（1）硫脲：硫脲在印花色浆中起到助溶吸湿剂的作用，效果比尿素好。

（2）硫酸铵：硫酸铵是释酸剂。根据所使用的染料，调整色浆的pH值，以达到染料对锦纶着色的要求。

（3）氯酸钠：氯酸钠是氧化剂，可防止染料因受还原性物质影响而使色光改变。由于毛用活性染料不耐氯，所以不可使用氯酸钠。

5.锦纶服装、服饰品的印花工艺

（1）印花工艺流程：印花→烘干→蒸化→水洗→皂煮→水洗→烘干。

（2）印花浆处方：

染料	$x\%$
硫脲	6%
原糊	50%~60%
氯酸钠	2%
加入醋酸调pH	4~7
合成	100%

（3）蒸化：在常压下或表压为7.8×10^4 Pa（0.8 kg/cm^2）的蒸箱中汽蒸30 min。

（4）水洗：汽蒸后冷水洗涤10~30 min，防止白地或浅色印花部分被浮色沾污，然后采用单宁酸吐酒石固色处理（毛用活性染料不需要）。

（五）腈纶纤维服装及服饰品的阳离子染料直接印花

用于腈纶纤维服装及服饰品印花的染料：腈纶纤维印花使用阳离子染料，配伍值（K值）大的阳离子染料上色速度慢，一般多选K值在2.5~3.5的阳离子染料用于印花，拼色要选用K值相近的染料。

腈纶纤维制品的前处理：前处理用净洗剂105，0.5 g/L，80℃处理20 min。

阳离子染料印花的糊料：因为有些阳离子染料不耐碱，同时要考虑染料的阳离子性，一般选用合成龙胶作为阳离子染料腈纶印花的糊料。

腈纶纤维制品印花的助剂：

①古来辛（硫二甘醇）：古来辛在色浆中起助溶作用。

②释酸剂：冰醋酸和酒石酸为释酸剂，用来调整色浆的pH值。

③氯酸钠：氯酸钠是弱氧化剂，防止某些染料被还原性物质破坏。

腈纶纤维服装及服饰品的印花工艺流程：印花→烘干→蒸化→水洗→皂煮→水洗→烘干。

印花处方：

阳离子染料	$x\%$
古来辛（硫二甘醇）	1%~2%
冰醋酸	1.5%
酒石酸	1%~1.5%
氯酸钠	1.5%
原糊	$y\%$
合成	100%

汽蒸：在0.4~0.8 kg/cm²蒸汽，蒸30~45 min。皂洗：1.3%净洗剂105，55℃，15 min。

（六）羊毛服装及服饰品的直接印花

1.用于羊毛服装、服饰品印花的染料

羊毛面料印花可以选择弱酸性染料、中性染料和毛用活性染料。弱酸性染料色谱齐全，颜色比较鲜艳；中性染料用于深浓色图案的印花；毛用活性染料颜色鲜艳，着色牢度好。

2.羊毛服装及服饰品的前处理

印花前，羊毛纤维制品要用中性净洗剂1~2 g/L，于40℃净洗15 min，以洗除羊毛面料上的污物，利于染料的上染。羊毛鳞片结构致密，具有疏水性，是阻挡染料上染的壁障，为了改善羊毛纤维的润湿性能，提高毛织物印花染料得色率并减少毡缩，在印花前可进行氯化处理，适当地剥除鳞片。但实际上很多羊毛制品印花时也可以不进行氯化处理。

3.印花糊料

弱酸性染料和毛用活性染料印花可选用海藻酸钠、合成龙胶及其他植物种子胶的醚化物，海藻酸钠不耐金属离子，不适于含金属离子的中性染料，合成龙胶糊耐金属离子且渗透性好，适合于在较厚毛织物上印花，适用于中性染料的印花。

4.印花助剂

（1）尿素：在高浓度色浆中帮助染料溶解，在印花汽蒸时起吸湿和溶胀纤维的作用，但使用过量反而会造成印花图案的渗化。

（2）古来辛A：为硫二甘醇，在色浆中起助溶作用。

（3）释酸剂：醋酸、酒石酸、柠檬酸和硫酸铵作为释酸剂，使羊毛带正电荷，从而促进染料对羊毛的上染。醋酸为挥发性酸剂，在汽蒸时会因酸剂挥发使色浆的pH升高，不利于活性及酸性染料的上染。

（4）渗透剂：对于较厚毛织物，在印花时需要加入一定量的渗透剂，帮助色浆向织物内部渗透，JFC是常用的渗透剂。

5.羊毛服装及服饰制品的印花工艺

（1）羊毛纤维服装及服饰制品的弱酸性染料印花工艺。

印花工艺流程：印花→烘干→蒸化→水洗→中性皂洗→水洗→烘干。

印花浆处方：

弱酸性染料	x%
尿素	5%
古来辛A	3%~5%
低泡渗透剂	0.5%
释酸剂调pH	4~5
原糊（合成龙胶）	50%
加水合成	100%

蒸化：100~102℃，蒸30~45 min；中性皂洗：1~2 g/L中性皂液，40℃，15 min。

（2）羊毛服装及服饰制品的中性染料印花工艺。

印花工艺流程：印花→烘干→蒸化→水洗→中性皂洗→水洗→烘干。

印花浆处方：

中性染料	x%
尿素	5%
古来辛A	5%
低泡渗透剂	0.5%~1%
释酸剂调pH	6~7
原糊（合成龙胶）	50%
加水合成	100%

蒸化：100~102℃，蒸40~60 min；中性皂洗：1~2 g/L中性皂液，40℃，15 min。

（3）毛用活性染料羊毛面料印花工艺。

印花工艺流程：印花→烘干→蒸化→水洗→氨水洗（pH 8）→水洗→烘干。

印花浆处方：

毛用活性染料	x%
尿素	5%~8%
低泡渗透剂	0.5%~1%
释酸剂调pH	4~5
原糊（合成龙胶）	50%
加水合成	100%

蒸化：102℃，蒸40~60 min；中性皂液1~2 g/L，40℃水洗15 min，以洗除未固色的活性染料。

（七）丝绸服装及服饰品的直接印花

1. 用于丝绸服装及服饰品印花的染料

颜色鲜艳的印花选择弱酸性染料或活性染料，色泽深浓的印花选择中性染料或对蚕丝有较高上染率的直接染料。

2.丝绸印花的糊料

丝绸印花选择合成龙胶及醚化的瓜尔豆胶等糊料，弱酸性染料和活性染料还可以选择海藻酸钠糊料。

3.丝绸服装及服饰制品的印花工艺

（1）丝绸制品印花的工艺流程：印花→烘干→汽蒸→水洗→固色。

（2）弱酸性、中性染料的丝绸印花色浆处方：

	弱酸性染料	中性染料
染料用量	$x\%$	$y\%$
尿素	5%	5%
硫二甘醇	5%	5%
原糊	50%~60%	50%~60%
硫酸铵	6%（可不加）	不加
氯酸钠	1.5%	1.5%
加醋酸调pH		5~6
加水合成	100%	100%

（3）汽蒸：102℃，蒸40 min。

（4）固色：1~2 g/L阳离子固色剂，20℃，处理15 min。

二、服装及服饰品的涂料直接印花

涂料印花简单、方便，具有清洁加工的特点，是服装及服饰品中最理想的衣片印花方法。

（一）涂料印花概述

涂料印花是用含有颜料及黏合剂的色浆印花的方法，黏合剂将颜料粘着于纺织纤维表面。在现代涂料印花的发展过程中，涂料黏合剂经历了三代的发展历程：第一代为非交联型；第二代为外加交联剂型（也称为交联型）；第三代为自交联型。无论是牢度还是手感都有极大的改进。尤其是白色涂料浆压印的覆盖性特别好，几乎可以达到防拔染印花的效果。

涂料印花技术已超越了一般传统的印花概念，正逐渐向多样化、多效果发展。如发泡印花、珠光印花、变色印花、功能印花等。

（二）涂料印花的基本原理和印花特点

黏合剂与纺织纤维的结合方式有两种：一是黏合剂在纤维表面和表面的沟槽内，通过机械的沉积和钩联作用与纤维结合。该结合方式适用于任何纤维，其中合成纤维应用居多。除了上述机械结合方式外，黏合剂还可以通过反应性基团的化学交联作用与某些纺织纤维进行化学结合，如黏合剂与纤维素纤维的化学结合等。

涂料印花工艺简单，只需印制、烘干和焙固处理。劳动生产率高，节约能源，污染小；涂料的色谱齐全，仿色方便，印制纹样的轮廓清晰；而且适合于各种纺织纤维组成的纺织品；与染料印花相比，印花的各项牢度以及手感还有一些差距。但是随着印花黏合剂的研究和制造技术的不断发展，涂料印花的牢度和手感已经有了很大的改善和提高。

（三）涂料印花的色浆组成

1.印花涂料

印花涂料是把有色颜料、水、助剂放在一起，经过研磨得到的水性分散胶体浆，其颗粒直径分布在0.1~2μ（最好是分布在0.5μ左右），涂料浆中颜料的含量一般在14%~40%，助剂大部分为非离子表面活性剂，有时也会采用阴离子表面活性剂。颜料分为无机和有机两大类，无机颜料有钛白粉（二氧化钛）、炭黑、氧化铁等。除了黑、白等品种外，绝大多数的印花颜料为有机颜料，还有带荧光的颜料。另外还有一类罩印浆，分为白色罩印浆和彩色罩印浆。白色罩印浆的主要成分为钛白粉。彩色罩印浆除了各色颜料外其主要成分为硅酸铝或二氧化硅（既要保证覆盖性又要保证有色颜料混入后得色充分）。

2.印花黏合剂

黏合剂是涂料色浆的重要组成部分，直接影响着印花品的质量，包括牢度、手感和外观等。首先印花固着后印花黏合剂能形成无色透明、黏着力强的薄膜，而且薄膜应具有耐挠曲、耐折皱、耐摩擦，不硬、不黏、不吸附有色物质的性能；另外印花黏合剂在焙烘时不能有很明显的泛黄现象；黏合剂形成的皮膜应耐老化，具有耐溶剂和化学药剂性；黏合剂还应具有良好的贮存稳定性，成膜不能过快，以免在印花时色浆塞网。

3.印花交联剂

交联剂是具有两个以上官能团的化合物，它能在黏合剂分子间交联形成网状结构，也能与某些纺织纤维交联，可提高涂料印花的色牢度。

4.涂料印花增稠剂

合成增稠剂为亲水的合成高分子化合物，具有较高的结构黏度。主要是增加色浆的黏稠度以利印制。

（四）涂料印花工艺

（1）涂料印花的工艺过程：印花→烘干→焙烘（或汽蒸）。

（2）涂料印花浆处方：

涂料	0.5%~10%
黏合剂	15%~40%
增稠剂	x%
加水合成	100%

后处理：焙烘，150℃，3~5 min；或汽蒸固色，102~104℃，5 min。

（五）胶浆印花

胶浆印花普遍用于针织衣片和成衣的印花，胶浆印花与涂料印花在印花原理上没有本质的区别，印花时都是黏合剂成膜，但二者在成膜的感官上却追求着迥然不同的风格，常规涂料印花追求的印花手感如染料印花一样柔软，黏合剂只起到固色作用，而胶浆印花追求的却是具有一定厚度的有光泽的胶皮风格，胶浆印花成膜后具有良好的弹性，而且不发黏。胶浆的主要成分为高含固量的丙烯酸酯共聚乳液或水性聚氨酯乳液，水性聚氨酯是良好的胶浆组分。胶浆分为弹性透明胶浆和弹性白胶浆，印花时将涂料色浆混入其中即可，印后经烘干、焙烘固色。

第三节　服装及服饰品的防染、防印印花及拔染印花

一、防染、防印印花基本概念

（一）防染印花

防染印花主要为物理防染，先印防染浆（剂）再染色，防染浆（剂）印花后形成的膜层能够机械地阻隔染料对纤维的上染。防染印花常采用各种蜡材、松香及石灰与豆粉配制的防染浆，并将它们印到纤维表面形成膜层，在染色时膜层具有拒水性。另一种是化学防染的工艺，化学防染是先将一些化学物质配制成防染浆印到面料上，这些化学物质能够通过化学方式阻止染色时染料对纤维的染色或能够破坏染料的分子结构使其消色。化学防染在操作上有一定难度，因为后染色的染液很容易把先印制的防染浆纹样的边缘浸润渗化，其根本原因是一般化学防染剂有一定的水溶性，防染浆膜层不够坚固且具有水溶胀性。

可方便操作的防染印花当属蜡印防染印花及蓝印花布的印花。

（二）防印印花

在印花的实际应用中，当相邻花纹需要紧密相接而又不能产生第三色时，采用防印印花是一种非常巧妙的解决办法。如花纹相邻两色分别为艳红色和亮绿色，两色纹样的衔接处理难度比较大，若互不相连，则两色纹样交界处露白，若相互交接，两色必然相搭，两色相搭处（艳红色和亮绿色）混色产生第三色黑色，这些都会明显地影响整体印花艺术效果。采用防印印花的方法，这样两色纹样相搭的部分不会产生第三色黑色，两色纹样相接处严丝合缝。另外，深浓色花朵中的嫩黄色花蕊有时也需要防印的方法印制。

二、纤维素纤维服装及服饰品的活性染料防印印花

（一）涂料防印活性染料的防印印花

涂料防印活性染料的印花属于酸性防印，先印的涂料色浆中加入释酸剂，后印色浆为一氯均三嗪活性染料。释酸剂一般为硫酸铵，但要注意硫酸铵会影响合成增稠剂的增稠效果，加入过多会破坏增稠体系，导致色浆黏度下降。

（1）印花工艺流程：印涂料防印色浆→印活性染料色浆→烘干→汽蒸→平洗→烘干。

（2）涂料防印浆处方：

涂料	0.5%~10%
黏合剂	15%~40%
增稠剂	x%
合成龙胶原糊	5%
硫酸铵	4%~6%
冷水	y%
合成	100%

活性染料色浆处方：

活性染料	x%
海藻酸钠原糊	30%~50%
防染盐S	1%
尿素	5%~8%
小苏打	1.5%~3%
水	y%
合成	100%

汽蒸：102~104℃，5 min。

（二）活性防印活性染料的防印印花

在亚硫酸钠（Na_2SO_3）存在的条件下，乙烯砜活性染料变成的产物$D-SO_2CH_2CH_2SO_3Na$与纤维素无反应性。

$$D-SO_2CH_2CH_2-OSO_3Na + Na_2SO_3 \rightarrow D-SO_2CH_2CH_2SO_3Na + Na_2SO_4$$

一氯均三嗪活性染料则仍然能与纤维素纤维发生反应完成上染。所以防印印花时，先印一氯均三嗪活性染料，其色浆中加入亚硫酸钠，后印乙烯砜活性染料。

（1）印花工艺流程：印含亚硫酸钠的一氯均三嗪活性染料花纹→印乙烯砜活性染料花纹→烘干→汽蒸→平洗→烘干。

（2）先印色防浆处方：

一氯均三嗪活性染料	1%~5%
尿素	3%~5%
海藻酸钠原糊	50%~60%
小苏打	1.5%~3%
防染盐S	1%
亚硫酸钠	1%~3%
加水合成	100%

后印色浆处方：

乙烯砜活性染料	1%~5%
尿素	3%~5%
海藻酸钠原糊	50%~60%
小苏打	1%~1.5%
防染盐S	1%
水	x%
合成	100%

汽蒸：100~102℃，蒸5~10 min。

三、服装及服饰品的拔染印花

拔染印花适合于在已染色的中、深地色上，印制浅、艳色精细线条或小点的图案，这样的图案用直接印花的方法很难保证印制效果。拔染的对象主要为偶氮染料，偶氮基在拔染剂（还原剂）的作用下断裂生成苯胺，染料的发色体系被破坏而消色。

常用的拔染剂有：雕白粉，是甲醛与连二硫酸钠的加成产物，为还原剂；二氧化硫脲：溶解度小，呈酸性，在常温下较稳定，在碱性作用下或蒸化时发生分解，产生次硫酸起还原作用破坏染料的发色结构；氯化亚锡，为还原剂，在酸性条件下可溶于水，主要用于涤纶和蚕丝织物的拔染印花。蒽醌可作为雕白粉的催化剂。

（一）纤维素纤维服装及服饰品的拔染印花

纤维素纤维面料的染色及印花最常用的染料就是活性染料，其中靛蓝染色的服装便深受各年龄人群的喜爱。

1.纤维素纤维服装及服饰品活性染料染色的拔染印花

经活性染料染色的纤维素纤维服装，拔染印花用的拔染剂一般为雕白粉。用于染地色的活性染料是偶氮结构的可拔染，该染料的偶氮基被还原破坏后，颜色消失出现白色花纹。如果在拔染浆中加入不被拔染剂破坏的非偶氮类活性染料，可以得到色拔的印花效果。

（1）印花的工艺流程：可拔的活性染料染色成衣→印拔染浆→烘干→汽蒸→平洗→烘干。

（2）拔染浆处方：

印染胶	40%~60%
（不可拔活性染料	x%）
雕白粉	15%~25%
30%（36° Bé）NaOH	6%~8%
蒽醌	0~1.5%
（增白剂VBL	0.2%~0.5%）
合成	100%

注：拔白时可加增白剂VBL，色拔时不加。

汽蒸：100~102℃，5~10 min。

2.靛蓝染料染色服装及服饰品的拔染印花

靛蓝属还原染料，拔染剂JN在酸性介质中是强有力的拔染剂，经蒸化可使靛蓝分解为黄色物质，经水洗、皂煮后呈现白色。如果用涂料作为着色剂，还可得到色拔印花效果。

（1）印花工艺流程：靛蓝牛仔布、衣片、成衣→印花→烘干→汽蒸→水洗→皂煮→烘干。

（2）拔染浆处方：

拔白浆处方：

拔染剂JN	8%~14%
柠檬酸	4%~7%
耐酸糊料	x%
合成	100%

色拔浆处方：

拔染剂JN	8%~14%
柠檬酸	4%~7%
涂料	x%
黏合剂	20%
增稠剂	y%
合成	100%

拔染剂JN用80℃左右热水溶解，加入浆中混匀。另用热水溶解柠檬酸，加入浆中。不能用直接蒸汽加热溶解拔染剂JN，更不能将拔染剂JN和柠檬酸一起溶解，否则影响拔染效果。涂料着色拔染浆配制方法与涂料直接印花浆配制方法相同。

汽蒸：100~102℃，7 min。

（二）蛋白质纤维服装及服饰品的拔染印花

1. 羊毛衣片、羊毛衫的拔染印花

某些偶氮类弱酸性染料在还原剂（二氧化硫脲）的作用下偶氮基被破坏，也就是印花之处的地色染料被破坏而消色。二氧化硫脲在室温下非常稳定，高温下分解成具有强还原能力的次硫酸H_2SO_2而破坏地色染料。在酸性或中性介质中也具有很强烈的还原作用，这样可避免在碱性条件下对羊毛的损伤。而且二氧化硫脲的分解产物无毒、无污染，是一种比较理想的拔染剂。如果进行色拔印花可以选择耐拔染剂的非偶氮染料。

弱酸性染料拔染印花的糊料可选择耐酸的合成龙胶或其他醚化的植物种子胶。

（1）印花工艺流程：可拔的弱酸性染料染色的羊毛服装→印拔染浆→烘干→汽蒸→水洗→皂洗→水洗→烘干。

（2）拔染浆处方：

拔白浆组成：

印花原糊	50%~60%
二氧化硫脲	15%~20%
尿素	5%
增白剂	0.2%
加水合成	100%

色拔浆组成：

印花原糊	50%~60%
耐拔弱酸性染料	2%~3%
二氧化硫脲	15%~20%
尿素	5%
加水合成	100%

烘干、汽蒸：烘干一般为70~80℃，不宜过高，防止拔染剂分解而失去效用，同时温度过高也会对毛纤维造成损伤，使织物泛黄。100℃汽蒸，拔白蒸40 min，色拔蒸60 min。

2. 丝绸服装的拔染印花

用于丝绸面料染底色的可拔染料应选择含偶氮基的弱酸性染料和直接染料，它们的偶氮基会被具有还原性拔染剂如氯化亚锡或二氧化硫脲等破坏而消色。国内真丝绸拔染印花基本上是以氯化亚锡为主。色拔选用耐氯化亚锡的弱酸性染料或直接染料。

（1）印花工艺流程：可拔的弱酸性或直接染料染色的丝绸服装→印拔染浆→烘干→汽蒸→水洗→皂洗→水洗→烘干。

（2）拔染浆处方：

拔白浆处方：

原糊	70%
尿素	4%
氯化亚锡	2.5%~8%
冰醋酸	1.4%
草酸	0.35%~0.7%
加水合成	100%

色拔将处方:

染料	$x\%$
原糊	66%
尿素	4%
氯化亚锡	2.5%~8%
冰醋酸	1.5%
草酸	0.3%
加水合成	100%

注:原糊是白糊精与小麦淀粉的混合湖,白糊精具有一定的还原性。

汽蒸:蒸汽压力0.95 kg/cm^2,蒸15 min。

(三)涤纶服装、服饰品的拔染印花

涤纶面料采用分散染料染色,在做拔染印花时,用于染色的染料必须是含有偶氮结构的可拔的分散染料。分散染料拔染印花用氯化亚锡做拔染剂是比较合适的选择。

(1)印花工艺流程:可拔分散染料染色服装→印拔染(色)浆→烘干→汽蒸→平洗→烘干。

(2)拔染浆处方:

氧化亚锡	6%
酒石酸	1%
(不可拔分散染料	$x\%$)
尿素	10%
原糊	$y\%$
合成	100%

注:在做拔白时,色浆中不加入不可拔的分散染料。

汽蒸:高温高压蒸化 ,125~135℃,30 min。

第四节 服装及服饰品的转移印花

转移印花是将图案预先印制到特定的纸张上,得到转移印花纸,然后将转移印花纸与

所印面料复合，通过热和压力或者在一定的湿度下施加压力，转移印花纸上的图案便转印到所印面料上。理想的纺织品转移印花技术应该具有两大特征，一是其所印制的图案与常规印花相比，具有更加丰富的表达能力，图案的层次更丰富、线条更精细，二是具有环保特征的清洁式生产方式。

纺织品的转移印花主要分为三大类，一是以分散染料为代表的升华法转移印花；二是颜料和热熔树脂的脱膜法转移印花（其中包括烫金印花等）；三是以活性染料为代表的半湿法转移印花。前两类也称为干法转移印花。在三类转移印花中，发展最为成熟的是分散染料转移印花。但由于其加工对象，仅限于以涤纶为代表的，有明确玻璃化温度的合成纤维纺织品，所以应用上受到了较大的限制。脱膜法转移印花也是较为成熟的一类，有其独特的风格特征，特别适合于成衣的局部印花，其特点是不受承印对象材料的限制。活性染料的半湿法转移印花是解决棉织物转移印花的方法之一，到目前为止还无法免除印后水洗这一过程，无法完全体现清洁生产的特点，仅在图案的表达上比常规印花丰富。

一、升华法转移印花

升华转移印花是利用分散染料200℃左右升华的性质，转印纸上的分散染料升华转移上染到涤纶面料上形成图案。升华转移印花所用的分散染料其分子量一般为250~400。

（一）升华法转移印花纸的制作

1. 升华法转移印花纸的要求

转印纸要有足够的强度，要经得起220℃，30s以上的处理，纸张表面光洁，对分散染料的亲和力低。

2. 升华法转移印花油墨

水溶性油墨：

分散染料	$x\%$
尿素	10%
海藻酸钠（6%）	40%~50%
加水合成	100%

醇溶性油墨：

分散染料	$x\%$
正丁醇	2%~7%
乙基纤维素	46%
异丙醇	40%~46%
苯丙醇	0~9%
合成	100%

3.升华法转移印花纸的印制

转移印花纸可以用筛网或凹版辊筒印花（刷）机印制。水溶性油墨适合筛网印制，醇溶性油墨适合凹版辊筒印制。

4.开华法转移印花纸的手绘

这是一种艺术水平较高，个性化更强的技艺。将分散染料加少许水调制后便可进行各种风格的绘画。但分散染料的色相在热处理前后会出现较大差异，需认真实验。

（二）升华法转移印花的设备及条件

（1）转移印花设备：转移印花设备有平板式烫印机和连续式转移印花机。服装、衣片的转移印花多用平板式烫印机。

（2）转移印花的转印条件：涤纶织物，180~220℃，1~3 min；尼龙织物，190~200℃，1~3 min。

二、脱膜法转移印花

脱膜法转移印花弥补了升华法气相转印的不足，它适应于所有服装及服饰品。该方法是依靠热熔性黏合剂的作用，将转印纸上的图案膜层从印花基纸上剥离并转移到纺织品上，该方法实际上是图案膜层通过热熔性黏合剂与纺织品的黏结复合。脱膜法转移印花的风格有别于升华法气相转移印花，更适用于成衣的局部印花，可应用在运动装、休闲装、童装及帽子等服装、服饰品上。

脱膜法转移印花纸的组成至少应有四层，如图6-5所示。第一层为基纸层，该层为图案的载体，要求质地紧密，表面光洁平整，有一定的强度及韧性，伸缩性小。第二层剥离层的作用是转印纸在烫印后，图案层能够容易地从基纸上剥离，同时也要求印墨在其上有较好的可印性。第三层为图案层，该层包含图案及承载图案的树脂膜层，树脂膜层需有一定的弹性以适应织物的形变，该层对离型纸有较恰当的暂时性附着。第四层为胶黏层，主要组成为热熔性黏合剂，其作用是在烫印时热熔性黏

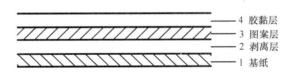

图6-5　脱膜转移印花纸的组成

合剂熔融并渗入织物中，冷却后实现黏结，在黏结力的作用下，图案层从离型纸上剥离下来。

在实际印花生产中，脱膜烫印纸（转移印花纸）可以向特定的生产厂家定制或直接在相关服装辅料市场上购买。

第五节　服装及服饰品的数码喷墨印花

数码喷墨印花是通过纺织专用喷墨打印机将数字图案打印在纺织品上的印花方式，这种专用的喷墨打印机称为数码印花机。数码喷墨印花是利用CMYK模式的三原色混色原理，使微小的墨水液滴在被印面料上形成空间混色的效果。

数码图像的输入设备（扫描仪、数码相机）、计算机、数码输出设备（喷墨印花机）构成了数码印花的硬件组合。图像处理软件、RIP（Raster Image Processer）软件支持和控制数码印花机正确的工作。当然做好纺织品数码印花产品更离不开常规印染的配套设备，如织物的预处理设备，卷放与输送装置，汽蒸、焙烘、水洗与干燥设备等。

数码喷墨印花被称为无版印花，它不需要制版就能够实现印花，喷墨印花对所印图案没有限制，从传统的花布纹样到国画、油画乃至彩色照片都能印制。

一、数码喷墨印花机

数码喷墨印花机有导带式和平板式两种，导带式数码喷墨印花机主要用于匹布的印花，设备配有导带传动式面料输送装置、贴布装置、喷墨打印装置、供墨装置、导带纠偏装置、导带表面清洗装置及送布和卷布装置等，导带式数码喷墨印花机可打印3200 mm宽度的面料，在较高分辨率下印花速度可达每小时数百平方米。平板式数码喷墨印花机结构简单，类似于办公用打印机，印花时被印面料、衣片和成衣平贴于平板上进行喷墨印花。

数码印花机的喷头是最关键的部件，其喷墨原理有按需喷墨和连续喷墨两种。按需喷墨印花是根据图案的需要产生墨滴的，有压电式、气泡式和阀门式等不同喷墨方式。当前数码喷墨印花机主要采用压电式喷头。

二、数码喷墨印花墨水

数码喷墨印花的墨水分为染料墨水和颜料墨水两类。

染料墨水包括活性染料墨水、酸性染料墨水和分散染料墨水。活性染料墨水可用于纤维素纤维服装、服饰面料的喷印，酸性染料墨水用于蛋白质纤维面料及锦纶面料的喷印，分散染料墨水用于涤纶纤维面料的喷印。染料墨水中染料对纤维的上染还是离不开传统的固色方法，即通过汽蒸或焙烘来完成固色。分散染料墨水除了直接喷印涤纶面料外，还可以先将图案喷印到转印纸上，然后再通过转移印花的方式转印到涤纶面料上。

颜料墨水的适应性强，可以喷印各种纤维面料，喷印后只需烘干、焙烘即可，操作方便。颜料墨水喷墨印花是喷墨印花的一个重要的发展方向。当前，颜料墨水还处于不断完善的过程中，效果较好的颜料墨水大多由国外生产，主要的生产商有亨斯迈（Huntsman）、巴斯夫（BASF）和杜邦（DuPont）等。

三、数码喷墨印花工艺

（一）染料墨水喷墨印花前的预处理

在用染料墨水进行喷墨印花前，必须要对被印面料进行专门的上浆预处理，处理的目的有两个，一是通过上浆调整面料的表面性能，使墨滴落在面料纤维表面不致过分渗开和变形，同时也使面料表面伸出的纤维毛羽平整服帖，二是墨水中染料对纤维的上染需要一定的工艺条件，如活性染料墨水喷印棉织物染需要碱剂固色，活性染料墨水中不能有碱剂存在，否则影响墨水的稳定性，那么碱剂就必须通过上浆施加，同样丝绸、羊毛需要在酸性条件下染色，酸剂也需要通过与处理上浆施加。

（1）棉纤维面料的预处理：

上浆处方：

低黏度海藻酸钠	1%~1.5%
高醚化度淀粉	1.5%~2%
尿素	8%~10%
防染盐S	1%
小苏打	3%~5%
加水合成	100%

有时添加4%元明粉，有提升色深度的作用。上浆通过均匀轧车进行，然后以针板拉幅方式无接触烘干，烘干温度不宜过高，一般以80~100℃为宜，以防小苏打分解，影响活性染料发色。上浆也可在平网或圆网印花机上完成，但上浆处方中需加入适量的合成增稠剂以调整刮印黏度，平网或圆网刮印上浆有正反面之分。

（2）涤纶纤维面料的预处理：涤纶纤维属疏水纤维，墨滴喷印到涤纶纤维表面容易因流淌而影响图案效果，巴斯夫公司推荐的前处理剂LupreJet EVO用于浸轧预处理，可显著改善织物的喷墨印花效果。

（3）尼龙面料的预处理：

上浆处方：

海藻酸钠	1%
硫酸铵	2%
尿素	2%
加水合成	100%

采用一浸一轧（轧余率70%）→烘干。

（4）羊绒制品的预处理：

海藻酸钠糊	45%
释酸剂	5%

助溶剂	5%
匀染剂	2%
消泡剂	1%
加水合成	100%

羊绒制品的预处理采用平网刮印的方式。

（5）喷墨印花及固色处理：根据印花图案的要求和面料的性质，进行色彩的控制和调整，设定喷印的分辨率，实施喷印。

喷印后参照各染料直接印花的工艺进行汽蒸、水洗和干燥。

（二）颜料墨水的数码喷墨印花

颜料墨水的喷墨印花因为墨水中有特殊的黏合剂，所以适用性广，所有纺织纤维的面料都能喷印，而且不需要特殊的预处理和后处理，只需焙烘固色。

第六节　服装及服饰品的特种印花

一、基于涂料印花技术的特种印花

许多特殊的印花方法都是基于涂料印花的技术，即一些具有感官效果的材料（主要是它们的粉体包括微胶囊）通过印花黏合剂与纺织品黏合而获得特殊印花的效果。发泡印花、金银粉印花、珠光印花、变色印花、夜光印花、芳香印花等都是通过使用相应的黏合剂将具有上述感官功能的粉体或微胶囊制成印花色浆，印制而得。

（一）发泡印花

发泡印花是一种立体效果的印花。发泡浆中添加的发泡剂在一定温度下形成不同程度的膨胀气体或分解释放出气体，使印花浆的膜层膨起呈现立体的效果。

发泡浆主要是由发泡剂、成膜剂和增稠剂等组成，成膜剂类似于涂料印花的黏合剂，但固含量高且有一定强度和柔韧性，加温发泡时需有一定的可塑性。

发泡剂的发泡机理有两种，一种是物理发泡，另一种是化学发泡。物理发泡是将低沸点有机溶剂如异丁烷、辛戊烷、正戊烷和石油醚等制成微胶囊，典型的囊壁由偏氯乙烯、丙烯腈共聚体组成。印花后经低温烘干再加热到一定温度，低沸点有机溶剂气化，使微胶囊的体积膨胀，印花膜层因膨胀的微胶囊相互挤压在一起使其隆起，效果有如起绒般的感觉，有人也称这样的印花为"起绒印花"。化学发泡的发泡剂在加热到一定温度下能通过化学变化产生适量的气体如氮气、一氧化碳和二氧化碳等，这些化学发泡剂包括偶氮二甲酰胺、偶氮二异丁腈等。偶氮二异丁腈会释放出毒性气体四甲基丁二腈，慎用。物理发泡印花图案表面满是微小球形体，有绒面效果，而化学发泡印花表面光滑有浮雕感。

物理发泡印花的成膜剂（黏合剂）一般是以聚丙烯酸丁酯为主体的乳液，或丙烯酸酯与丙烯酸丁酯共聚体，或甲基丙烯酸甲酯、丙烯酸甲酯和丙烯酸酰胺共聚体乳液。如要提高发泡立体印花图案的刚性，可采用丙烯酸乙酯与苯乙烯共聚体乳液。必要时可加交联剂。化学发泡立体印花的成膜剂，一般采用聚氯乙烯或聚苯乙烯树脂、甲基丙烯酸甲酯、丙烯酸丁酯和丙烯酰胺共聚体乳液。

（1）发泡印花的工艺流程：印发泡色浆花纹→低温烘干（低于70℃）→加热发泡。

（2）发泡印花浆处方：

发泡浆	70%~95%
涂料	x%
（尿素	3%）
增稠剂与水	y%
合成	100%

发泡浆内含发泡剂以及成膜剂，应用时依据各发泡浆的性能品质以及所需发泡的高度，用适量的增稠剂与水调整印浆的成膜厚度及印浆黏度。涂料的加入量依颜色深浅需要，如果是印制白色发泡印花纹样，可以在印浆中加入适量白色涂料。尿素的加入对于降低偶氮二甲酰胺化学发泡浆的发泡温度有明显效果。另外在印浆中加入适量的渗透剂有利于发泡浆渗入织物内部，使发泡膜层与织物结合的牢度高。另外，根据需要还可以加入不同颜色的颜料浆，得到有色纹样。

（3）烘干：烘干时间不能太长，以防膜层过早交联成网影响发泡效果。烘干温度不可太高，以免发泡过早，使气体穿透膜层冲出，达不到发泡效果。一般干燥温度低于70℃，烘干即可。

（4）加热发泡：加热发泡的方式有红外线、热风、热蒸汽等，以非接触式为好。发泡的温度和时间依发泡浆的种类而异，低温物理发泡浆的发泡条件为100~130℃，1~3 min；高温物理发泡浆的发泡条件为145~160℃，1~3 min。化学发泡剂浆的发泡条件为190~200℃，1~3 min，添加尿素的焙烘温度可降低至150℃左右。

（二）金粉印花

印花用金粉即一定细度的铜锌合金粉，金粉印花就是将上述金属细粉与相应的印花黏合剂、抗氧化剂等调制成印花浆施印于纺织品上的印花方法。

（1）金粉印花的工艺流程：印金粉色浆→烘干→焙烘。

（2）金粉色浆的处方：

金粉	20%~40%
抗氧化剂（苯并三氮唑）	0.5%
酒精	0.5%

黏合剂	25%~40%
合成增稠剂（与水调成合适黏度）	x%
合成	100%

金粉的细度用目数表示，一般金粉的细度在100~1200目，目数越高粉体越细，越有利于印浆的透网，但用目数太高的金粉印制后，金粉效果反而不佳，经过验证一般选用400~800目细度的金粉作为纺织品印花，如果用平网印花，选择丝网的目数为60~80目。

酒精利于抗氧化剂（苯并三氮唑）溶于水性印浆，并通过对金粉的浸润作用利于金粉在印浆中分散。另外也可以在金粉印浆中加入适量扩散剂NNO等分散剂利于金粉在印浆中的充分分散，使印制的金粉亮度提高。

金粉印花黏合剂一般为高含固量的以丙烯酸酯类为主的多种单体的共聚物，黏合剂成膜后有一定的黏结强度。目前已开发出金粉专用印花黏合剂，该黏合剂已将抗氧化剂、分散剂等助剂调入，印花前将金粉调入即可。

金粉印花所印制的花纹有一定的厚度，烘干前易被压印其上的花版黏搭带起，所以在与其他诸如染料或涂料进行共同印花时，金粉印花的花版要排在最后印制。

（3）焙烘：150℃，3 min。

（三）珠光印花

珠光印花印制的花纹具有珍珠般的光泽。珠光印花浆中含有珠光粉，珠光粉通过印花黏合剂黏着于纺织面料上形成花纹。

珠光粉分为三类，即天然珠光粉、无机珠光粉、云母钛膜珠光粉。天然珠光粉是从鱼的鳞片中提炼出来的，主要成分为鸟嘌呤，是一种嘌呤的衍生物，也称鱼鳞粉，应用于珠光印花价格太高。无机珠光粉也叫人造珠光粉，主要是无机的碱式碳酸铅，它的耐光耐热性都很强，但制造困难，印浆的稳定性也差。云母钛膜珠光粉内核是低光学折射率的云母，包裹在外层的是高折射率的金属氧化物二氧化钛，所用云母主要是天然云母。珠光粉颗粒一般在800~1000目（30~100 μm），市售的珠光粉一般有金色珠光粉、铜色珠光粉（紫铜色）和银白色珠光粉等。

（1）印花的工艺流程：印珠光粉色浆→烘干→焙烘。

（2）珠光色浆的处方：

珠光粉	2%~3%
颜料色浆	x%
珠光粉专用黏合剂（含增稠剂）	90%
交联剂（临用前加入）	3%~4%
合成	100%

（3）烘干100℃，2 min；焙烘150℃，1~1.5 min。

为了方便珠光印花，许多商家预先将珠光粉调制成珠光浆直接供应市场。这种珠光浆内含珠光粉、黏合剂、增稠剂和分散剂等，可直接用于印花。

（四）变色印花

花纹颜色随外界条件的变化而改变的印花叫变色印花。用于变色印花的变色材料有三类，即光敏变色、热敏变色和湿敏变色材料，变色材料的变色一般是从无色到有色，或是从一种颜色变成另一种颜色，变色的过程是可逆的。

光敏变色颜料有氯化银、溴化银、二苯乙烯类、螺环类、降冰片二烯类、俘精酸酐类、三苯甲烷类衍生物、水杨叉苯胺类化合物等。目前光敏变色颜料有四个基本色即紫色、蓝色、黄色、红色，这四种光变颜料其初始结构均为闭环型，即印在织物上没有色泽，当在紫外线照射下才变成紫色、蓝色、黄色、红色。但该类变色颜料的日晒牢度还有待于提高。

热敏变色材料的变色是由于变色体因热能引起内部结构的变化，从而导致颜色的改变，当温度降低时，颜色又复原。热敏变色颜料种类有无机类和有机类之分，无机类主要是一些过渡金属化合物和有机金属化合物；有机类热敏染料则主要是液晶和隐色体发色物质。有机热敏颜料由于对温度敏感性远大于无机类化合物，而且颜色浓艳，所以纺织品用的变色颜料主要是有机类的。有机热敏染料变色有三种不同的途径，即晶格结构变化引起变色、发生立体异构引起变色和发生分子重排引起变色。

目前热敏及光敏材料都做成微胶囊应用，称为热敏或光敏变色颜料。热敏或光敏变色颜料的印花与传统的涂料印花一样，印花时变色微胶囊颜料被黏合剂黏着于织物上形成图案。

（1）变色印花的工艺流程：印变色涂料色浆→烘干→焙烘。

（2）变色印花色浆的处方：

光敏或热敏变色颜料	$x\%$
普通印花涂料	$y\%$
涂料印花黏合剂	15%~20%
合成增稠剂	1.5%
加水合成	100%

变色印花色浆中也可以混入普通印花涂料与变色涂料拼混，例如用光敏涂料蓝与普通涂料黄拼混后印花纹样在避紫外光下只呈现黄色，在紫外线照射下则变成绿色。

（3）烘干100℃，2 min；焙烘150℃，2 min。

物质颜色随湿度而变化的性能称为"湿敏变色性"，湿敏变色材料变色的主要原因是空气中的湿度能够导致材料本身结构变化，从而对日光中可见光部分的吸收光谱发生改变。用于印花的湿敏变色材料主要成分为变色钴复盐及敏化剂和增色体等，印花时通过黏合剂黏着于纺织品上形成花纹。该类可逆变色印花的适应性不强，不能水洗，否则会失去可逆变色的性能，洗涤时只能用溶剂干洗。

（五）夜光印花

夜光印花是用光致储能夜光粉作为涂料的印花，夜光粉在受到自然光、日光灯光、紫外光照射后，把光能储存起来，在停止照射后，再缓慢地以荧光的方式释放出来。所以在夜间或者黑暗处，仍能看到发光，持续时间长达几小时至十几小时。国内外夜光材料主要是以ZnS制成的，发出绿光和黄光，添加钴、铜共激活的ZnS夜光粉有很长的余辉时间。

夜光印花所用夜光粉的质量一般用余辉时间的长短及发光强度来评价的。

（1）夜光印花的工艺流程：印夜光浆→烘干→焙烘。

（2）夜光印花浆处方：

夜光浆	25%~30%
涂料印花黏合剂	15%~20%
合成增稠剂	1.5%~2%
加水合成	100%

（3）烘干100℃，2 min；焙烘150℃，2 min。

（六）芳香印花

芳香印花是用印花的方式将芳香微胶囊用黏合剂黏着于纺织面料上的印花，所以一般芳香印花与涂料印花合并进行，印花时将芳香微胶囊加入到涂料印花色浆中。

芳香微胶囊一般是全封闭型，芯材为各种香味的精油，微胶囊通过挤压破裂释放出精油，进而散发出香气。

（1）芳香印花的工艺流程；印芳香涂料浆→烘干→焙烘。

（2）芳香涂料浆处方：

芳香微胶囊浆	$x\%$
普通涂料色浆	$y\%$
低温自交联黏合剂	15%~25%
合成增稠剂	1.5%~2%
加水合成	100%

（3）烘干90~100℃，2 min；焙烘100~105℃，3 min。

芳香印花要选择低温自交联黏合剂，即使微胶囊为全封闭式，但在印花焙烘时也会因高温和长时间处理而导致微胶囊膨胀破裂，精油过度挥发。应尽量选择较低温度烘干和焙烘。

二、烫金印花

烫金印花也称金箔印花，即将仿金（银）的电化铝箔烫印黏合到织物上而成的。烫金印花有两种方法，一种为直印法，直印法先在服装上印烫金浆，烫金浆为水性黏合剂，其成分为聚乙烯、聚酯、EVA树脂等，具有热黏结性。待印后的烫金浆干燥后，将电化铝膜的金属面与烫金浆膜结合压烫，冷却后撕去电化铝箔的透明基膜。烫印的条件为150℃，2 min。另一种为转印法，是将黏合剂按照花纹图案要求先印到仿金（银）的电化铝箔上，然后附在服装或衣片上，再通过烫印，冷却后将透明基膜剥离而成。

第七章　服装的艺术染印

在纺织服饰品中，服装作为主体，其面料的色彩、纹样、款式等决定了服饰的主体风格，服装的配饰起辅助作用，但配饰运用得当与否直接影响着服饰品的整体效果，换句话说，配饰在整个服饰效果中能起到画龙点睛的作用。

扎染、蜡染、手绘等艺术染印技法应用于服装、服饰面料的制作，会使服装、服饰更具个性和艺术性。

第一节　扎染技法

扎染古称"绞缬"，是我国的传统染印技艺之一，有着悠久的历史。研究和学习扎染，不仅仅只从技法的角度出发，还应关注历史、文化、艺术、民族传统等多方面的内容。

传统的扎染和现代的扎染具有不同的风格，不同地域、不同民族的扎染也具有不同的艺术效果。

扎染的过程如下：

选择材料（衣片、成衣材料；各种扎结工具等）→扎制（依不同的扎结技法）→浸水→染色（依不同的纤维材料选不同的染料，进行不同的染色）→解扎→整烫→扎染成品。

一、扎染材料及扎染工具

1.被扎染的材料

被扎染的材料可以是衣片（包含辅料）和成衣，还应包括服装的配饰如围巾等。对于服装业，成衣的扎染最贴近市场，可以根据市场的变化和需求进行加工，成衣扎染的应变性强。

被扎染的材料如果按照材料的类别，可分为纺织面料、毛皮、皮革材料等。纺织面料有：天然纤维面料包括棉、麻、丝、毛等；再生纤维面料包括黏胶纤维、大豆蛋白纤维、竹纤维等；合成纤维面料包括涤纶、腈纶和锦纶面料等。裘皮、皮革材料也是服装材料的重要部分，对其进行扎染，可以得到别样的效果。

2.用于扎染染色的染化料

不同的被扎染材料，需用不同的染料进行不同方式的染色，这些染料包括：直接染料（用于染棉纤维、麻纤维和黏胶纤维面料）；活性染料（用于染棉纤维、麻纤维、真丝纤维、黏胶纤维、动物毛纤维、裘皮、皮革等面料）；酸性类染料（用于染动物毛纤维、真丝纤维、锦纶、裘皮、皮革等面料）；分散染料（用于染涤纶面料）；阳离子染料（用于染腈纶面料）。

染色助剂，包括促染剂、匀染剂、固色剂等。

3.扎染工具

扎染工具包括：各种线、绳、带、网袋等；不同大小的缝衣针；不同形状的薄板（竹、木板或能经受100℃不变形的塑料板等）；各种夹具（包括各种夹子）；其他各种器具（扎染技法应用熟练的人，身边的许多器具都可以被用来做扎染工具）。

二、扎制技法

扎染图案的形成决定于扎制方法，不同扎制方法得到的扎染作品，其图案纹样体现出不同的风格效果，或清晰，或朦胧，或写实，或抽象。

1.缝扎法

缝扎法是根据被扎染材料的薄厚，选择不同大小、粗细的缝衣针和缝衣线，将被扎物缝串起来，然后，将缝线抽紧打结（或用抽紧的缝线缠绕一两圈，再打结）。缝扎法包括如下具体技法：

（1）平缝收拢扎法：平缝收拢扎法是以针为笔，以线作墨的缝扎技法，与绘画中的线描相似，可以用来表达纹样中的直线、折线和曲线等效果。具体做法为，用缝衣针沿着被扎物预先描好的纹样轮廓线，用平缝的针法串缝起来。

当扎染纹样为对称时，如蝴蝶图案，可以沿被扎染物图案的对称轴对折，然后将对折后的双层被扎染物沿纹样线条双层平缝，如图7-1所示，缝后抽紧打结。

在制作简单纹样的平缝时（如圆形、三角形、梅花外轮廓），要用一根缝线将纹样平缝串起，抽紧缠绕打结，浸水染色。对于比较复杂一些的纹样，可以先将纹样分解为若干简单纹样，然后，分别对那些简单纹样进行平缝。抽紧绕扎时，要先抽紧绕扎较小纹样的缝线，再逐渐抽紧绕扎较大纹样的缝线。注意，在平缝和抽紧绕扎时要仔细检查，不要将纹样的细微处遗漏。

图7-2是用平缝扎法和其他扎法结合的扎染作品。

图7-1　蝴蝶图案扎法图例　　　　图7-2　用平缝和其他扎法结合的作品

（2）满地平行平缝法：用平缝的方法，按照一定的疏密和布针方式（如对齐满针平行平缝、错位满针平行平缝和随机满针平行平缝）分别进行平行串缝（每条平行线为单独的一根缝线），之后将它们逐步抽紧打结。满针平行平缝法扎染的图案，可以表现纹样的机理效果。机理纹样的浓淡层次是通过平缝布针的疏密、缝线抽紧的程度控制的。

（3）折叠缝扎法：折叠缝扎法有折叠平缝法和对折绕缝法等。折叠平缝法是将被扎染物双折、三折或四折，之后进行平缝。

还有一种小蝴蝶折叠缝扎法，如图7-3所示，将被染物对折，接着再进行60°角的正、反折叠，然后将尖角折下，再在折下的尖角范围内依图示的位置，对折叠物进行缝制，最后抽紧打结，浸水备染。染后效果见图7-4所示。

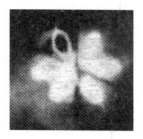

图7-3　小蝴蝶折叠缝扎法图例　　　　　图7-4　折叠扎法染后效果示意

2.捆扎法

捆扎法是采用各种线、绳和带对被扎染物进行不同方式的捆绑。捆扎的方法有很多，具体如下：

（1）圆形（环形）捆扎法：用手指攥住被扎染物，理成一束，然后按图7-5所示进行所谓环扎、分段扎和全扎。线、绳和带缠绕捆扎的松紧、疏密，染色后会展现出不同的层次效果。全扎染色后的效果见图7-6所示。

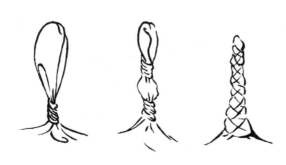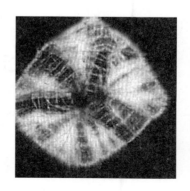

图7-5　环扎、分段扎、全扎图例　　　　　图7-6　全扎法染后效果示意

著名的"鹿胎绞"扎法实际上是一种最精巧的捆扎，将一个个精巧的捆扎均匀地排列于图案之中，形成了一种别具风格的纹样效果，如图7-7所示。"鹿胎绞"捆扎是用合适

的钩针先将被扎染物钩起，接着用细线进行精巧的缠绕（3~5圈）打结，一根线，在不剪断的情况下进行连续的精巧捆扎，这样有利于染后线绳的解扎。做"鹿胎绞"捆扎时，每个精巧的捆扎，其大小和松紧要做到基本一致，缺乏基本功和耐心的人，是不易制作出"鹿胎绞"纹样的。

（2）大理石纹样捆扎法：

①先将被扎染物均匀堆积，然后从下部用绳缠绕直至上端，缠紧打结，如图7-8所示。充分浸水，染色时只浸染底部的松散部位（局部浸染）。

图7-7　"鹿胎绞"纹样效果示意

②将被扎染物均匀收拢，用绳牢固地交叉捆绑，扎紧，如图7-9所示。充分浸水，最后染色（全部浸染）。

图7-8　大理石纹样捆扎法图例之一

图7-9　大理石纹样捆扎法图例之二

大理石纹样作为一种肌理，具有特殊的艺术效果，运用多次的大理石纹样捆扎，进行不同颜色的多次扎、染，可以得到色彩绚丽的彩色大理石纹样效果。

（3）拧绳捆扎法：将被扎染物纵向打成较细的褶皱，像搓绳子一样拧转，对折后再拧转，然后用绳间隔捆扎如图7-10所示，充分浸水，待染。拧绳捆扎法扎染纹样很像树皮绉肌理。

图7-10　拧绳捆扎法图例

（4）折叠捆扎法：折叠是制作连续纹样的有效方法，无论是折叠缝扎还是折叠捆扎法都是一样。折叠捆扎时要注意折叠的方式，折叠时要一上一下地进行。平行折叠和三角形折叠还可以配合运用，如先进行平行折叠，接着进行三角形或方形折叠，如图7-11所示。折叠后就可以进行各种捆扎，如图7-12所示。最后充分浸水，待染。

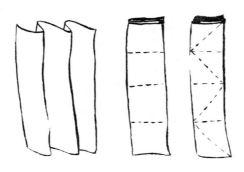 

图7-11　折叠捆扎法图例　　　　　　　　图7-12　折叠后捆扎示意图

3.夹扎法

夹扎法也可称为夹缬。最古老的夹缬是将两片兽皮镂空成相同的花型，然后将被染物用镂空的兽皮夹紧，最后染色。被兽皮夹紧的部位不能被染料染着，而镂空的花型处却能够被染料上染。

现代夹扎法不再使用古代的工具，而是使用各种形状的夹板（木板、竹板、耐热塑料板等）作为夹具。

在进行夹扎前，要对被扎染物进行各种方式的折叠，折叠的方式与上面介绍的折叠捆法中的折叠方式完全一样。

依据想要获得的纹样效果，选择不同形状（长条形、三角形、原形和曲线形等）的夹板，在折叠好的被扎物的合适位置进行夹扎，如图7-13、图7-14所示，可以看到夹扎的方式是非常灵活的，不应有固定模式的限制。夹扎后浸水，待染。夹扎法扎染的图案，借物造型，以材取巧，连续纹样因染色深浅的差异，循环的单元又不是完全相同的，表现出既有法度，又有变化的奇异效果。

图7-13　夹扎法图例之一　　　　　　图7-14　夹扎法图例之二

4.包扎法

包扎法是将各种不同形状的器物包于被扎染物中，然后进行不同方式的捆扎，也可以是用防水的柔性材料（如耐100℃处理的塑料薄膜）将被扎物包覆扎紧。

上述介绍的技法是按照扎制方式分类的，这些技法在制作扎染作品时，可以单独运用，更多的情况是将几种技法综合运用，技法的运用应是灵活的。缝扎扎制打结要紧实，以防染色时染料渗入造成纹样线条模糊；捆扎扎制的松紧程度应根据图案的需要，通过扎制的松紧来调整图案的层次，扎制太紧，扎染图案僵硬死板，太松又显得松懈无神。

三、浸水

浸水是将已扎制完成的被扎物放入水中充分浸渍的过程。浸水的目的是用水将被扎紧的部位充分浸透，被扎物充分吸水后发生膨胀，使扎结更加紧固，这样可以有效地防止染料在扎紧处上染，达到较好的防染效果。另外，如果将干态的被扎物直接放入染浴中染色，干态物的毛细管效应作用会促使染液向扎紧部位的内部渗透，不利于防染。

四、染色

被扎物扎紧、浸水后就可以染色了。不同的材料应选择不同类型的染料，用不同的方法染色。

表7-1列出了不同纤维材料和其染色所使用的染化料及相应的基本染色条件。

染色完成后，将被染物捞出，用水洗去浮色（去除未能上染的染料）。直接染料、强酸性染料等水洗牢度不好的染料，染色洗除浮色后，还要用固色剂进行固色。对于扎染来说，充分地洗除浮色以及固色都是必要的，因为浮色或未固色而脱落下来的染料，会在以后的水洗时沾污所形成的白色或浅色扎染花纹。

表 7-1　用于扎染的各种纤维材料及相应的染化料和基本染色条件

被扎染物材料	染　料	染色助剂及作用	基本染色条件
棉、麻、黏胶纤维等纤维素纤维	直接染料 活性染料 还原染料	NaCl 或 Na_2SO_4（促染）、固色剂 NaCl 或 Na_2SO_4（促染）、小苏打或纯碱（固色） 烧碱、保险粉（使染料可溶）	与正常染色相同
动物毛纤维、蚕丝纤维	酸性染料 毛用活性染料	醋酸（促染）、Na_2SO_4（匀染）、固色剂 氨水、醋酸、Na_2SO_4	
涤纶	分散染料	醋酸（控制 pH 值）、染色载体（促染）	
腈纶	阳离子染料	醋酸（控制 pH 值）、1227 阳离子表面活性剂（匀染）	
锦纶	酸性染料	醋酸、固色剂、Na_2SO_4	

五、多套色扎染

1.套染扎染法

套染扎染法是扎—染（一种颜色），然后解扎（或部分解扎），变化扎结位置，再进行扎—染（另一种颜色）的方法，这样的过程可以重复若干次以获得更多的色彩。套色的过程中会产生混色的效果，染色前，对所用套色染料的混色要有预见，套染的次数越多，混出的颜色越难判断。

套染时，颜色分布的大小是通过扎制面积控制的，颜色分布的均匀与否是通过套色过程中扎结位置的变化调整的。套染法制作扎染品，构图施色同步完成，扎染制作者要按照构图的基本规律，运用色彩构成的基本原则来制作多色扎染服饰品。

2.局部刷染扎染法

局部刷染一般与捆扎法配合使用，也可利用包扎法进行。

根据纹样预先的构图，用配好的各种颜色的染液，按照构图所需的位置，在面料上刷色，之后将所刷色的位置用捆扎或包扎（用耐温塑料薄膜）的方式扎住，再在某种颜色的染液中浸染。

3.转移染色扎染法

转移染色扎染法是先将扎染材料如小布块、线、绳等用不同颜色的染液浸透，挤去多余的染液，然后将浸渍了染液的小布块用被扎物包住扎紧或用浸渍了染液的线或绳对被扎物进行捆扎，最后浸水染色，此时的染色可使扎染物获得一个主体颜色。染色时，由于染液提供了合适的温度，小布块、线、绳上的各色染料就能够转移（因为浓度差）着色于被扎物，转移着色得到的色彩分布于主色之中，起到锦上添花的作用。

4.提染法

提染法就是将被染物一部分浸入染液，其他部分提在染液之外的局部染色法。用提染法进行分部位提染能得到多色的效果。通过控制被染物在染液中浸染部位的大小和浸染时间的长短，可得到颜色的均匀过渡（晕色）效果。提染法可与叠夹或叠捆配合染色，也可以只折叠不夹、扎，然后进行提染。

第二节　蜡染技法

蜡染是用蜡进行防染的染印方法。一般是将熔化了的蜡液用绘蜡或印蜡工具涂绘或印于织物上，蜡液在织物上冷却并形成纹样，然后将绘或印蜡的织物放在染液中染色，织物上绘或印蜡部位的纤维被蜡所包裹，染液不能渗入包裹纤维的蜡层，使纤维不能被染着，其他没有绘或印蜡的部位被染料着色，织物脱蜡后形成图案。

一、制作蜡染的材料和工具

1.材料

（1）面料：制作蜡染的面料有真丝类面料、纤维素纤维类面料（如棉、麻和黏胶纤维等）。

（2）蜡：蜡的种类包括动物蜡、植物蜡和矿物蜡。蜂蜡为动物蜡，熔点为62~66℃，有一定韧性和黏性，不易碎裂，常用于制作精细线条的蜡染效果。白蜡为植物蜡，柔韧性、黏性不如蜂蜡，为了节省蜂蜡，白蜡经常与蜂蜡混合使用。石蜡为矿物蜡，熔点为45℃，柔韧性小，易碎裂，常用于制作蜡染的冰纹效果。为了蜡染效果的需要，不同性能的蜡也经常混合使用。

（3）松香：松香可作为蜡液中的辅助材料，可使蜡松脆易裂，与蜂蜡混用可调整蜡的韧脆性。

（4）染化料：染纤维素纤维（棉、麻、黏胶纤维等）面料的染料有：直接染料、还原染料和活性染料。染真丝面料的染料有酸性染料、毛用活性染料。

涂料可用于各种纤维材料的着色。

促染剂、固色剂等可用作染色的助剂。

2.工具

（1）绘蜡工具：毛笔、板刷。毛笔用于绘制线条和中、小面积涂刷上蜡；板刷用于较大面积的上蜡。

蜡刀、蜡壶，如图7-15所示，用于精制线条的上蜡。蜡刀的作用类似于绘图的鸭嘴笔，两片（或四片）铜制刀嘴内蘸取热蜡，由于含蜡有限，需要不断地蘸取热蜡，长线条的绘制会有间断。蜡壶内有一定的容积，热蜡液通过漏嘴可绘制较长的线条，但也要不断地对蜡壶进行加热，以免壶中的蜡液凝固。

图7-15　蜡刀、蜡壶

（2）印蜡工具：用铜皮弯曲后，集结成型，取其断面构作纹样，这是爪哇批量制作蜡染的工具。用这种工具蘸取蜡液，然后印制于面料上，所得纹样线条流畅，制作蜡染的工作效率也高。另外，用木板刻制的凸版，也能用于印蜡。

为了更大规模生产蜡染花布，工业化生产用的铜辊印花机也被改装成印蜡设备。"冷蜡"的应用，使绢网花版也能被用来印制"蜡液"。

（3）熔蜡器具：电炉、烧杯、搪瓷杯等。

二、蜡染的制作过程

蜡染的制作过程为：设计稿图、描稿→上蜡→制作蜡纹→染色→除蜡→整烫。

1.设计稿图、描稿

设计稿图首先要明确所要制作蜡染的风格。贵州蜡染以精制的线条纹样，来表达少数民族所特有的质朴；爪哇蜡染线条流畅，纹样精美，设色自然绚丽；现代蜡染用毛笔、板刷绘蜡，在上蜡时也借鉴了其他艺术门类的技巧，表现的图案更加贴近现实、时代感强，并以自然天成的蜡染所独有的"冰纹"见长。如不能很好地深刻体会上述蜡染的艺术风格，很难在设计稿图中有所作为。设计稿图要有借鉴，不借鉴就没有创新。将不同的艺术表现手段、风格有机地融合是设计创新的最佳选择。

设计好的纹样，被描于要进行蜡染的面料之上，以便绘蜡。描稿时最好用铅笔，切忌用复写纸。对蜡染造诣精深的人可以不用描稿，直接在面料上绘蜡。

2.上蜡

上蜡是决定制作蜡染成败的关键，上蜡所使用的工具是制作蜡染的手段，用心和经验是上蜡的可靠保障。

（1）熔蜡：绘蜡前要将蜡材熔化，经常应用的是石蜡、蜂蜡和松香。根据蜡染图案的不同要求，石蜡、蜂蜡可单独使用，也可几种蜡材混合使用。石蜡性脆，蜡层易裂，上蜡染色后，容易形成蜡染特有的"冰纹"（也称为龟纹）。单独使用石蜡进行上蜡制作的蜡染图案，纹样粗犷豪放，蜡染"冰纹"自然天成。蜂蜡性柔，蜡层黏韧，不易断裂脱落。用蜂蜡单独上蜡，绘制细线，染色后得到的线条精致细腻。将蜂蜡和石蜡混合应用，目的是为了调整蜡层的脆、韧性，在其中（蜂蜡与石蜡的混合体中）再混入少量的松香，有助于蜡层更易形成蜡纹。蜂蜡与石蜡的混合比例有7∶3、1∶1、2∶3和1∶4等。混蜡主要是根据蜡染图案效果和染色加工的要求来决定混合比例的。如果蜡染图案需要有比较重的"冰纹"效果，那么，石蜡的比例就要多些；蜡染图案要求有精细流畅的线条，并且对"冰纹"效果要求淡些的，蜂蜡的比例要高些。蜡染染色加工时，如果染色过程中织物上的蜡层容易脆裂脱落，那么，从蜡染染色的工艺角度考虑，就要适当加大蜂蜡的混合比例。蜡层的脆裂性能还与环境的温度有直接的关系，温度低的环境（比如冬季）蜡层相对容易脆裂。所以，混蜡比例要根据具体条件，通过试验来最终确定。

熔蜡可以用搪瓷杯、盆（或烧杯）直接在电炉上熔蜡，电炉要用调压器控制温度，避免熔化的蜡液冒烟，甚至起火。一般，蜡液的温度控制在130℃以下。

熔蜡还可以用水浴间接加热，但蜡液的温度最多能到100℃。用水浴间接加热熔蜡比较安全。

绘蜡时，热的蜡液遇到织物会冷凝成固体，因此，绘蜡时蜡液的温度应有要求，一般，绘蜡蜡液的温度要求适当，即要求该温度的蜡液在绘到织物上，完全固化前，能将所绘部位的纤维充分浸润，凝固后蜡层能将纤维紧密包裹，但不能使蜡液向四周渗化。蜡液的温度过高，绘制时蜡容易渗化导致边界不干净、不整齐。蜡液的温度过低，蜡液一触到织物还没有来得及向织物的内层渗透即凝固，染色时蜡层不能起到防染作用，甚至还会从织物上脱落下来。但有的时候，蜡染图案需要有不同的防染效果来表达深浅层次，这时候就可以选择不同温度的蜡液来上蜡，染色后会形成深浅不同的机理效果。所以，绘蜡时蜡液的温度也要根据具体的客观条件（如环境温度、蜡染图案的要求、绘蜡方法等）通过试验来确定。

（2）绘蜡：绘蜡是使用各种上蜡工具，按照面料上所描绘的图稿，用热的蜡液进行描绘，不被描绘的部位将在染色时着色，被描蜡的部位因蜡的防染作用而留白。

①毛笔、板刷上蜡：上蜡前，要将描好图稿的面料下面垫上废旧报纸或绷于木框上，

以防蜡液渗透布面而沾污承载台面。

用毛笔、板刷上蜡是最常用的上蜡方式。毛笔的种类比较多，常常选用书写用毛笔，书写用毛笔一般分为大、中、小楷不同的规格。小楷用于绘制比较细的边线，大楷用于绘制粗一些的纹样。

用板刷上蜡主要用于蜡染图案块、面位置的防白（留白）需要。与毛笔上蜡类似，上蜡的蜡液温度和行笔速度将影响上蜡的效果。

为了达到好的防白（留白）效果，一次上蜡还不行，还要进行多次上蜡。一般粗线条和块、面位置，正面上两次蜡，必要时反面再上一次蜡。非常精细的线条，两次描蜡容易导致线条变粗，所以要在一次上蜡时准确把握上蜡的效果。

其他"毛笔"如油画笔等可根据图案的需要用来上蜡。另外，鬃毛刷、丝瓜瓤等也可以当做笔用来上蜡。

上述绘蜡笔、刷等都是用动物毛制成的，因动物毛不能经受太高的温度，所以，从笔、刷的耐用角度考虑，上蜡时，蜡液的温度不能很高。

②铜蜡刀、蜡壶上蜡：精确的细线必须要用特制的绘蜡工具完成上蜡。铜蜡刀是贵州等西南少数民族地区的人们制作蜡染必备的上蜡工具，蜡刀有大、有小，刀口有直线形和弧线形。

流畅的线条也可以用蜡壶来进行上蜡。蜡壶内能存一定量的热蜡液，如果能保持壶中蜡液的温度，绘蜡就能连续地进行，绘制线条时，可不间断地绘蜡是蜡壶绘蜡的特点。

用蜡刀、蜡壶上蜡只需一次上蜡即可。蜡刀、蜡壶上蜡对图案的把握比较精确，用这种方式上蜡制作的蜡染产品其风格细致、精美。贵州传统蜡染是蜡刀上蜡方式的典型代表。此外，爪哇蜡染的手工上蜡是用蜡壶来完成的。

③甩、泼法上蜡：借鉴中国画泼墨的绘画技法，用不同温度的蜡液甩、泼于面料上，染色后会得到难以预料的防白（留白）肌理。这种肌理自然天成，或深、或浅、或浓、或淡，再配以变幻莫测的"冰纹"，效果更加绝妙。

（3）印蜡：印蜡有两种方式，一是凸版蘸热蜡液印蜡，另一个是丝网版漏印"冷蜡液"印蜡。

①凸版蘸热蜡液印蜡：典型的凸版蘸热蜡液印蜡模版就是爪哇蜡染所用的铜质印版，如图7-16所示。这种模版主要的特点是印制线条，同时有利于批量加工。它的艺术表现力在于后面的施色处理。铜质模版有利于模版快速吸热并保持所蘸蜡液的温度，最终还是有利于印蜡。

用木板刻制的凸纹模版，也能用于蘸蜡印蜡，但效果不如铜制的模版。

②丝网版漏印"冷蜡液"印蜡：用丝网版印蜡

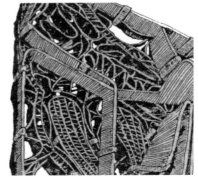

图7-16　凸版蘸热蜡液印蜡模版示意

所用"蜡液"与常规蜡染所用热蜡液不同,被称为"冷蜡液"。一般的丝网印版不耐热,所以不能用热蜡液印蜡,必须配制特殊的"冷蜡液"。

下面介绍一种"冷蜡液"的配方。

乳化松香	30%~50%
氟碳系拒水整理剂	1.5%
聚丙烯酸酯树脂	5%
合成增稠剂	1.5%
水	x%
合成	100%

上述所谓"冷蜡液"的配方,实际上就是一种特殊的"印花色浆",这种"色浆"与一般常规印花色浆一样,用丝网印制非常方便,印制后,被印部位具有防止染料上染的作用。

丝网版漏印"冷蜡液"印蜡,制作蜡染的效率极高,可连续化加工,但是,这样的加工会失去蜡染的艺术魅力。

(4)漏版型印法刷蜡:用有一定厚度的纸板镂刻出花纹图案,成为花纹形版,再将形版用桐油处理,之后就可以将这样的形版铺放在要上蜡的面料之上用板刷上蜡。上蜡时要控制好蜡液的温度,既要保证蜡液能渗入面料,又要避免蜡液从形版边界渗开,影响图案的效果。漏版型印法刷蜡适于块、面蜡防效果的图案,制作中有利于重复纹样的上蜡。

(5)"版蜡"法上蜡:与前面上蜡不同,"版蜡"法上蜡所用蜡料在上蜡时为"干蜡",即固体蜡。具体做法为,先用木板刻出图形,成为凸纹模版,然后将面料暂时粘在凸纹模版上,在面料上模版凸起的部位用蜡擦出图形,擦下的蜡粉与面料的纤维沾附,同时包裹住纤维,这样,在染色时能起到防染的作用。"版蜡"法上蜡可能源于西南地区少数民族,这种上蜡方式与承压热铜鼓有密切关系。

3.制作蜡纹

"冰纹"也叫"龟纹",是蜡染所独具的纹样肌理。面料上蜡后,织物上的蜡层会依其自身的物理性能(柔韧、硬脆性能),产生不同程度的龟裂,上蜡面料在染色时,染料会透过织物蜡层的龟裂对织物着色,从而形成"冰纹"。硬脆的蜡层容易出现龟裂,柔韧的蜡层不易出现龟裂。蜡层龟裂的产生与其所处的环境温度有直接的关系,温度越低,蜡层越易龟裂,所以,夏天制作蜡纹可利用冰箱先将上蜡的面料冷冻降温。

蜡染图案中,块、面部位根据图案的需要配以不同效果的蜡纹,较细的线条部位一般只配以较少的蜡纹,线条的蜡纹过多会使流畅的线条失去生机。

4.染色

因蜡染的染色是通过蜡来进行防染的,而蜡的熔点一般在45~65℃左右,所以,蜡染的染色就不能用常规的染色方法在较高的温度下进行。通常,蜡染染色是在室温的条件下进行的。但是,染色时升高温度有利于染料向纤维内部扩散,有利于染料的上染,那么,在室温下染色就要克服染料不利于向纤维内部扩散的缺陷，而用其他的方法来强化染料的扩散上染。可用比常规染色染料用量多的染液染色，从而强化染料向纤维内部的扩散；在染液中加入促染剂可有效地促进染料的上染；延长染色时间也可使更多一些的染料上染到织物之上。蜡染染色有浸染法和刷涂活性染液的冷堆置法。表7-2中提供了蜡染染色的一些基本内容，读者可以参照图表内容结合常规染色的具体要求来进行操作，但要注意蜡染染色要在室温下进行，最高不能超过50℃，以免防染蜡层软化甚至脱落。

表 7-2　蜡染面料种类、染化料和基本染色条件

面料	染料	染色助剂	染色条件
纤维素纤维类（棉、麻和黏胶纤维等）面料	直接染料 还原染料 活性染料	$NaCl$ 或 Na_2SO_4（促染）、固色剂 烧碱、保险粉（使染料可溶） $NaCl$ 或 Na_2SO_4（促染）、小苏打或纯碱（固色）	加盐促染，室温染色 室温染色 采用冷轧堆室温染色
真丝类面料	酸性染料 毛用活性染料	醋酸（促染）、Na_2SO_4（匀染）、固色剂 氨水、醋酸、Na_2SO_4	高浓染料加酸促染，室温染色 采用冷轧堆室温染色

无论是纤维素纤维面料（棉、麻、黏胶纤维）还是蛋白质纤维面料（真丝等）的蜡染，用相应的活性染料选用冷堆法进行染色。活性染料冷堆法具体的操作是，用常规活性染料一浴法（活性染料、促染剂和碱剂一同混配在染液中）配置染液，然后将染液刷涂于上蜡的面料上，使染液吃透面料上未上蜡的部位，同时，也要用刷子将染液刷入蜡层龟裂的裂纹处，让染液透入蜡层的裂纹深入到面料的纤维上。最后，将刷涂了染液的面料平铺在一块比面料略大的塑料薄膜上，将塑料薄膜和面料一同卷起，再将卷起的两端多余的塑料薄膜扎紧，室温放置24h即可完成染料的上染。

染色完成后，应将面料上未能着色的染料（浮色）用水冲掉，对于水洗牢度不佳的染料，比如直接染料、强酸性染料等，还要用固色剂进行必要的固色处理。

5.除蜡

染色、水洗、固色之后，面料上的蜡层要被除去。除蜡的方法有两种。一是用沸水除蜡，蜡染面料浸入沸水中，蜡层被热水加热熔化，从面料上脱落进入热水，实现脱蜡。二是熨烫吸附除蜡，用一些吸附能力强的纸如废旧报纸、书写纸等覆盖于面料的蜡层上，再用热熨斗在纸上熨烫加热，蜡层遇热熔化后被吸附能力强的纸吸附，从而实现除蜡。为了将蜡除净，沸水除蜡和熨烫吸附除蜡可进行多次。

6.整烫

除蜡后的蜡染面料，进行必要的热水皂洗（进一步去除浮色）、水洗后，用熨斗烫平，即成为一件蜡染作品。

三、彩色蜡染的制作

我国传统的蜡染一般都是用靛蓝染色的，幽幽沉静的蓝白蜡染纹样带给了人们无限的遐想。现代蜡染在继承了传统蜡染精神和借鉴国外蜡染技法的同时，进行了不断的创新和发展，彩色蜡染大大丰富了蜡染艺术品的色彩。

彩色蜡染的制作虽然可以用套染的方法（上蜡→染色→除蜡→再上蜡→染另一种颜色→除蜡，如此重复数次）完成，但这样做很繁琐。局部刷染是一种既有效又理想的制作彩色蜡染的方法。局部刷染可在上蜡前进行，也可在除蜡后进行。刷染所用的色料可用印花涂料，也可以用染料，比较合适的染料是活性染料。

1.上蜡前局部刷染法

依据图案的色彩要求，上蜡前对面料上的图稿进行填色刷染。

用印花涂料色浆刷色，刷涂色浆要薄而均匀，否则会使着色部位手感发硬。即使如此，用涂料刷色依然要比用染料刷色的手感硬。刷色干燥后，用电熨斗对刷色部位实施熨烫固色，然后上蜡，用蜡液将刷色部位封闭，之后进行染色。

用活性染料刷色后要进行必要的汽蒸或冷堆置，然后才能够对刷色部位上蜡封闭，最后染色。

上蜡前进行刷色，所用色料（印花涂料、活性染料）的颜色应当比上蜡后染色时的染料颜色浅淡或色相明亮些，也就是说，上蜡后染色的染料颜色要能遮盖刷色着色的颜色，更直接地说，就是后边整体染色的染料颜色要比上蜡前局部刷色的颜色深浓。

2.染色除蜡后局部刷染法

蜡染染色除蜡之后，对防白的部位进行填色刷染，这是最好的多色蜡染制作方法。用印花涂料色浆和活性染料溶液（或色浆）均可进行局部刷色。印花涂料色浆刷染、干燥后，要用电熨斗熨烫固色，活性染料刷色后，要进行汽蒸上染固色或冷堆置上染固色。

印花涂料熨烫固色的条件为150℃，3min；活性染料汽蒸固色的条件为100~105℃，30~40min；活性染料冷堆置固色的条件为，在保障刷色部位一定湿度（染液刷色后用塑料薄膜包裹保湿）的前提下，室温放置24h。

第三节　型印与蓝印花布

一、型印

型印就是在纺织品上以型取形，型就是模板，通过各种类型的模板，在织物上形成图案。在纺织品染印技术的发展史中，型印模板的出现意味着真正意义的印花的开始。从模板的类型来看，型印模板可分为凸纹模板和镂空版模板。如果从型印工艺来分类，型印又可分为直接型印和防染型印。

1.凸纹版型印

凸纹版有陶制凸纹、木制凸纹和铁制凸纹，以木制凸纹为最多。古代的凸纹印制只印一套色的花型，以形成整体的布局，其他的花、色，由手绘完成。

凸纹版型印从工艺角度看，可分为凸版直接型印和凸版防染型印。

（1）凸版直接型印：凸版直接型印是用模版直接蘸取色料，然后印在织物上，犹如盖图章一样。在当代的纺织品艺术染印技法中，凸版材料的选择也不再局限于上面所提到的木制的、金属的等材料，可以随意使用手边所能触摸到的各种物品和材料，如萝卜、橡皮、树叶、丝瓜瓤等等，有的是取其形，有的是取其肌理。我们也可以使用包装用的废弃泡沫板，对其雕刻，然后再进行凸版印制。凸版型印对于面料轻薄，表面平整细密的织物效果较好，这是因为凸纹所蘸取色料的量是有限的，凸版所携色料量少时，很难充分浸润蓬松而厚的织物使其均匀着色。所以，现代的滚筒印花机的花版反而都是凹版的（凹纹版的凹纹相对的能更多一些色料）。凸版型印蘸取的色料可以使用常规的印花色浆，涂料印花色浆最为方便，印制烘干后，用熨斗熨烫便能完成固色（150℃，3 min）。染料印花色浆最好使用活性染料色浆印制（用于纤维素纤维类和真丝面料），但印制后必须进行汽蒸（100~105℃，30~40 min）。

（2）凸版防染型印：凸版防染型印是先用凸版印防染剂（如蜡液等），然后在染液中染色，花纹部位印有防染剂，染色时不能上染，就会形成防染花纹。在前面第二节中介绍的蜡染上蜡方法的凸版蘸热蜡液印蜡就是凸版防染型印的一种。

凸纹版型印是用两块花纹一样的凸纹模版将织物夹紧，若凸纹花型为封闭环状，那么，封闭环状内，模板的基版上要打孔，以利排除空气，这样有利于在之后的染色中，染料能够上染应该上染的位置。如图7-17所示。

图7-17　凸版防染型印图例

2.镂空版型印

镂空版型印的工艺也可分为两种，一是镂空版直接型印，二是镂空版防染型印。

（1）镂空版直接型印：镂空版直接型印是将色料漏过纸质或聚酯薄片的镂空模板，直接在织物上形成图案并着色的印花过程，这种方法也叫镂空版直接漏印。

①镂空模板的制作：镂空模板的材料多为纸质材料，牛皮纸物美价廉，经常被用来做模板材料。

模板材料应具有防水性，而且，应具备一定的强度和韧性。纸质的模板材料要进行防水处理，具体的做法是，在镂空的模板上涂亚麻油或桐油（一般先刷一遍生桐油，再刷一遍熟桐油），也可薄薄地涂上热的石蜡熔液。

模板的图案设计：图案的表达可以是各种各样的题材，从简单到复杂，从传统到现代，各种图案都可以采用，也可以进行多色的套印。但需要注意的是在图案设计时，要考虑型印制版的工艺局限，也就是在刻制花纹图案时，连接花纹与花纹之间的纸不能断开，如同剪纸一样。完全封闭的图案较难表达，只有经过特殊的技术处理，保持型版的完全连接，才可以表达出来，型印的图案效果有一种独特的味道。

与一般印花相比，型印花版的大小不受限制，而且花版的套数也不受限制。但对于连续重复循环的纹样，也没有必要把花版做得很大，要有利于方便操作，做一个循环就可以，纸版的宽度要比实际花型宽，以免印制时色料从花版的边缘溢到布面上。型印可以实现多套色的印制，一套色一个型版，由于对花完全靠手工操作，所以对花的精度不会很高。虽然花版的套数不受限制，但也不宜过多。

②镂空型版印制：印料可以用涂料印花色浆也可以用染料印花色浆。操作时将镂空型版铺于被印制的面料上，用毛笔、板刷等蘸色料（一般为色浆）刷印，或用刮板刮印。也可再次在型版上覆以空白丝网，将印花色浆倒于丝网之上，用印花刮刀将色浆均匀地刮漏于被印面料上。印制的花纹得色均匀。

涂料色浆的处方参见涂料印花部分。

染料色浆的印制以活性染料为主，参见染料印花部分的内容。

③后处理：涂料色浆印制后，待面料上花纹处干燥，再进行焙烘或熨烫（150℃，3 min）。活性染料色浆的印制要进行汽蒸（100~105℃，30~40 min）。

（2）镂空版防染型印：镂空版防染型印是通过镂空型印花版，先在织物上印制防染剂，然后染色，印花部位有防染剂，染料不能上染从而形成花型的印花过程。在第二节蜡染技法中介绍的漏版型印法刷蜡的蜡染技法就属于这种防印方法。著名的蓝印花布的印制技法同样也属于镂空版防染型印，因为蓝印花布太著名了，所以，必须在下面专门加以介绍。

二、蓝印花布

蓝印花布的制作过程如下：

1.制作镂空花版

与镂空版直接型印的镂空刻制法相同，但技法更为复杂，概括起来有如下四种技法：刻去纹样部分，染地部色，得色地白花效果，如图7-18，称为阳刻法；刻去地部，染花纹色，得色花白地效果，如图7-19，称为阴刻法；刻去纹样轮廓线，染花、地色，得色布白描花纹效果，如图7-20，称为线条阳刻法；保留纹样轮廓线，刻去其余部分，得白地蓝线描花纹效果，称为线条阴刻法。

上述这几种刻法，在同一型版上，既可单独使用，也可混合使用。

在设计蓝印花布的镂空花版纹样时，型纸的花纹与花纹之间必须相连，如剪纸一般，而且设计的花纹布局，也要注意上下左右的平衡协调，连续的花纹，只刻制一个单元的花

图7-18　阳刻法图例

图7-19　阴刻法图例

图7-20　线条阳刻法图例

型即可，但要注意处理好循环连接处花型的关系。同时，考虑到方便上浆及移动操作，型纸的长宽必须大于纹样的长宽。

2.型版的防水处理

参看镂空版直接型印。

3.防染浆的准备

蓝印花布的防染浆是由石灰粉和黄豆粉加水调制而成的。石灰粉和黄豆粉的比例为3：7，然后加入一倍的水。石灰粉和黄豆粉需预先加水浸泡，使其完全浸透后再搅拌，直到调成浆状。浆料不宜太稀和太干，石灰和豆粉都是越细越好，越新越好。

4.刮印防染浆

将镂空花版摆放在要印的织物上，用刮板将黏稠的防染浆刮印在织物上，晾干，背面涂上（一遍）新鲜的黄豆浆（由于防染浆比较黏，只刮印到布的正面，背面的防染效果自然比较差，刷一遍黄豆浆之后，背面的防染效果会明显提高），刷好后，放置阴干。

5.染色

染色可用活性、还原、直接等染料浸染。传统的蓝印花布使用天然靛蓝染色。天然靛蓝取自于蓝草，蓝草的品种有很多，如产于河北安国、江苏南通、浙江等地的十字花科菘蓝为二年生栽培植物；产于四川、云南、贵州、湖南等地的爵床科马蓝为灌木状多年生草本。蓝草一般在小暑前后、白露前后两期采集。取净叶14 kg（28斤），石灰6 kg（12斤）拌成一料，四料便可做成一担蓝靛，因形如淤土，故又称"土靛"。用"蓝草"植物的色素制成的染液，在室温下进行多次染色，每染一次要取出透风氧化。一般染色次数浅色3~4次，中色7~8次，深色10次以上。

6.显色

刮除防染浆，显色。

7.清洗、晾干

清洗、晾干后，即为成品。

第四节 手绘、泼染、盐染

手绘纺织品具有"独一无二"的特点，符合现代社会追求个性的审美心理。手绘还具有自由多样的表现形式。因印染技艺的发展，可用于手绘的材料很多，手绘图案的表达方式也越来越丰富，如水彩画的效果、装饰画的风格、国画工笔的神韵、写意画的意境等等，都可以通过不同的手绘方式表达出来。手绘可直接将创作者的艺术思维和理念表达出来，也可将制作者的艺术技巧更充分地表现出来，避免了印花制版时所强调的限制，所以，手绘更强调艺术表现。手绘不像印花那样受到印版套数的限制，色彩的运用可以随心所欲，可表达丰富的色彩效果。

泼染应归类于手绘，它具有现代人的理念。泼染是运用自然变化的色彩在面料上构成和谐、丰富的彩色空间。泼染是染印纺织品视觉效果中形与色的自然表现。

盐染是泼染的亲密兄弟，在刚刚进行泼染尚未干的面料上有目的地撒盐（食盐），就能得到奇妙的肌理效果。盐染是泼染的进一步创新。

一、染料与颜料手绘

1.手绘材料和工具

（1）手绘对象：适合于手绘的面料有很多，以天然纤维面料为佳，其中丝绸为最佳。丝绸中常用的有双绉、电力纺、花绉缎、素绉缎、乔其纱等。衣片和成衣都可以作为绘制对象。纯棉针织汗布制作的圆领T恤也常常用来作为手绘的对象。

（2）手绘色料：用于手绘的色料有染料色料和颜料色料。用于手绘的染料有活性染料（配合促染剂食盐，固色剂碱剂，用于纤维素纤维类、蛋白质纤维类面料），弱酸性染料（配合促染剂冰醋酸，用于蛋白质纤维类及锦纶面料），中性染料（用于蛋白质纤维类面料）等。涂料印花色浆可作为手绘颜料色料，适用于大多数面料。丙烯颜料，也属于颜料色料，它的颜色品种齐全，色彩鲜艳，牢度好，稀稠可用稀释剂调节，特别适合于难于着色的化纤类织物，如丙纶面料的手绘，但成品的手感较差。

（3）画笔：根据画法需要，准备手绘用笔。中国毛笔——作线、面、晕染、挥写等；油画笔，水粉、水彩画笔——用作涂抹；不同型号的底纹笔，毛刷——用作刷染。

（4）其他器具：烧杯、量筒、称料天平；玻璃杯、塑料杯、不锈钢杯、盘、桶、调色盘等；电炉、电吹风、电熨斗及蒸锅；固定织物的木框等。

2.手绘制作

手绘的步骤为：设计→描绘样稿→色料配制及试样→手绘→后处理。

（1）设计：设计包括工艺设计和图案设计。工艺设计就是根据所绘面料的材料选择和调配所要用的色料，并且确定手绘完成之后的后处理方式。

图案设计应首先依据所绘对象的用途并配合服饰效果，来进行总体设计，如造型风格、款式和装饰部位等。然后才是具体的纹饰色彩的设计，如纹样构成、色彩色调、表现手法等。

（2）描绘样稿：图案设计后将所设计的样稿描绘于所绘面料上。描绘可用铅笔或者划粉、木炭条，淡淡地画出线形轮廓，要求在色料手绘时既有形象可依，在色料着色后又不显露线迹。

（3）色料配制及试样：手绘染料色料的配制可参考纺织品染料印花色浆的配方，手绘时，根据具体需要，调整染料色浆中糊料（或增稠剂）的用量来控制色料的稀稠。

手绘颜料色料的配制可参考纺织品涂料印花色浆的配方，同样，也可根据具体需要，调整涂料色浆中增稠剂的用量来控制色料的稀稠。

色料颜色的深浅、稀稠程度，可在要绘制的布样上进行试绘，再根据上述配方进行调整，也就是在手绘之前，要进行小样的试验，因为不同质地的织物其吸水及吸色性质各不相同，为了更准确地表达理想的色彩效果，应先在小块的布料上试笔，试笔时可作"平涂"和"晕染"两种不同的手法，注意其色彩的深浅，水分的吸收和渗化以及干燥显色后的效果，以决定采用的色彩和所配制色料的稀稠。如果有多次调制色料和绘制的经验，可从先前的记录数据中选取具体配方。

（4）手绘：绘制所用的面料应经过充分的前处理（仿古效果的布料有时只经过轻度的前处理），布料应烫平，并且最好绷在准备好的木框上。比较薄的面料、图案需要渲染的面料，要绷在木框上，以免影响绘制效果。

手绘应遵循"大胆落笔，细心收拾"的原则，尽量在绘制的过程中一气呵成，不做或少做改动。当然，绘制的效果及艺术感，从根本上是由制作者在绘画上的造诣决定的。

手绘纺织品常常借鉴其他艺术形式的绘制技法，如装饰画技法、水彩画技法、中国画技法等。

①装饰图案的画法：装饰图案主要是指以色块和线条所组成的图案，图案的颜色可以使用平涂的方法绘制。绘制时，依据图案，可用毛笔、油画笔、板刷等。颜色要涂均匀，边缘要画整齐。

由于没有晕色的效果，所以，使用的色料（颜料或染料）要有一定的稠度，以免颜色在面料上渗化。

有时，图案的颜色很多，没有必要一一配制，只需配制红、黄、蓝、黑以及图案中用色较多的颜色，其他的颜色可以通过混色来实现。在调制色料的浓淡、稀稠时，水、稀释剂和糊料的加入，要考虑染化料配方的比例，以免影响发色和牢度。

在使用两种以上的颜色绘制时，先从浅淡、鲜艳的颜色画起，至中间色，然后再画深浓的颜色，如黄、红、蓝、黑，先画黄，然后依次画红、蓝、黑。

②水彩画法：水彩画法即是将绘画中的水彩画法移植到纺织品的手绘中，如同水彩画一样，它主要是通过形体的明暗、色彩的冷暖以及水分的变化，真实而艺术的再现自然形象。

水彩画法要求色料稀稠、浓淡的变化较大，图案时而边界清晰，时而颜色相互交融，体现出自然天成的魅力。绘制时也是从浅色开始，由浅色至深色逐渐过渡，最后表现出水彩画般水色淋漓、真实生动的艺术效果（没有受过专业训练的人，此画法较难掌握）。

③国画工笔画法：工笔画是用工整细致的笔法描绘物象的绘画形式。工笔画法在纺织品上的应用，适宜于小型花鸟题材。工笔画的画法是先以白描勾线，再施色渲染。工笔画的渲染与水彩画不同，它的渲染均匀、精致、细腻、严谨，体现出绘画者的扎实功力。所以，在应用色料时，该稠则稠，宜淡则淡。

④国画写意画法：目前，我国许多手绘制品都是以写意画法制成的，题材多为花、鸟、鱼、虫。写意画要求用笔洗练，以少胜多，形神兼备。

画写意画要做到意在笔先，画前应对描绘对象的结构、生长特性以及画面取舍安排事先考虑好，做到心中有数。

具备了绘画技巧的人，要努力熟悉所绘面料的吸水性，色料在其上的渗化性能等，并且掌握各种手绘色料的着色原理，把握色料的浓淡、稀稠。

轻薄、细密、平整的面料有利于手绘效果的表达和手绘的制作。

（5）后处理：绘制好了的作品，还没有真正地实现着色，还必须进行后处理才可以得到较好的色牢度。

颜料色料所绘制的作品，一般选择低温自交联黏合剂，只需晾干或烘干即可。而高温黏合剂则要进行熨烫或焙烘。条件是140~150℃焙烘3~5 min。

染料色料所绘制的作品也要进行固色处理，即要进行高温汽蒸处理固色，之后，水洗、烫平。汽蒸时，为了防止水滴对绘画作品造成破坏，需用布将绘制作品包好，在100~105℃，蒸化30 min。蒸化后要进行水洗，洗除纺织品上色料中的糊料和浮色。最后烫平。

二、泼染

泼染法与国画中的泼墨法类似，国画中的泼墨是泼涂结合，图案效果朦胧自然。而泼染，由于布料本身的局限，在制作时，主要以宽板刷的涂绘为主，效果与泼墨无异。泼染实际上也是涂绘。

1.泼染工具和材料

（1）工具：各种宽度的板刷、宽口容器；绷布用木框；电熨斗、电炉和蒸锅。

（2）材料：用染料做着色色料，可以采用棉、麻、丝、毛、涤纶、锦纶等面料，无论薄型还是厚型的面料都可以。活性染料染棉、麻、丝绸、毛；酸性染料染丝绸、毛、锦纶。

2.泼染制作

泼染的构图设计实际上应依据色彩构成的原则，构图中不涉及具体的、具象的图形，只有颜色的变化，如颜色面积的大小、色彩明暗、彩度、色相的对比、组合以及节奏的变化。但并不是说平面构成就一点也不涉及，颜色是通过不同形状的面积表达的，离开了面积（无论是大还是小，哪怕是点），就谈不上色彩，所以，在构图时，也应考虑平面构成的原则。

泼染制作前，先将要泼绘的面料绷于木框上。然后将所用染料用水溶解，调成所需的浓度，就可以进行泼绘了。

泼绘制作时，按自己的预先设计构思，在大的法度下可随意刷色，力求气韵生动，各色之间应有一定的呼应关系，画面应有一个主色调。除了在色彩上的应有变化之外，在刷色时还应注意色块的形状、外轮廓应有的变化以及点、线、面的运用和节奏的处理。同时，制作时应快速进行，千万不要出现画面上有的地方的染液已干，而有的地方还没有刷上颜色的现象。泼染还可以与蜡染等防染技法结合运用。

泼染采用色彩构图，借助水色抒情。染料的色彩借助水的流动，在面料上竞相展现出自己的亮丽，同时它们又相互交融。大自然赋予的无限景象，都可以用五彩的颜色泼绘出来。天边的彩霞、茫茫的云海、无际的大漠、汹涌的海洋、四季的色彩、节日天空绽放的礼花等等，这些多彩的自然景象为制作泼染作品提供了生动的素材。

3.后处理

泼染的后处理与手绘基本相同。分散染料用于涤纶面料泼染的后处理可用热熔法固色（200℃左右，1.5 min）。

三、盐染

盐染法是在泼染法的基础上发展而来的。将粗盐粒有目的地撒在尚未干的泼染面料上，因盐粒的吸湿作用，泼染面料在接下来的干燥过程中形成了特殊效果的肌理。

1.盐染的工具和材料

所用工具与泼染相同，用于盐染的面料最好是长丝面料，如真丝面料。真丝面料用酸性染料、活性染料着色，不同大小的食盐颗粒用于制作盐染肌理。

2.盐染的制作

制作盐染的面料必须要绷紧于木框上。之所以选用长丝面料和将长丝面料绷紧于木框上，都是为了使盐染特有的肌理效果明显。由短纤维或长丝纤维构成的面料，吸水性能不同，这是因为它们的毛细管效应不同，短纤维面料比长丝纤维面料的毛细管效应强。毛细管效应弱有利于染液在面料上面移动。盐染时，面料被木框绷紧，面料中纤维之间的空隙很小，泼涂在面料上的染液就更容易流动，盐粒撒在泼染后的面料上面，因为盐粒结合水的作用相当强，并且盐能使有些染料发生聚集。这样，面料上面的染液会向盐粒的方向移动，聚集了的染料会从染液中析出，使盐粒周围染液的染料浓度降低，导致面料局部着色变浅。典型的盐染肌理是一种类似于流星一样的拖尾效果（也像流动的水滴）。泼染后，在不同湿度的面料上做盐染，会有不同的效果。随着布面上染液水分的蒸发，由盐粒造成的泳移痕迹被固定下来，形成一种特殊的肌理效果。

盐染法使用的染料，要求对被着色纤维的上染直接性小，这样有利于染料在织物上迁移，使盐染效果明显。

盐粒大小的选择和盐粒在面料上分布的控制，使我们能有目的地制作盐染的肌理。均匀地撒盐，使面料上形成的肌理，宛若满天流星；有节奏地一堆一堆地撒盐，面料上形成的肌理，似朵朵菊花。

盐染法也可以与其他染印技法结合运用，比如与手绘结合，盐染的肌理可以作为手绘的背景，起到烘托的作用。

此外还可以喷洒尿素、不同的表面活性剂，甚至可用还原剂、氧化剂，得到更多不同效果。

3.后处理

盐染的后处理与泼染相同。

第五节　手工转移印花

转移印花是先将图案印制或手绘于转印纸上，然后，通过压力、温度或一定的湿度，将转印纸上的图案转移到织物上，这样的印花称为转移印花。转移印花有热升华法、半湿法和脱膜法。转移印花纸的制作，工业上都是采用印刷的方法实现。热升华法、半湿法的转印纸制作除了用印刷法（凹版印刷、丝网印刷）外，还可以用在转印纸上手绘的方法制作。脱膜法转印纸的制作是用印刷的方法完成的。

直接印纸和直接印布的最大区别就是图案印制的清晰效果不同。纸张的表面远比织物的表面平整光滑，用印刷的方式将各种效果（照片、油画、水彩画等）的图案印于纸张上非常容易，然后，可将纸张上的图案转移印制到织物上。

手绘转印使转移印花实现了更加生动的艺术化制作。与在布上手绘相比，在纸张上绘画比较轻松和容易。

一、分散染料的升华法转移印花

升华法转移印花是针对分散染料而言的。用于涤纶面料着色的分散染料有一个特性，当温度达到一定的高度时，分散染料能直接从固体变成气体，这种现象物理上称为升华。分散染料的转印是在压力和热的条件下实现的，压力使转印纸与面料紧密接触，温度使分散染料升华为气态，气态的染料进入到涤纶的内部使涤纶着色，从而实现转印。除了涤纶之外，锦纶、氨纶和改性处理的棉、毛、丝等，也可以用分散染料来转移印花。

将分散染料调配成合适的印墨，用凹版或丝网的印刷方法制作转移印花纸。

手绘分散染料转印纸的制作，是用合适的分散染料调配成手绘色料，将手绘色料绘于合适的纸张上，得到转移印花纸。

无论是印刷方法还是手绘制得的转印纸，最后，都要用熨斗或烫印机将转移印花纸上的图案烫印到涤纶面料纺织品上（也可以烫印到锦纶、氨纶和经过改性处理的棉等面料上）。

1.材料

（1）转移印花纸：可以用后面介绍的方法制作转移印花纸，也可以到专门印制转移印花纸的工厂定做或购买。

（2）制作转印纸的染料：一般选择相对分子质量在300~500的分散染料，分散红3B、分散黄RGFL和分散蓝2BLN常常被用来作三原色使用，黑色配方如下：

分散红	3B	24%
分散黄	RGFL	28%
分散蓝	2BLN	48%

（3）面料：涤纶面料、锦纶面料、氨纶面料以及经过改性的棉织物面料。

2.制作转印纸

印刷法和手绘法都可以制作转移印花纸。

转印纸：要求转印纸的表面细密紧实，耐热，有一定的强度，对分散染料的亲和力低。

染料：用上面提到的三只分散染料作为三原色，黑色用三原色混配。

其他化学药剂：聚乙二醇、甘油、乙醇、异丙醇、甲基纤维素以及合成龙胶糊等。

纺织品印花的色料称为色浆，而印刷用的色料则叫做色墨（或油墨）。色墨有水性色墨、醇溶性色墨和油溶性色墨。用丝网印刷设备制作转移印花纸方便、省事。丝网印刷设备有四色印版，也有六色印版。四色印版有青、品红、黄和黑四色。六色为青、淡青、品红、淡品红、黄和黑。一般多数情况下用四色印刷。青、品红、黄和黑四色印刷被称为彩色网目调印刷，四块印版在被印材料上分别印出的四色图案网点，通过空间混色，使印制出的图案色彩丰富、多样。

用于丝网印刷的色墨配方。

（1）水性色墨处方：

分散染料	15份
合成龙胶糊	70份
水	适量

（2）醇溶性色墨处方：

分散染料	15份
甲基纤维素	4份
甘油	0.5份
乙醇	30份

异丙醇	30份
水	20份

按照上述配方，分别配出青、品红、黄和黑四种色墨，用四套印版印制转印纸。在印制时颜色的浓淡、色墨的黏度，还要根据转印纸的印制性，加以适当的调整。

手绘法制作转印纸依然是选用分散红3B、分散黄RGFL和分散蓝2BLN作为三原色使用。根据所需颜色的深浅，将染料用水调成合适的浓度。合成龙胶或海藻酸钠用水泡开，根据具体的稀稠要求调于染料溶液之中。

由于分散染料在染料溶液中的颜色和上染到涤纶后的颜色不同，所以，用分散染料手绘首先要对分散染料上染涤纶后的颜色有所了解，最好是进行试染。试染可以确定所配染料的浓度，并且，能准确地观察到混色的效果。

用配好的手绘色料在纸张上绘制，与一般的绘画无异。通过水与色的混合，可绘制出水彩画的转印纸；运用中国画写意的技法能够绘出水墨画的转印纸等等。转印纸上的图案转印到织物上之后，得到的图案与转印纸上的图案互为反像。如果要在织物上转印字体，那么，绘制到转印纸上的字体必须是反字。

3. 转印

经过印制或手绘得到的转印纸就可以进行转移印花了。转印前必须要将所印面料熨烫平整。将转印纸的图案面朝向面料，并平放于面料要印的位置，用电熨斗或烫印机烫印。电熨斗烫印过程中，注意不要将转印纸移动。

烫印的条件为：一定的压力，180~200℃，1 min左右。

二、活性染料的半湿法转移印花

半湿法转移印花是转印纸与织物在一定湿度的条件下，通过合适的压力进行的转移印花。转印纸上的染料为具有水溶性的活性染料，被转印的面料为纯棉面料。操作时，先将织物浸轧一定量的水，仔细控制面料上的含水量，使含水量达到合适的程度。转印时湿度太大容易造成转印图案模糊，湿度太小转印不充分。

同分散染料转移印花纸的制作一样，活性染料的转移印花纸也可以用印制和手绘的方法制作。

用于活性染料的转印纸是经过特殊涂层的纸张，使活性染料色墨在印制时不能过多地渗入到纸张的内部，并且纸张表面对色墨的亲和力要小。纸张选择表面平整、细密、紧实的，涂层处理剂对纸张表面的微孔具有填充作用，并且，涂层剂在成膜后其表面活性较低。

染料则选择固色率高且不易水解的活性染料，如B型、M型活性染料等。其他材料有海藻酸钠糊料、小苏打。

活性染料印制和手绘色墨处方为：

活性染料	5%~8%

海藻酸钠糊（6%浓度）	60%~70%
润湿剂	0.2%~0.5%
小苏打	3%~5%
水	适量
合成	100%

色墨在转印纸上的印制效果，可以通过海藻酸钠糊和润湿剂来调整。因活性染料的色谱较全，所以，基本色的选择比较方便。

用丝网印刷设备印制转移印花纸非常方便。因活性染料印制转印纸的工作尚处于探索阶段，其他方式的印制还需要今后不断地努力。

1.半湿法压轧转印

（1）面料给湿处理：半湿法转印，面料给湿处理非常关键。给湿可以采用喷雾法，它能有效地调整面料的含湿量，控制面料含湿在60%左右，并且使面料含湿均匀。面料上的含湿要保证转印纸上的图案完整地转移于面料上，而图案不能发生渗化现象。

（2）压轧转印：给湿后的面料与转印纸的图案面复合在一起，通过手持式轧滚或冷熨斗慢速地压轧，图案层就转移于面料之上。

2.后处理

经过压轧后，转印于面料上图案层中的染料并未与纤维牢固地结合，需要经过汽蒸才能实现着色。汽蒸的条件为：100℃，30~40 min。当然，用室温堆置的方法或是熨斗熨烫固色也是可以的。

汽蒸或冷堆固色后，经水洗，皂煮，水洗，最后烫平。

三、脱膜法转移印花

脱膜法转移印花是在热和压力的作用下，转印纸的整个图案层，借助于热熔性黏合剂（热熔性树脂）的作用，转移于被印织物之上的转移印花。脱膜法转移印花纸的结构至少应有四层。第一层为基纸层，该层为图案层的载体，要求质地紧密，表面光滑平整，有一定的强度和韧性，伸缩性小。第二层为剥离层，其作用主要为：花纸在烫印印制后图案层能够容易地从基纸上剥离。第一和第二层构成的纸被称为离型纸。第三层是图案层。第四层为胶黏层。胶黏层是由热熔性树脂组成的，转印纸烫印时，热熔性树脂熔融并渗入到织物中，冷却后实现黏结，这种黏结是将图案层与织物的黏结。图案层与离型纸的结合力远远小于与胶黏层的结合力，烫印后，离型纸很容易被剥离，图案层则留在面料之上。

脱膜法转移印花纸的制作需要通过印刷的方式，较难用手绘的方式制作。脱膜转移印花纸需要购买或到工厂定做。

前面所介绍的升华法和半湿法转移印花在面料上形成的图案是通过染料（分散染料、活性染料）对纺织纤维的着色实现的。而脱膜法转移印花在面料上形成的图案，是一层与面料紧密结合的膜层，图案附着在膜层上。所以，脱膜法转移印花印制图案的质感与其他转移印花印制图案的质感不同，脱膜法图案的质感有别于纺织面料的质感，有橡胶感、塑料感，如果离型纸为轧花纸，则图案的质感又可以有轧花皮革感。

脱膜法转移印花比较适合于在成衣和衣片上局部印制。

第八章　服装风格和功能整理

第一节　羊毛类服装的防缩及耐久定型整理

由于羊毛纤维特殊的鳞片结构和高弹、卷曲的性能，使羊毛类服装容易发生收缩变形，因此一般需要通过防缩整理避免发生变形。羊毛服装的防缩整理，就是通过特殊的整理手段，减轻羊毛服装水洗时的收缩变形。而超级耐洗整理则是更高要求的防毡缩整理，达到机可洗的防缩标准。通常经过防毡缩整理的羊毛服装有很好的尺寸稳定性，但还需要经过耐久定型整理来保持服装平整性和褶裥的耐久性。

一、羊毛服装收缩的原因

羊毛服装在水洗过程中的面积收缩主要包括松弛收缩和毡缩两方面原因。

（一）松弛收缩

毛织物的松弛收缩一般称为缩水。这是由于织物在纺织、染整加工过程中受到经向张力作用导致织物伸长的结果。虽然去除张力后，织物会逐渐回缩，但伸长部分不能完全恢复到初始状态，这就在织物内部形成了潜在的形态不稳定性，当织物或服装湿洗、干洗或熨烫时便会发生收缩。毛织物可通过预缩整理降低缩水率，对于毛织物而言，一般是在加工的最后一道工序，或在服装的裁制前，在完全松弛状态下喷雾给湿或蒸汽加热，并使织物自然干燥即可，精纺织物预缩后缩水率可降至1%以下。

（二）毛织物的毡缩

毛织物毡缩的主要原因是羊毛纤维特殊的鳞片结构，其高弹性和卷曲性也可以导致毛织物毡缩。

羊毛纤维表面被鳞片层所覆盖，鳞片的自由端指向毛尖，当纤维受到外力作用而移动时，纤维向毛根（顺鳞片层）方向运动时的摩擦力远小于纤维向毛尖（逆鳞片层）方向所受的摩擦力。这一特殊现象称作定向摩擦效应。当毛织物受到外力挤压时，迫使羊毛纤维发生移动，由于定向摩擦效应，毛纤维优先顺鳞片层移动，而当外力去除后，移动的纤维因受到相邻纤维鳞片的卡锁，羊毛纤维将停留在新位置上，并缓慢恢复卷曲形态，从而服装发生一定尺寸的收缩。如果这一过程反复进行，宏观上便表现出服装发生了不可逆毡化收缩的现象。羊毛类服装在水洗过程中，由于鳞片在水中发生溶胀，促进了鳞片自由端的张开，毡缩现象也更加明显。可见，防止羊毛服装毡缩的关键是降低羊毛纤维的定向摩擦效应和改变纤维的弹性，通常以降低定向摩擦系数的整理应用居多。

二、羊毛服装的防毡缩整理

防止毛服装毡缩的加工方法有两种，一是钝化或剥除纤维的鳞片，称为"减法"，另一种是在纤维表面施加树脂，填平或部分填平叠层鳞片的间隙，称为"加法"。为了追求更好的防毡缩效果和织物的机械性能，也可考虑"减法"、"加法"联合使用。

（一）"减法"防毡缩整理

利用氯化剂、氧化剂、蛋白酶或低温等离子体技术，将鳞片自由端腐蚀平滑，或者部分乃至全部剥除，降低纤维的定向摩擦效应，从而达到防毡缩的目的。

1.氯化法防毡缩整理工艺

二氯异氰脲酸钠（DCCA）或二氯异氰脲酸钾对羊毛鳞片实施氯化、氧化作用，钝化或剥除鳞片。此种方法在羊毛成衣防毡缩整理中应用较为广泛。

（1）剥鳞片：二氯异氰脲酸钠，3%~5%（对纤维重量百分比）；冰醋酸，1mL/L（调节pH=4.5~5.5）。

（2）工艺流程：服装浸水浴比1∶10左右（室温至30℃，均匀浸透）→加入预先溶解的DCCA→加入醋酸→氯化—氧化处理40~60 min→水洗（室温洗涤10 min）。

（3）脱氯：焦亚硫酸钠，3%~5%（对纤维重量百分比）；浴比1∶10左右；温度30~35℃，时间10 min。

（4）水洗：40℃洗涤10 min，2次→离心脱水→转笼烘干→熨烫→成品。

2.蛋白酶防毡缩整理工艺

氯化法因使用含氯助剂，会形成有机氯化物，污染环境，且整理服装手感粗糙、强力损失大，易泛黄等。因此，人们在致力于探索非氯化法的防毡缩整理技术。比如双氧水—中性蛋白酶对全毛华达呢服装防毡缩整理。

（1）工艺流程：服装浸水（室温至30℃，均匀浸透）→双氧水预处理→酶处理→水洗（40℃洗涤10 min，2次）→离心脱水→转笼烘干→熨烫→成品。

（2）H_2O_2预处理处方：H_2O_2，30 mL/L；H_2O_2稳定剂，5 g/L；渗透剂JFC，1 g/L。

在温度50℃下预处理60 min，然后用双氧水和酶水洗（双氧水酶2 g/L，45℃，15 min）以去除双氧水，准备酶防缩处理用。

（3）酶防缩处理：中性蛋白酶MXJ—WZ，7%~12%（对纤维重量百分比）。

在温度40~50℃下处理30~45 min，处理完成后，升温至70℃加热15 min灭活（杀灭蛋白酶的催化活性），水洗，离心脱水，烘干，熨烫。

（二）"加法"防毡缩整理

"加法"防毡缩也称树脂法，即利用聚合物的反应性在纤维间形成黏连点，限制纤维的移动，达到防毡缩的目的；或聚合物自身成膜覆盖于纤维表面，遮盖鳞片层，降低纤维的定向摩擦效应，达到防毡缩的目的；或将树脂等填充物施加于纤维鳞片层叠的"凹"处，降低定向摩擦效应，达到防毡缩的目的。目前应用最广泛的树脂是水性聚氨酯（PU）羊毛防缩剂，具有优良的防缩效果，依靠树脂薄膜对鳞片层的遮盖和在纤维之间形成黏联点双重作用达到防毡缩目的，如图8-1所示。

(a) 处理前　　　　(b) 处理后

图8-1　"加法"防毡缩整理示意图

羊毛衫防毡缩整理工艺：首先对毛衫进行预处理，用2 g/L的非离子洗涤剂溶液在30℃下洗涤毛衫10 min，再用1 g/L的Na_2CO_3水溶液碱洗10 min，离心脱水后放入含有水溶性聚氨脂2%（对纤维重量百分比）的工作液中，再加入6~9 g/L的$MgCl_2 \cdot 6H_2O$催化交联：浴比1：25，60℃，30 min，酸化处理（冰醋酸0.5 g/L，pH=5~6）30℃，10 min，再经柔软处理（柔软剂10 g/L）30℃，20 min、离心脱水、干燥、汽蒸定型（100~105℃），3 min，完成整个程序。

浸渍树脂整理液可在工业洗衣机或成衣染色机中进行。为了达到机可洗的防毡缩效果，也可以将上述的"减法"、"加法"联合使用，即先"减法"后"加法"整理。

三、羊毛服装的耐久定型整理

服装的耐久定型整理就是在热、压力并辅以化学助剂的共同作用下，使服装获得防皱和保持褶裥形态的加工工艺。

（一）纯毛华达呢裤定型工艺

将毛织物定型剂WPP-01配置成浓度为4%~6%的工作液，用喷枪对所需的定型部位均匀喷雾，对于褶裥的折缝处可重点施液，药液用量以喷雾部位织物的带液量40%~50%为宜，然后在蒸汽压烫机上定型，蒸汽压力为200~400 kPa，温度130~150℃。定型开始时用直接蒸汽汽蒸30 min，然后关闭蒸汽进行保湿焙固20 s，最后开启熨烫机抽冷数秒钟，裤子定型后放在通风处，使湿气散失。

（二）纯毛凡尔丁上衣定型

浸渍工作液：羊毛化学定型剂1%~2%，55~65℃，然后离心脱水（含水率70%左右），最后电热熨烫定型100~120℃，40~60 s。

第二节　纯棉服装的免烫整理

　　纯棉服装具有吸湿、透气、亲和皮肤等许多优良的服用性能，但在穿着过程中易起折皱而影响外观的平整度，服装的形状记忆整理能够改善其折皱现象。由于最初的形状记忆整理是以尿素和甲醛反应生成的高分子树脂而起作用，所以称为树脂整理。

　　通常将形状记忆整理分为一般抗皱整理、洗可穿整理、耐久压烫整理。一般抗皱整理是指服装通过反应性树脂整理后，抗干折皱性能提高，并在服用过程中保持平整不易起皱。一般抗皱整理的服装抗湿（态）折皱性能差，遇水后易折皱。"洗可穿"整理是指服装经整理后，不但具有抗干折皱能力，其湿弹性恢复也很好，服装洗涤后仍具有良好的抗皱性能，无需熨烫，洗后晾干即可穿着，"洗可穿"也因此而得名。

一、棉质成衣免烫整理剂及整理工艺

　　随着成衣整理设备和整理剂的发展，成衣整理技术不断革新，整理剂的施加方式由过去单一的浸渍法又发展了喷洒法，最近服装的立体（原型）整理方式在棉质衬衣免烫整理中得到应用。这在提升整理质量，节约整理剂、节能以及降低排污等方面均有很大进步。成衣免烫整理的服装通常有衬衫、裤子、夹克等。

（一）纯棉夹克的免烫整理

1.工作液

　　改性2D树脂60~100 g/L；氯化镁（不含结晶水）6~10 g/L；有机硅柔软剂 5~10 g/L；强力保护剂 5~10 g/L；渗透剂JFC 1~2 g/L；加水合成1 L。

2.免烫整理工艺流程

　　成衣→预处理→施加整理液→离心脱水→烘干→吹烫、压烫→焙烘→冷却。

　　改性2D树脂是在纤维大分子间形成交联的免烫整理剂；氯化镁是免烫树脂与纤维反应的催化剂；因整理后服装手感变得粗硬，断裂强力、撕破强力降低，加入柔软剂可改善服装的手感，减少强力下降；强力保护剂也具有柔软作用，主要防止强力下降过多；渗透剂的作用在于促进整理剂向服装材料内部的均匀渗透。

3.整理工艺分析

　　（1）成衣预处理：目的在于去除服装上的浆料和缝制时加的润滑剂以及一些污物，预处理液中加入5~10 g/L的洗涤剂，60℃处理10~15 min，浴比1：30，然后清水洗，离心甩干。预处理可以在工业洗衣机或成衣染色机中进行。

　　（2）施加整理液：整理液可以采用浸渍法，也可采用喷洒法。浸渍法施加整理液在工业洗衣机或成衣染色机中进行，浸液温度40~50℃，浸渍15 min，服装要完全浸透。喷洒法是将衣服穿在立体模特上，然后整体放入专用的喷液设备中，整理液通过雾化装置雾化，按照一定的速度与方向，喷洒于服装上，喷洒时间一般为10~15 min，再冷风烘干至带液量30%~40%。

（3）离心脱水：成衣浸液后带液量高、不均匀，且烘干能耗大，离心脱水后使成衣的带液量保持在60%~70%。

（4）烘干：在转鼓式烘干机中进行，温度55~65℃，烘干目的是使成衣的含湿量保持在25%~30%。

（5）吹烫、压烫：目的是使树脂发生部分交联反应，以保证服装在焙烘前保持一定的形状，特别是褶裥处。压烫处理和吹烫处理是在压烫机和吹烫机上完成。压烫或吹烫温度155~165℃，压力80~85Pa。烫后焙烘前的服装要挂起放置。

（6）焙烘：目的是使成衣上的免烫树脂充分交联，以获得褶裥固定和抗皱的效果。焙烘在烘箱或链式连续焙烘机上进行。温度一般在150~170℃，时间8~15 min。

（7）冷却：焙烘后自然冷却，约10h左右，冷却至室温或20~30℃。

（二）纯棉衬衫的免烫整理

立体原型免烫整理是成衣整理的新技术，主要用于高级衬衫的免烫整理，条件是将服装穿在模特上，进行整理液的施加、烘干及焙烘，整理过程中衣服始终保持在立体状态下进行处理。此方法给液均匀，使衬衫的所有部位同时与树脂发生交联反应而定型，明显提高了衬衫的平整度和衬衫的免烫级别，且整理效果的耐久性大大提高。

（1）工作液：树脂F-ECO，90 g/L；催化剂FM，15 g/L；保护剂HDP，5~10 g/L；柔软剂DF50B，25 g/L；渗透剂EH，1~2 g/L；加水合成，1升。

（2）免烫整理工艺流程：浸液→烘干→雾化喷液→立体压烫→熨烫→立体焙烘→冷却→水洗。

立体浸液：把衬衫穿在模特上，完全浸入配好的工作液中，浸液30 min。

立体烘干：将浸液的衬衫连同模特于60~65℃进行烘干，使衬衫含湿率达15%~20%为宜。

二次（雾化）喷液：衬衫穿在模特上，在立体雾化喷液设备中喷液，喷液时间10~15 min，冷风烘干至带液率达到30%~40%。

立体压烫：将衬衫穿在立体模特上，压烫模特要与服装款型相匹配，压烫机的温度一般在80~140℃，时间6~20 s，压力0.2~0.6 MPa，压烫要求均匀、全面。

立体焙烘：压烫后的衬衫回潮2 min左右，然后用焙烘设备进行立体焙烘。温度一般为125~170℃，时间4~15 min。

二、成衣免烫整理效果评价

（一）折皱回复角

折皱回复角反映了服装从折皱变形中的回复能力或褶裥的保持能力。未整理成衣的折皱回复角（经向+纬向）一般为150°~160°，整理后应提高至220°~280°。

（二）平挺度等级

用于评价免烫整理的服装经过重复洗涤并烘干后，服装表面的平整性。平挺度等级分为5级，级数越高，表明整理效果越好。1级为有非常严重的折痕；2级为有明显的折痕；3级为有折皱，无熨烫过效果；3.5级为基本平整，但无熨烫过效果；4级为平整，有整理过效果；5级为非常平整，有熨烫、整理过效果。

（三）物理机械性能

物理机械性能包括断裂强度、拉伸断裂延伸长度、撕破强度和耐磨性，成衣经免烫处理后，物理机械性能有所下降，主要是纤维内部引入的交联所致，整理不当甚至会造成成衣失去使用价值。因此，这些指标对评价整理效果也是非常重要的。

（四）甲醛含量

由于抗皱整理剂很多含有或潜在含有甲醛，因此，甲醛释放量作为服装的强制性检验指标。在我国将服装分成a、b、c三类，a类为婴幼儿用品，甲醛含量不高于20 mg/kg，b类为直接接触皮肤类，甲醛含量不高于75 mg/kg，c类为非直接接触皮肤类，甲醛含量不高于300 mg/kg。

第三节　服装的柔软和硬挺整理

一、柔软整理

服装的柔软整理可分为机械柔软整理和化学柔软整理。机械柔软整理是在完全松弛状态下，依靠高温作用和机械的撞击、气流揉搓改变服装的柔软、蓬松性；化学柔软整理是将柔软剂施加到服装纤维上，降低纤维表面的摩擦系数，或降低纤维的刚性，获得柔软的手感；生物法则是通过对纤维的减量作用，使织物的交织点松弛和降低纤维的刚性，以提高织物柔软性。

（一）柔软整理剂

表面活性剂类柔软剂包括阴离子型、阳离子型、非离子型和两性柔软剂，这类柔软剂效果较好、使用方便，但整理效果不耐久，阳离子性和两性柔软剂应用较多。以油脂、石蜡为主要成分的柔软剂早期用于织物柔软整理，目前更多用于减小织物缝纫时针的阻力，提高缝纫速度。当今用于织物、服装整理的主要是有机硅类柔软剂，几经改进，第三代反应性有机硅柔软剂具有耐久的柔软性等许多优良性能。反应性有机硅主链上活泼性的取代基团，可与纤维反应或柔软剂自身反应，实现服装的耐久性柔软整理。

柔软剂的品种不同，柔软效果是有差异的，如二甲基硅氧烷类柔软剂可增进织物的滑爽性；氨基改性有机硅类柔软剂可增进织物的柔软度和蓬松感，使粗糙感显著降低；高级脂肪酸酰胺类柔软剂可显著增加滑爽性，增加织物的爽挺感；咪唑啉等阳离子型柔软剂手感软绵、厚实、丰满，有温暖感。亲水性的有机硅柔软剂是氨基聚醚双重改性有机硅，吸水性好，不刺激皮肤，赋予成衣丝质顺滑、丰满的手感，功效持久。

（二）柔软整理工艺

Magnasoft JSS属于亲水性的有机硅柔软剂，是氨基聚醚双重改性的有机硅，可用浸渍法整理或喷洒于服装，直接冷水稀释整理剂即可使用。

浸渍法工艺流程：毛腈混纺针织衫→预处理（40~50℃水洗）→浸渍整理液（40℃，20~30 min）→离心脱水→烘干（100~130℃）→熨烫→冷却。

工作液处方：Magnasoft JSS，3%~10%（对纤维重量百分比）；冰醋酸，0.5 mL/L（调节pH5.5~6.5）；浴比（1∶10）~（1∶12）。

二、硬挺整理

（一）硬挺整理剂

硬挺剂是天然或合成的高分子物质。天然浆料包括淀粉、海藻酸钠、植物胶和动物胶等，它们共同缺点是不耐洗，淀粉浆料整理的织物有光滑厚实感，本身不透明，影响织物的色泽；胶类浆料具有透明性，赋予成衣硬挺且富有弹性的手感；改性浆料有羧甲基纤维素CMC，它能形成坚硬的浆膜；合成浆料包括聚乙烯醇（PVA）、聚丙烯酰胺，是目前的硬挺整理中应用较多的整理剂。这些浆料对纤维的黏着力强、成膜效果好，聚乙烯醇用于纤维素纤维应选用全醇解和中度醇解的PVA，部分醇解的适用于疏水的合成纤维，如涤纶、锦纶等，PVA的缺点是不易生物降解。合成树脂类包括聚丙烯酸酯和聚氨酯树脂，这两类浆料都是在加热时形成连续的皮膜，整理的织物硬度提高，且弹性增加。聚丙烯酸酯树脂根据所用单体的不同，树脂浆料的软硬程度有很大差别。

（二）硬挺整理工艺

浆液浓度：丙烯酸酯类硬挺剂 5%~8%（对衣物重量百分比）→均匀浸泡（30℃浸泡15~20 min）→离心甩干→烘干（90~100℃）→焙烘（140~150℃，2~3 min）。

第四节　成衣的抗菌卫生整理

微生物在我们的生活中无处不在，一方面带给我们很多恩惠，另一方面，也给人类健康带来危害，或使穿着的衣服产生令人不快的气味。而成衣是通过纤维集聚叠加编织成织物后加工而成的，本身包含了大量孔隙，因此容易栖息微生物。另外，人体贴身穿着的衣服，会沾污大量的汗液、人体代谢的分泌物、皮屑等，这些是微生物良好的食物，加之人体适宜的温湿度环境，促使微生物迅速生长繁殖，与此同时，微生物将人体的代谢物分解并食用，由于分解产物包含一些氨基物质，从而产生刺激性气味。为防止有害菌在衣服上的生长繁殖，减少疾病、异味，提出了对成衣进行抗菌卫生整理的要求。

成衣的抗菌卫生整理就是将抗菌剂、抑菌剂等化学品施加于衣服上，从而使服装获得抗菌、防臭、保持清洁卫生的加工过程。

一、抗菌抑菌剂及整理工艺

（一）理想抗菌抑菌剂的要求

（1）安全性，抗菌剂能够杀死或抑制细菌的繁殖，但是否对人体细胞有害是使用者和生产者共同关心的问题。因此，抗菌剂的安全性试验非常重要。LD_{50}是抗菌剂安全性表征指标之一。LD_{50}也称作半致死浓度，指被试验的动物导致死亡的剂量的一半的最小值。这个值越高则安全性越好。

（2）高效性、广谱性。致病菌达到几十种之多，希望一只抗菌剂能够对多种细菌有作用。高效性是指在小剂量下就能够有明显的抗菌作用。

（3）耐久性。表示当成衣洗涤20~50次时仍有抗菌活性。

（4）对成衣的染色色光、牢度、织物风格无显著影响。

（5）与常用助剂有良好的配伍性。织物整理工作液往往含有多种化学物质，配伍性差会使整理液絮凝、沉淀分层，影响整理效果或使整理剂失效。

（二）成衣用抗菌抑菌剂

1.有机硅季铵盐类

（1）整理剂及性能：有机硅季铵盐类抗菌剂的代表产品是美国道康宁公司的DC-

5700，它是一支性能优异的抗菌剂。目前，该类产品已有多家国内外厂商生产。

DC-5700的毒性极低，具有广谱抗菌性，对革兰氏阳性及阴性的细菌、霉菌、酵母菌、藻类等26种微生物均有很好的抑制作用；整理的服装洗涤10次后抗菌率仍保持在90%以上，用于天然纤维和合成纤维的抗菌整理，均有优异的耐久性。

DC-5700适合于纤维素纤维和涤纶、锦纶等合成纤维及混纺产品。用于内衣、睡衣、运动服、工作服、袜子及毛巾等抗菌整理。国产抗菌剂FS-516，抗菌剂SCJ-877与DC-5700有相近的结构和性能。

（2）成衣抗菌整理工艺：

工艺流程：成衣→浸渍整理液→离心脱水→烘干→吹烫、压烫→冷却。

工作液：抗菌剂DC-5700，5~20 g/L；渗透剂JFC，0.5 g/L。

浸液温度40~50℃，浸渍30 min，服装要完全浸透；离心脱水，带液率70%~80%；转笼烘干温度90~100℃；120℃吹烫、压烫。整理后成衣增重控制在0.1%~1%。

2. 二苯醚类整理剂

瑞士汽巴公司的Irgasan DP-300属于此类。这类整理剂对大肠杆菌（革兰氏阴性菌）、金黄色葡萄球菌（革兰氏阳性菌）和白色念珠菌（真菌）有优异的抗菌活性，能防止细菌和霉菌的繁殖，防止恶臭。主要用于涤纶服装的抗菌整理。高温高压浸渍法，可与涤纶服装染色同时进行，也可以单独进行。

（1）成衣染色抗菌整理同浴一步法工艺流程：成衣→浸渍整理液→离心脱水→烘干→吹烫、压烫→冷却。

（2）工作液：染料，x%（对衣物重量百分比）；抗菌剂SFR-1，10%（对衣物重量百分比）；扩散剂，1 g/L；磷酸氢二铵，2 g/L；JFC，0.2 g/L。扩散剂有促进染料或助剂向纤维内部扩散的作用；磷酸氢二铵是稳定pH值的缓冲剂。

（3）浸渍整理及升温工艺：室温加入整理剂以及分散染料，快速升温至80℃；然后以2℃/min升温至130℃保持30~60 min；最后以2℃/min从130℃降至50℃，取出水洗，在离心甩干机中脱水，转笼烘干机内烘干，最后压烫或吹烫即可。

国产抗菌防臭整理剂SCJ-891属非离子型有机抗菌剂，有广谱抗菌性能，用于涤纶、涤棉、锦纶等材料的成衣、床单、毛巾、袜子、地毯的整理，用于涤纶材料的成衣整理，其整理工艺与二苯醚类相近。

3. 天然抗菌剂

出于环保及健康安全的原因，天然抗菌剂备受青睐，被开发应用于成衣整理的抗菌抑菌剂有艾蒿、芦荟、壳聚糖等，是一类前景广阔的抗菌剂。

（1）壳聚糖类抗菌剂：这类抗菌剂具有生物相容性和生物活性，无毒、具有消炎、止痛、促进伤口愈合等功效。壳聚糖分子中带正电荷的氨基吸附于带负电荷的细菌细胞壁，并与阴离子成分结合，阻碍细胞壁的生物合成，抑制细胞生长，阻断细胞壁内外物质的输送致微生物死亡。

抗菌工艺流程：成衣浸渍工作液（60℃，30 min）→NaHCO$_3$处理（5 g/L，室温处理15 min）→水洗→柔软处理（柔软剂5~10 g/L，60℃处理15 min）→烘干→成品。

工作液：醋酸1%（对衣物重量百分比）；壳聚糖0.3%~0.5%（对衣物重量百分比）。

（2）艾蒿：艾蒿的主要成分有1.8−氨树脑、α−守酮、乙酰胆碱等，具有抗菌消炎、抗过敏和促进血液循环作用。用艾蒿提取物吸附在微胶囊状的无机物中制得抗菌剂。将艾蒿处理后的睡衣或内衣用于变异反应性皮炎患者，有一定的效果。

（3）芦荟：用芦荟提取液做抗菌剂，主要成分包括多糖类和酚类。芦荟汁对革兰氏阳性菌、阴性菌都有明显的抑制作用。将芦荟提取物整理到成衣上，使之具有皮肤护理、抗菌、抗过敏、消炎功能。芦荟本身的耐热性好，在121℃环境下处理20 min几乎不会影响其抑菌性。

二、防臭整理

随着精神文明的提高，人们对服装、服饰的防异（臭）味整理的要求越来越高。同时，防异（臭）味整理也是提高商品附加值的一种重要手段。

（一）臭源

服装是多孔性材料，容易吸附气相、液相、固相的杂质，并成为菌类繁殖的载体。因此，服装上的异味来自物理吸附的臭味和微生物产生的臭味。

1.服装上生成的臭味

衣服吸附汗液、皮屑、皮脂后被微生物分解，产生氨类物质，从而放出臭味。

2.从环境中吸收来的臭味

因纤维的叠加编织，织物带有无数孔隙，容易吸附来自环境的异味，然后释放出来。如吸烟场所、清洁工、水产品的售货员的衣服上都吸附有异味。

（二）防异味整理方法

（1）抗菌防臭法：使用如前文所述的抗菌整理方法。

（2）吸附法：活性炭、CaCO$_3$、硅藻土表面有微孔，能吸附异味和臭气分子。洗涤烘干或高温烘燥后可重复使用。此方法消极但很实用。采用喷涂整理法施加于成衣上。

（3）氧化法：采用Fe^{3+}—酞菁衍生物碱性水溶液处理纤维，将Fe^{3+}—酞菁衍生物像染料一样"染着"于纤维上。除臭机理是Fe^{3+}氧化H$_2$S等臭气分子，消除臭味，而自身的Fe^{3+}转化为Fe^{2+}，然后经空气中O$_2$氧化，再生为Fe^{3+}，如此可循环使用。

第五节　成衣的防紫外线辐射整理

适量的紫外线照射对人体是有益的，它能促进维生素D的合成，还有杀菌、消炎作用。但是过量的紫外线照射不仅容易引起角膜炎、结膜炎，还容易诱发皮肤癌。近年来，由于氯氟烃（氟利昂）和甲基溴化物（农药杀虫剂）的滥用，大气层中的臭氧层遭到严重破坏，使到达地球表面的紫外线量不断增加，皮癌患者以每十年翻一番的速度递增。有研究表明，臭氧层每破坏1%，到达地球表面的紫外线增加2%，皮肤癌发病率就增加4%，同时人的免疫能力下降。因此，防紫外线功能的服装日益受到人们的重视。

不同纤维材料的服装因纤维的化学结构不同，对吸收紫外线的防护性能差异很大。一般情况下，涤纶纤维防紫外能力最强，羊毛、蚕丝次之，棉纤维防紫外性能较差。由于黏胶纤维、棉纤维的吸湿性好，夏季服用面料选用较多，因此，这些材料的服装是防紫外线整理的主要对象。由于太阳光谱中照射到地球表面的是波长为290~400 nm区间的紫外线，因此，这一段是防紫外线整理的主要对象。

一、紫外线防护作用机理

（一）服装对紫外线的遮挡防护作用

紫外线照射到服装上，一部分被服装面料吸收、一部分被反射离开人体、还有一部分透射过服装发生扩散辐射和直接辐射，作用人体的紫外线是直接辐射的部分。可见，如果服装对紫外线的吸收、反射能力越强，则紫外线防护性能越好。

（二）防紫外线辐射整理机理

1.紫外吸收剂作用机理

紫外线吸收剂主要是有机物质。它能够强烈地、选择性地吸收高能量的紫外线，并通过光物理过程和光化学过程，将自身吸收的紫外线能量转化为无害的热能或无害的低辐射能量释放出来，从而起到防紫外线的作用，而紫外线吸收剂又回到其初始结构形式，继续下一个循环的作用过程。

2.紫外线反射（屏蔽）剂作用机理

利用无机物质对入射紫外线有较大的反射和折射或散射作用，降低紫外线的透过率，达到防紫外线的目的。这类紫外线反射（屏蔽）剂主要有陶瓷粉、金属氧化物（氧化锌，二氧化钛等）的细粉或超细粉。有些防紫外线整理剂兼有吸收和反射作用。

3.紫外线防护作用的表征

紫外线防护指数UPF定义为紫外线对未防护皮肤的平均辐射量与经被测试织物遮挡后

紫外线对皮肤平均辐射量的比值。UPF表征纺织品和服装对紫外线的防护能力。UPF值越高表明服装的防紫外线性能越好。

$$UPF= \frac{紫外线的辐射量}{到达皮肤的紫外线量}$$

二、防紫外线整理剂及整理工艺

（一）有机防紫外线整理剂

1. 二苯甲酮类

二苯甲酮类紫外线吸收剂含有反应性羟基，能与纤维结合，是良好的棉纤维抗紫外线整理剂。整理剂的商品名称是紫外吸收剂UV-9，1978年获得美国FDA-食品与医药管理局认可，分子量238，几乎可以全部吸收波长为290~400 nm的紫外线，不吸收可见光，故不引起色变，该整理剂200℃发生升华但不分解。

2. 苯并三唑类吸收剂

苯并三唑类吸收剂分子结构与分散染料很相近，可以采用高温高压法与分散染料染色同浴进行，应用于涤纶的抗紫外整理。紫外吸收剂 UV-P（Tinuvin P），由瑞士CGY生产，分子量225，有效吸收波长为270~380 nm，吸收波段UC-UA，吸收光谱宽。

因在苯并三唑分子中容易引入一些基团可满足不同的用途，如引入适当数量的磺酸基水溶性基团，便可用于锦纶、羊毛、蚕丝和棉质服装的防紫外整理；在紫外线吸收剂的母体上接上活性基团，便形成了类似活性染料分子中的活性基，与纤维反应成共价键结合，被称为活性紫外线吸收剂。

（二）防紫外整理工艺

纯棉衬衫防紫外整理：

工艺流程：纯棉衬衫→预处理→浸渍整理液→离心脱水→烘干→吹烫、压烫→冷却。

工作液：渗透促进剂CIBA ALBATEX FFC，0.1~0.5 g/L；紫外吸收剂 CIBAFAST CEL，1%~2%（对衣物重量百分比）；硫酸钠，1~20 g/L；纯碱，5 g/L。

工艺条件：处理温度95℃，处理时间：30 min。

第六节　成衣的吸湿排汗整理

随着人们生活水平的提高，对服装的舒适性要求越来越高，服装舒适性包括的内容很多，通透舒适性是重要性能之一。通透性是指服装的透气性和透湿性，透湿性又包括透水性和透汽（微小液滴）性。其中化纤材料服装通透性整理更为重要。

在皮肤表面和服装之间有一个区别于周围大气环境的微小气候区。人体感觉最舒适的微气候条件是温度为32℃±1℃，相对湿度为50%±10%，气流速度为25±15 cm/s。

人们常感觉到的皮肤表面有液态水，称作有感觉出汗；还有一种叫做无感觉出汗，是气态水存在于皮肤表面与衣服之间的小环境中，正常人无感觉出汗时时刻刻都在进行。如果微气候区内的汗水不能及时排出，皮肤再蒸发水分会受阻，使人感到闷热，极不舒适。所以通过整理加工使服装对皮肤表面的液态汗和皮肤表面蒸发的水汽向外界扩散并迅速排出，就可以提高服装的舒适性。

一、吸湿排汗整理剂及整理工艺

（一）吸湿排汗整理剂

耐久性的吸湿排汗整理剂以聚酯聚醚型结构为主，属非离子型整理剂。

因整理剂分子中有与涤纶类似的酯型结构，在加热处理达到玻璃化温度以上时，整理剂的聚酯部分能够与涤纶形成共晶，使整理效果具有耐久性。亲水部分暴露于纤维表面形成亲水层而发挥吸湿作用。这种整理剂可用于涤纶、聚酰胺、涤/棉和毛/涤等材料服装的吸湿排汗整理，整理的服装具有良好的吸汗性和毛细管效应，能迅速将微气候区的湿气和汗水导离皮肤表面，克服合成纤维服装闷热和不吸汗的缺点，并使服装同时具有防污易去污和抗静电的功能。

英国ICI公司的Permalose TM，美国亨斯迈公司ULTRAPHIL HSD（欧特非 HSD），德国赫斯特公司的HMW8870，国产吸湿排汗剂JMC，SM等整理剂都具有这种性能。

（二）成衣吸湿排汗整理工艺

1.涤纶、涤/棉材料机织成衣、针织成衣的吸湿排汗整理工艺

工艺流程：预处理→浸渍整理液→脱水→烘干→吹烫、压烫→冷却。

工作液：吸湿排汗剂HMW8870，3%~6%（对织物重量百分比）。

浸渍整理工艺：浴比1：10，自室温加入整理剂快速升温至80℃，然后2℃/min升温至130℃，保持30~60 min，然后2℃/min，降温至50℃，水洗后取出服装。若在工作液中加入染料，即可同时完成染色和吸湿排汗整理。

2.锦纶/莱卡紧身衣裤吸湿排汗整理

工艺流程：针织衣裤→浸渍整理液→离心脱水→烘干→吹烫或压烫→冷却。

工作液：吸湿排汗剂Ultraphil HSD，30 g/L；冰醋酸，0.5~1 g/L，调节pH=4.5~6。浸渍60℃，20~30 min；脱水至含液率大约80%；烘干80~100℃，吹烫或压烫120℃，6~10 s。

二、吸湿排汗整理效果的测试与表征

测试标准：ASTM E96-80，此方法为定量测试法，测试装置如图8-2所示。

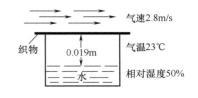

气速2.8m/s

织物　0.019m　气温23℃

水　相对湿度50%

图8-2　ASTM E96-80测试装置示意图

测试原理为水汽不断地被织物吸附，通过织物的传输作用传导到外界，因此杯中水量逐渐减少。通过周期性地称量杯内水的重量减少，从而得到该织物对水汽的传输速率（MVTR）单位为 $g/(m^2 \cdot d)$。

第七节　服装易保养功能整理

服装的易保养功能整理一方面延伸了服装的穿着功能，另一方面简化了人们对服装的打理程序，减少了在此花费的时间和精力。服装易保养功能整理包括防蛀整理、防污易去污整理、拒水拒油整理、"三防"整理、防缩整理、免烫整理、抗菌卫生整理等，本节主要介绍服装的防蛀、防沾污、易去污整理。

一、拒水拒油整理原理及工艺

（一）拒水和拒油原理

在服装上施加一种特殊分子结构的化学品（低表面能），并牢固地附着于纤维表面或以化学键结合于纤维表面，改变纤维的表面层性能，使服装不能被水或常用油类浸润，这种整理称之为拒水拒油整理。所用的整理剂分别称为拒水剂和拒油剂或拒水拒油剂。一般来讲，服装经拒水拒油整理后，可免受果汁、咖啡汁、酱油、植物油、动物油等常用生活饮料和食用液体的沾污。成衣的"三防"整理，即防水、防油、防污整理，其基本理论也是建立在拒水拒油整理之上的。

由于拒水拒油的整理剂只在纤维表面形成一层连续的薄膜，不封闭织物孔隙，空气能通透，所以能够允许人体散发的汗液以水蒸气形式传导到外界，不在皮肤和服装之间凝聚，保持干爽和穿着舒适性。

（二）拒水整理工艺流程

服装拒水整理常用拒水剂为有机硅类拒水剂，反应型的有机硅拒水剂的分子结构中含有反应性基团，能够自身成膜，形成疏水覆盖层，也能与纤维上的活性基团结合，达到耐久性的拒水效果。

1.工艺流程
工艺流程：浸渍整理液→离心脱水（含水率70%~80%）→转笼烘干（90~100℃）→焙烘（150~170℃，5 min）→冷水洗→热水洗（60℃）→冷水洗→脱水→烘干。

2.整理液

整理液：羟甲基硅油乳液（30%），70 g/L；甲基含氢硅油乳液（30%），30 g/L；环氧树脂交联剂（31.8%），14 g/L；醋酸锆，5.4 g/L；一乙醇胺，4.5 g/L；结晶醋酸锌，10.8 g/L。

（三）拒油整理工艺

1.涤纶夹克含氟拒油整理剂TG-491整理工艺

工艺流程：浸渍整理液→离心脱水（含水率70%~80%）→转笼烘干（105℃）→焙烘（150~170℃，1~3 min）。

2.工作液

工作液：TG-491，50 g/L；交联树脂，30 g/L；$MgCl_2$，22 g/L；醋酸，1 mL/L。浴比（1:5）~（1:10），40~60℃，浸渍处理20 min。

经拒油整理的服装也有拒水性能，也就是说拒油必拒水。

二、防污及易去污整理原理及工艺

服装在穿着过程中，因吸附空气中的尘埃、人体代谢物、饮品、调味品以及其他污垢而沾污。特别是合成纤维及其混纺材料的服装，容易因静电吸附污垢，另因其疏水性而易吸附油性污物。疏水性物质使水不易渗透到纤维间隙，导致污垢难以除去。由于疏水亲油性，使悬浮在洗涤液中的污垢会重新沾污到服装上，造成再沾污，从而增加服装的打理难度，防污及易去污整理主要是解决服装的此类问题。

防污和易去污是两个不同的概念，而两者又有着内在联系。衣服穿着过程中容易被液体污垢和固体污垢沾污，防污整理是指使服装具有降低污物沾污速度和沾污程度的加工过程。易去污是指服装被沾污后，在常规洗涤条件下容易洗净，并使洗下的污垢不致在洗涤过程中再沾污服装。使服装具有易去污功能的整理称作易去污整理。

（一）防污整理

1.服装上污垢的组成

（1）油性污垢（液体和固体）：简称油污，包括食品油脂、炊事油污、灰尘中的油质、人体油脂等。

（2）固体污垢：主要是指浮游在空气中的尘埃。如硅质污垢，包括尘土、泥等；碳质污垢包括烟尘、炭黑；铁锈等。

（3）特殊污垢：主要是指蛋白质、淀粉、血迹、生活调味品、咖啡、果汁等。

2.防污整理原理

对服装进行拒水拒油整理，降低纤维的表面能，使液体污垢不能浸润服装，油性污垢不易附着，减轻由于油脂沾粘的固体污垢的沾污，达到防液体污垢和部分固体污垢沾污目的。防水、防油、防污的"三防"整理就是基于低表面张力的物质对成衣整理后，显著降低织物的表面张力达到防污的目的。对于另一类固体污垢，是采用一些化学物质细粒嵌在纤维材料间隙中，通过封堵织物孔隙，减少固体污物与服装结合的点位，达到防固体污物沾污的目的。这种机理的防污也称作预沾污防污法。

3.防污整理工艺

纯棉或涤/棉风衣的防污整理工艺流程：浸渍整理液（30℃，20 min）→离心脱水（含水率70%~80%）→转笼烘干（110~130℃）→焙烘（150℃，3 min或170℃，1 min）。

工作液：去污剂PHOBOTEX RC，20~40 g/L；交联树脂KNITTEX 7636，60~80 g/L；PHOBOL XAN，10~15 g/L；INVADINE PBN，5 g/L；冰醋酸，1 mL/L。

（二）易去污整理

1.易去污整理原理

易去污整理主要是针对疏水性的合成纤维沾污的油性污物而言的，其基本原理是在疏水性的纤维表面引入亲水性基团或用亲水性的聚合物，增加纤维的界面张力，提高服装的亲水性，达到易去污的目的。因易去污整理也是基于提高服装的亲水性而进行的，故易去污整理使服装同时具有了防油污和防再沾污的性能。

2.易去污整理工艺

（1）聚酯聚醚型嵌段共聚物整理剂烘焙法整理工艺流程：浸渍整理液，整理液中含有PERMALOSE TG，60 g/L，于60℃浸渍20 min→离心脱水（含水率70%~80%）→转笼烘干（120~130℃）→焙烘（180~190℃，1 min）。

（2）聚丙烯酸型整理剂工艺流程：浸渍整理液，整理液中含有少量凝胶剂和丙烯酸型易去污整理剂3%~5%（对织物重量百分比）于30~40℃，浸渍20 min→离心脱水（含水率70%）→转笼烘干（100℃）→焙烘（155~165℃，3~5 min）

三、纯毛及混纺服装的防蛀整理原理及工艺

羊毛材料的服装容易遭到鞘翅目甲虫类的皮蠹虫及螟蛾等蛀虫的侵害。家庭中常在衣柜中放入樟脑、精奈等升华性物质，利用其挥发的药剂杀灭蛀虫，这类物质挥发的气体同时也在危害人类，对人类有致癌作用，而且有效期短，蛀虫易产生抗体，其药剂不断地挥发消耗，需要经常补充。这种方法不符合服装易打理的理念，因此提出了服装的防蛀整理。

（一）防蛀虫整理原理

氯菊酯类防虫蛀剂其活性成分为拟除虫菊酯，它能够阻碍羊毛分子中含二硫键的蛋白质还原变性，破坏蛀虫消化蛋白质的功能而保护羊毛。常用的防虫加工药剂如国外产品MitinFF，其有效成分为N-5-氯-2-苯氧基磺酸钠，Eulan U$_{33}$应用也很多，国产的有JF-

86，为二氯苯醚菊酯（氯菊酯）类防虫蛀剂，这些整理剂特点为安全高效。整理效果具有耐久性，可与色同浴进行，也可单独使用。

（二）防蛀虫整理工艺

1.羊毛衫防蛀整理染色同步工艺

（1）工艺流程：室温浸渍含防蛀剂的工作液20 min→加入助剂（醋酸、硫酸铵）、染料→处理10 min→升温至95℃处理50 min→水洗→离心脱水（含水率70%~80%）→转笼烘干（90~100℃）→压烫→成品。

（2）工作液：普拉染料，1%~2%（对织物重量百分比）；防虫剂JF-86，0.6%（对织物重量百分比）；醋酸，2%（对织物重量百分比）；硫酸铵，3%（对织物重量百分比）；平平加，0.1%（对织物重量百分比）。

2.羊毛衫染色后整理工艺

（1）工艺流程：先将防虫剂用室温水稀释5~10倍→加入一定量水中，浴比（1：8）~（1：10）→在30~40℃及近中性条件下浸渍处理毛衫10 min→加入0.1%（对织物重量百分比）冰醋酸→30~40℃浸渍处理15 min→水洗→离心脱水→烘干→熨烫→成品。

（2）工作液：防虫剂Eulan U$_{33}$，1.5%（对织物重量百分比）；冰醋酸，0.1%（对织物重量百分比），调节pH值5~6。

第八节　服装的生物酶整理

传统的染整加工大多属于"有害"的化学方法，且能耗高，耗水量、排污量大。生物酶属于天然蛋白质，可完全降解，不会污染环境和服装；生物酶具有高效、温和、专一的催化特性，使反应温度降低、时间显著缩短，节能增效，符合低碳环保要求；酶处理对服装高档化、提高附加值有许多特殊的功效，如解决亚麻衫的刺痒感，牛仔服装的制旧整理等。

一、生物酶的概念及催化反应特性

（一）生物酶的概念

酶是活细胞所产生的一种生物催化剂，是一类具有催化功能的蛋白质。生物酶具有蛋白质的一般性质。被生物酶催化作用的物质称为底物，如用淀粉酶催化淀粉水解，淀粉被称作底物。

（二）生物酶催化反应的特性

酶催化作用具有高度的专一性，即一种酶只能催化特定的一种或一类物质的反应；酶对被催化的反应（水解反应、氧化还原反应等）具有专一性。催化效率非常高，它的催化作用比一般的化学催化剂高$10^6 \sim 10^{13}$倍。可以极大地提高反应快速，从而提高生产效率。另外酶的作用温和，反应都是在常温常压、近乎中性的温和条件下进行的。这有利于保护被处理服装的机械性能。酶的催化活力也很容易调控，通过改变温度、助剂等，可根据需要调节酶的催化活力，控制服装被处理的程度。

二、纤维素酶及其用于服装的整理工艺

酶在服装整理加工中，以纤维素酶应用研究最多，成就最为显著。纤维素品种很多，天然纤维有棉和各种麻；再生纤维素纤维有黏胶纤维、铜氨纤维、富强纤维、Tencel纤维；人造纤维有三醋酯纤维、二醋酯纤维。酶处理这些纤维材料的主要加工目的包括服装抛光、牛仔服褪色水洗；服装的超柔软整理、防起毛起球；去除亚麻的刺痒感等。

（一）纤维素酶的种类及作用方式

能分解纤维素纤维的酶叫纤维素酶。纤维素酶属水解酶，即促进纤维素发生水解降解反应。用于染整加工的酶主要有EG、CBH、BG酶。一般纤维素酶制剂商品，多为三种酶的混合物，几种酶共存时可能发生酶的增效作用。

（二）纤维素酶及整理工艺

1.纤维素材料成衣的生物酶抛光整理

纤维素酶抛光是通过酶催化水解作用和机械力作用去除纱线表面伸出的小纤维末端（茸毛），提高服装表面的光洁度，改善起毛起球性能，同时改善服装的柔软性。成衣酶处理可在工业洗衣机或成衣染色机中进行。

（1）纯棉衬衫的生物抛光整理工艺：

工艺流程：预处理→酶处理（温度45~60℃，时间30~60 min）→高温灭活→水洗→离心脱水→烘干→吹烫或压烫。

工作液：Cellusoft L，0.5%~3%（对织物重量百分比）；冰醋酸，0.5~1 mL/L。

当酶抛光处理达到要求的效果后，将酶处理浴升温至80℃保持10 min使酶失去活性，或在pH=10~11条件下处理15 min使酶失去活性，这一过程叫做灭（失）活处理。否则酶对纤维的作用会一直进行下去，导致强度降低，甚至失去服用价值。

（2）天丝服装的生物抛光处理：

工作液：Cellusoft Plus L，0.5%~2%（对织物重量百分比）；冰醋酸，0.5~1 mL/L；处

理温度45~60℃，处理时间30~60 min。

其他工艺可参照纯棉衬衫的处理条件。这两个处理工艺适用于机织和针织相应纤维材料的服装的抛光整理，生物抗起毛起球整理和柔软整理也可参照此工艺进行。

2. 纤维素酶对牛仔服装的生物水洗

牛仔服经水洗褪色的整理也叫洗旧整理，以牛仔成衣的水洗和石磨处理最为普遍，这种处理方法将服装磨去部分颜色，产生一种褪色返旧的外观效果，从而使牛仔服产生多种新奇的外观效果，变得非常时尚。其做法是将牛仔服装与浮石一起放入转鼓水洗机中，利用浮石的摩擦作用，使织物表面褪色，缺点是容易损伤服装，浮石容易引起设备损坏，服装内还会残留碎石粒。生物酶洗与之相比，加工质量好、不污染环境、使用范围广，对缝线、边角、标记损坏小，设备损伤少。

（1）纤维素酶生化洗涤原理：纤维素酶对牛仔服装表面纤维发生催化水解，水解产物在洗涤过程中脱落，吸附在纤维表面的靛蓝染料一起脱除，产生颜色部分脱落的石磨洗涤效果。

（2）纯棉靛蓝牛仔服酶洗工艺：

酶洗设备：工业用卧式滚筒洗衣机。

酶洗工艺流程：牛仔服→预水洗→酶洗→酶的失活→后水洗→（柔软整理）→烘干→整烫→成品。

工作液处方及工艺：弱碱性酶Denimax U1tra BT，1.5%~2.5%（对织物重量百分比）；浴比（1：4）~（1：10），pH=7~8；温度55~66℃，时间45~90 min；灭（失）活处理：酶洗浴升温至80℃以上处理10 min。后水洗：进一步去除织物表面的浮色、浮毛，使织物表面清洁。

后水洗浴处方：纯碱，0.5 g/L；双氧水，0.5 g/L；羧甲基纤维素，0.2 g/L；浴比1：20，60℃，10 min。

使用的纤维素生物酶品种不同，酶洗工艺也有差别。

中性酶洗涤：中性酶 0.5%~1%（对织物重量百分比）；pH=6~8；浴比1：10，45~55℃，60 min。

弱碱性酶洗涤：Denimax Ultra BT，1.5%~2.5%（对织物重量百分比）；pH=7~8；浴比（1：4）~（1：10）；55~60℃，45~90 min。

3. 亚麻衫生物酶整理（降低刺痒感）

亚麻衫具有吸湿、透气，抗菌、挺爽等优异的服用性能，但因刺痒感问题使其应用受到限制。生物酶整理可以有效降低刺痒感，同时增进亚麻衫的柔软度。

工作液：维素酶TC，0.1%（对织物重量百分比）；氟化钠，1g/L；浴比1：10；pH=4.5~5；35℃，处理40 min。

第九节　服装的整烫

服装的整烫贯穿于从面料到成衣的全程加工过程，在服装制造业中素有"三分缝制、七分熨烫"的说法，可见，整烫工程在服装加工中的重要作用。整烫工艺是一项技术及技能要求较高的加工工艺。

一、服装整烫的定型作用

服装整烫的主要作用可归纳为以下几点：

（1）熨平：通过喷雾给湿、熨烫去掉服装皱痕，平服折缝。

（2）褶裥定型：通过整烫处理，使服装获得长久性褶裥、裤线挺直。

（3）成型：利用"推、归、拔"整烫技巧，改变纤维的张缩度与织物经纬纱的密度和方向，塑造服装的立体形态，使服装更符合人体曲线，达到外形美观和穿着舒适的目的。

（4）黏合：比如西装，需要在某些部位加固一层或几层衬里，以增加服装的挺括性与身骨。往往通过压烫将黏合衬与服装面料粘合为一体。

（5）修正缝制过程中产生的疵病。如弧线不顺、缝线过紧造成的起皱，局部松紧不当形成的"漩涡"，袖口、领面、驳头不服帖，衣片长短不齐等缝制工序中的疵病，均可用熨烫技巧予以修正，弥补缺陷，提高成衣质量。

（6）消除极光，通过整烫技巧消除半成品、成品中因操作不当产生的极光。

二、服装整烫工艺与原理

服装整烫实质上是热定型的加工过程，即在不损伤服装材料（特别是面料）的服用性能和风格特征的前提下，利用织物热定型的基本原理，在适当的温度、湿度、压力下改变并保持织物结构、外观形态，使服装更加符合人体特征及服装造型。

（一）整烫原理

1.羊毛类服装的整烫定型原理

羊毛纤维大分子间存在着二硫键和许多副键交联，在热或湿热及外力的作用下打开副键及二硫键，并在新的位置重建副键及二硫键，将新的状态保持下来。羊毛服装的这种定型效果能够满足平时正常穿着时的外界作用，若遇到更为激烈的外界作用，其热定型效果会部分或全部消失。

2.化纤类服装的整烫定型原理

当整烫温度高于合成纤维玻璃化温度时，分子链段热运动加剧，分子间作用力被破坏，这时若对纤维施加作用力，纤维内分子链段便能够按外力的作用方向进行蠕动而重排，造成纤维宏观变形。若在保持作用力下进行冷却，这种新的状态便被固定下来，使纤维或织物获得定型。

3.棉、麻类织物的整烫原理

棉、麻类纤维在湿、热条件下，大分子链间的氢键被破坏，降低了分子间作用力，在外力作用下，无定型区的大分子发生相对位移，并在新的位置上建立了新的氢键，将新形态固定下来。但定型效果不耐久，容易受到外界热、湿或力的作用而消失。

（二）整烫定型的加工过程

（1）加热给湿阶段：给予服装温度、湿度，提高纤维大分子链的活动性，增加纤维的可塑性，使服装容易发生形态变化，为下一阶段做好准备。温度、湿度是服装整烫时的重要条件，需要根据纤维材料的不同而变化，使服装既达到要求的整烫效果，又不损伤面料。

（2）外力作用阶段：对处于塑性状态的织物施加外力作用，使分子链段容易沿外力方向排列定位，形成新的物理、化学结合。

（3）冷却阶段：使经过整烫的服装冷却，以保证将新的形态"凝固"下来。

三、影响整烫定型的因素

整烫是外界对纤维材料施加温、湿度及外力作用。影响服装整烫定型效果的因素很多，归纳起来主要分为两方面：一是材料因素，包括纤维种类，回潮率，织物组织结构、织物单位面积重量、染整方法等；二是整烫工艺因素，包括温度、湿度，整烫压力、时间，降温过程，整烫垫层等。

（一）整烫温度

温度是实现整烫效果的必要条件。在一定温度下纤维才能有可塑性，才有利于服装面料发生宏观上的变形。整烫温度与纤维种类有关，其次是整烫方式的影响，比如，是否给湿、盖布烫还是直接接触烫等；再次是要结合整烫时间、压力等其他工艺参数确定。

纤维不同其耐热温度有差别，一般温度应高于纤维的玻璃化温度而低于熔融温度，若温度过低，需延长整烫时间，这样降低了生产效率；温度过高可能会造成衣料硬化、变色、产生极光甚至炭化或熔洞等。另外，对于同种纤维材料的织物，厚型的整烫温度适当高一些，薄型的则适当降低温度；混纺织物或交织物，应以耐热性最差的纤维来选择整烫温度。表8-1、表8-2列出了部分纤维在不同整烫方式及整烫温度范围。

表 8-1　不同整烫方式下毛、棉、丝、麻及黏胶纤维的整烫温度范围　　　　单位：℃

衣料类别		直接整烫温度	喷水刷水整烫温度	垫干烫布整烫温度	垫温烫布整烫温度	垫一层湿布一层干布整烫温度	备注
毛（羊毛为主）	精纺	150~180		180~210	200~230	220~250	盖烫布整烫比直接整烫温度提高30~50℃；盖湿布整烫还需提高温度 柞蚕丝喷水整烫会出水花印渍
	粗纺	160~180		190~220	220~260	220~250	
混纺毛呢（如毛涤）		150~160		180~219	200~210	210~230	
丝	桑蚕丝绸	125~150	165~185（烫反面）不能喷水				
	柞蚕丝绸	115~140					
棉	纯棉	120~160	170~210		210~230		
	混纺（如棉涤）	120~150	170~200		190~210		
麻		190~210		200~220	220~250		
黏胶纤维（如人造棉）		120~160	170~210		210~230		

表 8-2　不同整烫方式下各种合成纤维的整烫温度范围　　　　单位：℃

纤维名称	直接整烫温度	喷水整烫温度	垫干烫布整烫温度	垫湿烫布整烫温度	备注
涤纶	140~160	150~170（反面烫）	180~195	195~220	
锦纶	120~140	130~150	160~170	190~220	
维纶	120~130	不能喷水	160~170	不垫湿烫布	在高温高湿状态下会收缩甚至熔融
腈纶	115~130	120~140	140~160	180~200	
丙纶	85~100	90~105	130~150	160~180	
氯纶	45~60	70	80~90		
乙纶	50~70	55~65	70~80	140~160	
醋酸纤维	150~160		170~190		

（二）整烫湿度

　　服装材料不同，最适宜的湿度也不一样，湿度太小或太大都不利于服装的定型。

　　湿度是影响整烫效果的另一个重要因素，当服装整烫给湿时，水分子会进入到纤维的大分子之间，起到增塑作用，使大分子之间的作用力减小，分子链段容易发生相对位移，并沿着作用力的方向取向、定型。而对于有些材料如柞丝绸因容易产生水印，通常采用干整烫；维纶、氯纶材料在湿热条件下会发生高收缩，也采用干整烫为好；对于较厚的大衣呢料和羊毛衫等，通常是先湿烫后干烫。湿整烫对于消除极光有利。表8-3为常见面料的整烫湿度。

表 8-3　常见面料所需整烫含水量范围（%）

面料品类	整烫方式	整烫需要含水量			对蒸汽整烫湿度的适应性
		喷水	一层湿烫布	一层湿烫布一层干烫布	
普通毛呢料	先盖干烫布 再盖湿烫布	— —	薄料 65~75 中厚料 80~95	薄料 55~65 中厚料 70~95	效果好
精纺呢绒	先盖干烫布再盖湿烫布	—	65~75	70~80	效果好
粗纺呢绒	先盖干烫布再盖湿烫布	—	95~115		效果好
长毛绒	盖湿烫布	—	115~125		不宜蒸汽压
蚕丝绸	喷水后停半小时	25~30	—	—	烫
纯棉布	喷水	15~20	—	—	适应
涤棉衣料	先喷水后盖烫布	15~20	70~80		适应
涤卡衣料	先喷水烫再盖湿烫布	15~20	70~80		适应
灯芯绒	湿烫布或湿烫布加干烫布	—	80~90	70~80	适应
平绒	同上	—	80~90	70~80	不宜压烫
柞蚕丝绸	不能喷水，可盖烫布	—	—	40~45	不宜压烫
维纶衣料	不能加湿	—	—	—	—
维纶混纺面料	不能加湿	—	—	—	不适应
其他合成纤维如锦纶、腈纶等	盖湿烫布或干烫布	—	—	—	不适应，只宜低温干烫

（三）压力

　　压力是服装整烫定型必不可少的条件。虽然在热、湿的条件下，纤维大分子链段易于位移，但也必须在一定的外力作用下分子链段才会发生定向运动、并重新排列，使面料按人的意愿变形和定型。

　　整烫压力的大小取决于衣料的薄厚、品种和造型。一般地，随着整烫压力增加服装的褶裥保持性、平整度均有所增加，但压力会使纤维或纱线被压扁，使面料厚度变薄、手感变硬，压力过大还会导致服装产生极光。因此，对于裙、裤的褶裥以及裤线应加大压力，以提高其稳定性，若是以烫平服装为目的，压力可适当减轻，以避免出现极光。对于质地厚重、结构紧密的服装，整烫压力适当增加，否则难以压平或得到形态稳定的定型效果；对于质地蓬松或易变形的织物应选择整烫压力低些。

（四）整烫时间

　　由于整烫定型源于纤维大分子之间存在的某种联系的拆散与重建，这个过程是需要一定的时间来完成的。而整烫时间与整烫温度、湿度、压力是密切相关的，如整烫温度高则需适当减少整烫时间，反之可适当延长整烫时间。

四、服装整烫技巧及方法

（一）手工整烫的工艺技巧

熨烫与缝纫、服装款式密切相关，技术性很强。归纳起来有如下工艺形式，即轻、重、快、慢、归、拔、推、送、闷、蹲、虚、拱、点、压、拉、扣等。具体做法如下。

（1）轻烫：布料很薄的成衣或呢绒成衣，需要轻烫，以防服装受损或绒毛倒伏。

（2）重烫：对于成衣的重要部位，如裤线，要求挺括、耐久不变形，这就需要有重压才能起到定型的作用。

（3）快烫：在熨斗温度比较高时熨烫轻薄的成衣，速度要快，不可多次重复熨烫。因为当熨斗温度超出所需温度或所需时限时，布料强度下降或烫出极光，甚至融化。

（4）慢烫：较厚的部位，如：驳头、贴边等，熨烫速度要放慢，应烫干、烫平，以免影响熨烫的硬挺效果。

（5）归烫：归烫就是针对衣片需要归缩的部位，在给湿后由里向外做弧形熨烫。目的是使平面的服装符合人体特征，如人体凸出部位的四周是较平坦的，为获得"凸"出的造型，需要将该部位的经、纬纱线或纤维以归烫的技法烫出"凸"出的形态。

（6）拔烫：拔烫是对衣片预定部位或内凹弧线实施的拔开熨烫技法，拔烫与归烫作用相反，使被拔烫部位的面料的密度减小。如后背的肩胛骨部、臀部等部位需要凸起的立体造型就需要选用拔的手法熨烫，使这些部位符合人体的要求。

（7）推烫：推烫是在归、拔烫的塑型过程中，运用推移变位的整烫技法，将归、拔的量推到一定的位置，使归拔周围的丝缕平服而均匀，边归边推或边拔边推的整烫方式。

（8）送烫：把归拔烫的部位的松量结合推的技法，将其送向设定的部位并予以定位。例如：腰部凹势的形成只有将周围松量送到前胸才能获得腰部的凹势和胸部的隆起，最终凸显出服装凸凹曲线的立体造型。

（9）闷烫：熨烫服装较厚的部位一般给湿量大，将熨斗在此部位停留一定的时间，即闷烫技法。以保持上下两层布料的受热均衡。

（10）蹲烫：将熨斗在服装易出现皱褶部位而不易烫平的部位轻轻地蹲几下，以达到平整服帖的目的。如裤襻处熨烫一般需要蹲烫。

（11）虚烫：毛绒类的成衣或在制作过程中需暂时性定型的部位，都需要虚烫。

（12）拱烫：定型的部位不能直接用熨斗的整个底部熨烫。如裤子的后裆缝只有将熨斗拱起来才能把缝位劈开、烫平。

（13）点烫：服装的有些部位不能重压和蹲烫，采用点烫的技法可减少对成衣的摩擦力，克服熨烫时的极光问题。

（二）几种常见纤维材料服装的整烫要点

（1）毛类织物服装：毛质服装的整烫一般先给湿，再以较高温度熨烫正面，对于较厚面料的服装，整烫温度和湿度应适当增加；接近熨干时调温度熨烫反面。对于要求纹路清晰的毛织物要垫布整烫。羊绒服装整烫时用力不能过重，以免影响外观，且要在正面垫上湿布，湿布含水量控制在120%~130%，将湿布熨烫到含水量为30%~40%时即可。

（2）棉麻类织物服装：先少量给湿，再以正常温度直接熨烫反面，厚型织物适当升温增湿；亚麻服装以半干燥时熨烫最为合适。

（3）丝绸类服装：丝绸织物比较轻薄，熨烫温度不宜过高，一般选择110~120℃，压力不宜过高，也不要在一个位置停留时间过长，以免损伤面料。丝绸服装熨烫时要垫布，不能直接熨烫正面，可从反面轻烫，轻薄服装不宜给水，喷水不均，会出现皱纹。

（4）化纤类材料服装：一般不选择熨斗直接接触衣物，以防变色、收缩，可在衣物反面均匀喷水，正面垫上一层湿布后干熨烫。涤纶服装耐热性较好，既可湿熨烫也可干熨烫；锦纶服装厚重的可参照毛织物熨烫参数，薄型的参照丝绸织物熨烫工艺。

（5）针织物类服装： 针织物质地蓬松，不宜采用压烫，可在织物近干时熨烫反面，也可用蒸汽冲烫；切勿推拉或重压。

（6）皮革类：皮革服装熨烫温度不宜太高，熨烫时须垫上薄棉布，要不停移动熨斗。

五、整烫设备

（一）熨斗

熨斗主要有四类，蒸汽熨斗、电熨斗、蒸汽电熨斗及全蒸汽熨斗。熨斗在工作时需要配备熨床、支架及电器等附属设备。熨床有支撑服装作用，一般都配备有抽湿系统，按其结构与功能可分为吸风抽湿熨烫床和抽湿喷吹熨烫床，强力抽湿可加速衣服的干燥和冷却，使服装定型快、造型稳定，提高生产效率和熨烫质量，而喷吹风可使服装在熨烫的同时受到气流的冲击，这种物理机械作用可以使服装不刻板。

（二）模熨机

模烫机是20世纪70年代出现的垂直加压烫模的熨烫机械，它是以塑造服装立体特征为目的开发的熨烫设备。模熨机工作时，服装被机器上下烫模夹紧，然后经高温蒸汽处理，赋予布料以可塑性而进行成型加工，再通过烫模利用真空泵产生的强烈吸引力吸收湿气，使布料冷却定型。

模熨机械主要组成部分包括：支架、上下烫模、产热系统、恒温控制器、抽真空系统、蒸汽压力调节器以及电器控制系统等。其中，上下烫模是关键的部件，它是针对于服装的部位、尺码而设计，服装通过上下烫模间的压熨，达到稳定与改变尺码、面积及塑造服装立体特征的效果。

（三）人像吹汽整熨机

人像吹汽整熨机是立体像蒸汽吹熨技术，如美国制成的CISSELL立体整烫人像机，其工作的主要部分是由尼龙织物制成的人体模外壳，经充气后形成具有人体形态特点的人体模型。其作业程序为鼓模、套模、汽蒸、抽气、烘干和退模。这种熨烫方式可以消除衣服的折痕，使服装平整、丰满，立体感好，无极光产生。蒸汽的施加有内吹汽、外吹汽和内外联合吹汽的形式。

第九章　服装的艺术装饰整理

第一节　服装艺术装饰整理概述

服装艺术装饰整理是对面料或服装的二次加工。它以视觉艺术创新和流行时尚为导向，以国内外以及民族文化元素为基础，以传统的工艺蕴涵与西方抽象艺术意念互相渗透，采用传统的工艺技术和现代印染技术，乃至与高科技相结合，实现平面和立体造型，对服装进行视觉艺术处理。其中既包含二维平面设计构成技巧，又有三维立体构成技艺。

在服装艺术装饰整理中，采用传统的以及现代的染色技术（喷射染色、蜡染、反蜡染、扎染、反扎染、提染、段染、泼染、褶皱染色、转移染色等），印花技术（直接印花、防染印花、拔染印花、烂花印花、转移印花、发泡印花、浮雕印花、电脑喷墨印花、植绒印花、珠光印花、夜光印花、微型反射体印花、变色印花、金银粉印花、潜影印花、拓印印花、香味印花、带蜡印花、喷绘、手绘等），还有定型整理技术（耐久性立体造型整理、折皱整理、耐久性鼓泡、轧花整理、剪花整理等）对完成印染加工的面料进行第二次、第三次甚至多次艺术处理，而且还可以根据需要，进行粘贴、拆编、织补、镶嵌、绣花等复合式整理加工。直至在一件服装上，集各种加工技术之大成，反复处理和装饰而得到一件精品。我们也可以通过科学技术、文化艺术广泛深度的交混与融汇，从而得到特殊美感的装饰效果。在实际运用中，只有打破专业的界限、改变自身思维的轨迹、吸收先进的科技成果，才可能会有超凡的创新成果和艺术升华。

从使用的材料来看，除了纤维材料外，我们还可以运用珍贵豪华的金、银、珠宝，古朴自然的竹、木、贝壳，现代风格的塑料、橡胶，技术超前的发声、发光的微电子元件等，无所不有。然而最重要的还是设计师善于学习、勤于实践、敢于创新，凭借扎实的功底和内力、灵感和神通，一定能构思出千姿百态，万紫千红、各领风骚的艺术装饰效果。

随着科学技术的高速发展，新材料的大量涌现，信息技术的大面积覆盖，古今中外艺术元素的融合，人类审美意识的提升和飞跃，服装艺术装饰整理也得以迅速发展，并且孕育着强大的生命力。

第二节　服装艺术装饰的技术与方法

一、局部印花

局部印花法是指在服装局部进行印花的装饰方法。在T恤和儿童服装中应用最多。如图9-1所示。

图9-1　局部印花效果

二、蜡染

蜡染是先在服装或面料上按照一定图案要求涂蜡，再对蜡进行碎纹处理，最后染色并脱蜡清洗。可以再次甚至多次着色，进行美化装饰。如图9-2所示。

图9-2　彩色蜡染效果

三、俄罗斯（芭吉克）冷蜡染

俄罗斯冷蜡染与中国手绘十分接近，主要区别在于所采用的防染剂不同。俄罗斯冷蜡染是采用苯将石蜡溶解，再加入少量的天然橡胶或合成橡胶的溶液，依靠橡胶的黏合作用将石蜡黏附在织物表面，石蜡有防水防染的作用，因此涂有冷蜡液的地方染液无法渗入，从而起到防染作用。这种冷蜡液室温条件下仍然是液态，绘画起来线条流畅、十分方便。绘画时先用冷蜡液勾线或点画描绘，然后涂色，最后晾干再经汽蒸洗涤熨烫。这种技法可以表现各种绘画流派的艺术效果（图9-3）。但是不产生中国蜡染的蜡纹。

中国手绘在色块边沿描线时采用的是防水剂加入少量胶或浆料，进行勾勒描绘，然后进行涂色，最后晾干再经汽蒸洗涤熨烫（图9-4）。

图9-3　俄罗斯冷蜡染效果

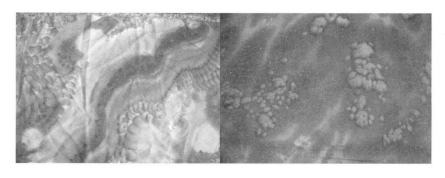

图9-4　泼染效果

四、扎染

扎染首先按照要求对服装进行缝、扎、包、夹、结，而后染色并充分清洗，也可以进行反复多次扎染和着色装饰（图9-5）。

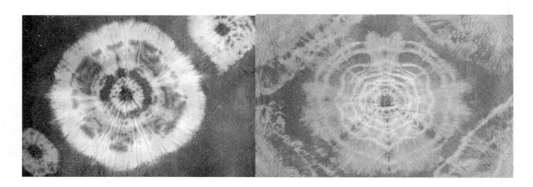

图9-5　扎染效果

五、提染

提染是将染液配制好加热到染色温度，用手或者支架将欲染服装提起慢慢放进染浴之中，到一定程度再慢慢提起，就形成了上浅下深的效果，这样使得下盘显得稳重安定，上方显得飘逸升腾，更有七彩相呈似彩虹艳丽。演出服装多采用这种方法（图9-6）。

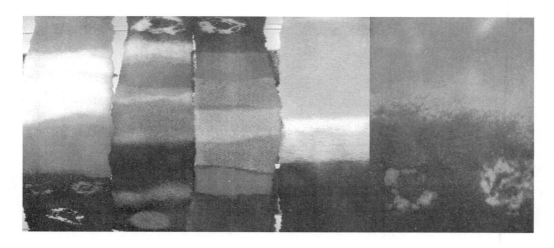

图9-6　裘皮提染效果

六、手绘法

在服装上应用手绘艺术是国内外都比较常用的装饰手法。但是如果欠缺专业知识和化学知识，对印染加工技术接触较少，那么在应对纷繁复杂的纺织面料时，就不能够选择合适的染料或颜料，要么牢度很差，要么手感特别粗硬，服用性大大降低，甚至达不到预期效果。这里简单介绍几条原则以供参考：

（一）颜料手绘

颜料是一些固体的、有色的、微小的有色颗粒，自身不能与纺织纤维牢固结合，只能通过相应的黏合剂，将其黏附在纺织纤维表面上而实现着色。将颜料用来绘画工艺简单，不需要任何后处理，只需烘干或晾干即可。但是一定要选择相对应的黏合剂，否则不能牢固黏和。比如低温自交连黏合剂适用于纤维素纤维织物和涤棉织物，不适用于锦纶（图9-7c、b）。

（二）染料手绘

染料指能直接或间接溶于水而对纺织纤维染色的一种有颜色的材料，所以简称染料。采用染料手绘，要针对不同纺织纤维，选择不同染料。

（1）纤维素纤维（棉、人造棉、麻）可以选择活性染料，还原染料。

（2）蛋白质纤维（羊毛、蚕丝）可以选择强酸性染料、弱酸性染料、中性染料、毛用活性染料（图9-7a）。

（3）涤纶纤维以选择分散染料。

（4）锦纶纤维可以选择强酸性染料、弱酸性染料、中性染料、毛用活性染料。

（5）腈纶可以选择阳离子染料。

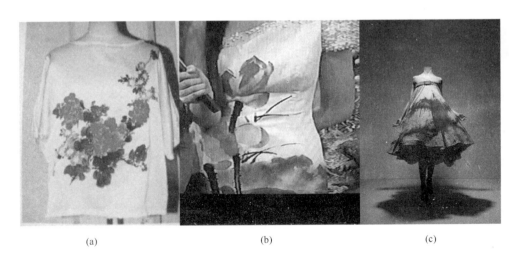

(a)　　　　　　　　　(b)　　　　　　　　　(c)

图9-7　手绘效果

七、镶贴法与黏合法

镶贴法是将所需的材料和某些器件镶嵌或者镶贴、缝合在服装的所需部位，以达到所需的装饰效果。自经典的清代服饰的异色镶贴，到时尚夸张的闪钻铆钉。镶贴物可以是所需的任何材料和器物，都可以用作服装服饰的镶贴。

黏合法是采用一些相应的黏合剂，将所需的材料与服装黏合在一起，以达到装饰效果（图9-8、图9-9）。

图9-8　贴补黏合效果一

图9-9　贴补黏合效果二

八、刺绣法

刺绣法的使用历史悠久，使用范围也很宽泛。各国家民族不同时代的刺绣变化多端精巧绝妙，在技法和风格上有很大的差别，刺绣也因此有了万种风情（图9-10）。

九、填充绗缝法——凹凸效果

填充绗缝法是将非织造布、棉絮等填充料填充在两层织物之间，采用专用的绗缝机进行缝制，此种绗缝机既可以缝制宽幅面料，也可以缝制剪裁好的衣片，关键是它可以通过电脑控制缝制出所需的图案。松散填充物的加入，缝制出的图案具有突出的立体感。使织物表面产生凹凸效果还有如下不同方法（图9-11）：

图9-10 刺绣效果

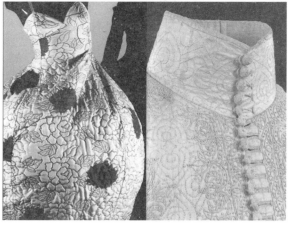

图9-11 凹凸绗缝效果

（1）在棉织物上涂印上浓度为180~250 g/L的氢氧化钠溶液，该局部就会发生高度收缩，而未施加氢氧化钠溶液的局部不会收缩，从而产生凹凸不平的花纹。

（2）在锦纶织物上施加苯酚的浆料，产生凹凸不平的花纹。

（3）使用发泡印花黏合剂在织物上印花，经烘干，也会产生凹凸不平的花纹。

（4）使用高压水枪或气枪对织物进行喷射，受到喷射的纱线变得特别散乱蓬松，从而产生凹凸不平的花纹。

（5）对于绒面织物，使用镂空花版覆盖于绒面之上，镂空部分露出的绒毛可以使用电动剪刀剪掉，覆盖之处留下来的绒毛构成突出的花纹。

（6）化纤织物热定型法将面料预先折叠、挤压，或捆绑，或用线缝制成一定立体形状，然后放进高温环境（180℃，1~3 min）进行热定型，可以形成耐久的立体效果。

（7）采用静电植绒印花，同样可以得到具有立体感的花形与纹样。

十、三维装饰法

三维复合装饰手法，强调立体美学效果。与面料的平面装饰不同，三维装饰法开始采用多方位复合手法，追求立体三维效果。三维装饰法通常有以下两种运用方式：

（1）将某些材料或物件叠加在服装表面并且寻求更加突出的立体美学效果。这种装饰技法，大量使用金银珠宝进行镶贴修饰，并使用绣花、贴补等手法，具有华美艳丽的艺术风格，又尽量避免了矫饰手法，从而显得更加精美高雅。比如我国少数民族服饰大胆运用夸张外向的装饰语言元素，并对其进行更加精致细腻的雕琢。

（2）通过对衣物内部结构的设计和对填充物的有效利用，人为制造不同的身体与服装的空间关系，从而调整身体的比例，塑造服装的建筑美感。传统的塑型方式如洛可可时代开始大肆风靡的裙撑、臀垫，并在迪奥的"NEW LOOK"设计中得到了更加典雅的阐释。而在新锐设计师手中，这种设计手法不再是简单制造性吸引和漂亮东西的手段，更加成为设计师表达不同的设计哲学的生命力的重要所在。譬如川久保玲喜欢在身体的一些不可能的部位加垫，改变身体形状，比如背部、锁骨部位等，打造完全不同的身体比例及外轮廓线，穿着起来常常显得夸张怪诞。甚至将这种建筑美感运用到柔软的针织产品上。这种三维装饰手法在牛仔服中开始广为使用，甚至也可以作为家纺产品设计的参考（图9-12）。

将很多不同的材料，诸如光片、珍珠、蕾丝、贝壳、羽毛、小玩物、金银饰品、盘花、纽扣等，作为装饰元素来美化装饰面料、家纺产品与服装。这是人们艺术素质提高的结果，是综合科学技术水平提高和普及的结果，是设计者融入生活，融入现代科学技术，大胆挖掘中华民族艺术元素并综合运用的结果，笔者预料，随着科学技术的发展，经济的发展，民族艺术素质的普遍提高，古今中外的艺术信息、艺术元素多方位、深层次的交融，将赋予服装和家纺产品更加丰厚的文化、艺术内涵（图9-13）。

图9-12　三维立体装饰效果一

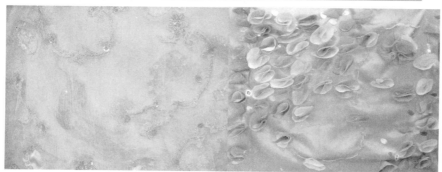

图9-13　三维立体装饰效果二

十一、编织法

编织法是使用棒针、钩针或手工编织的服装装饰方法（图9-14）。

图9-14 编织装饰效果

第三节 服装艺术装饰整理加工使用的材料

一、纤维、纱线、绳索等纺织材料

纤维材料主要指纺织纤维材料，包括长丝、棉纺的粗纱、毛纺的细条、各种纱线绳索，尤其是各种花饰线（雪尼尔线、睫毛线、珍珠纱、结子纱、大肚纱等），以及加工改造后形成的材料（布条、布块）或者是绒布花、卡通动物、布娃娃等成品。也可以将现成的编织带、彩色纱、花边和吊穗等材料作为服装装饰艺术整理的材料（图9-15）。

图9-15 纱线绳索布条装饰效果

二、金属材料

在服装上大量使用金属材料进行装饰整理。如在牛仔服上使用很多铜扣、铁钉、金属勾、环等材料进行装饰。另外，在目前技术条件下，完全可以将电氧化铝及其染色材料通过电氧化处理，再经过染色得到完全可以乱真的防金仿银的装饰材料，既显得豪华高雅，又成本低廉。铜铁电镀材料同样也可以经过电镀、染色抛光后作为装饰材料使用，但是没有铝制品制作方便。直接使用贵重金银材料装饰的服装，当然是珍贵奢华了（图9-16）。

图9-16　金属材料装饰效果

三、玻璃、陶瓷硅酸盐材料

玻璃、陶瓷硅酸盐材料主要用作仿翡翠珠宝类装饰物，现今多以塑料制品代替（图9-17）。

图9-17　仿翡翠装饰效果

四、羽毛、天鹅绒、鸭绒、尾毛、裘皮

很多服装开始使用羽毛、羽绒、尾毛、裘皮，将其染成所需的颜色进行装饰（图9-18）。

图9-18　裘皮羽毛装饰效果

五、塑料

合成塑料是当今使用最多的材料，用塑料可以仿制成各种天然材料，而且物美价廉，加工方便。塑料钻石、塑料珍珠、塑料反光片、荧光片、夜光片，电镀的钩、扣、链、环等种类丰富，这也为服装的艺术装饰整理大大提供了方便（图9-19）。

图9-19　塑料仿真珠宝装饰效果

六、功能材料

功能材料随着现代科技的发展，在服装中的应用越来越多。比如将对人体的体温、生物电、呼吸或心脏血流压力、声音具有感知的传感器，以及能够处理并输出这些信息的微电子器件，安装在服装的相应位置，外接显示器件，就可以随时对很多特殊人群检测并且准确地输出检测信息，同时还可以与卫星定位、移动通信，甚至是相关的家属、医疗机构、安全部门等相联系，通过服装实现更多的功能。还有采用电子元件，发出可以驱赶蚊虫声波的驱蚊器，将其安装在睡衣上便可以获得防蚊效果。这些功能器件的外观目前可以制作得十分精巧美观，甚至可以与珠宝类的豪华饰品相媲美。

第四节　服装装饰的艺术风格与美学装饰

一、西方服装装饰的艺术风格与美学装饰

（一）古典艺术风格

古典时期是指公元前5世纪~公元4世纪的古希腊与古罗马艺术风格，这个时期的艺术风格是通过均衡与比例上的艺术处理以及对优雅褶皱的狂热追求，造成一种和谐与典雅的艺术效果，突出清新精雅的形象和内心精神对理想美的追求。

（二）拜占庭风格

古希腊和古罗马艺术衰落以后，以拜占庭（东罗马）帝国为中心，艺术都城是君士坦丁堡（现名伊斯坦布尔），从4、5世纪到15世纪的一千年时间内，形成了辉煌的基督教艺术，教会和宫廷文化空前繁荣，此时君士坦丁堡一直是欧洲的时尚中心，形成了以浓厚的深色为底色、具有典型宗教色彩的服装，其特点是华丽耀眼、装饰物繁多。在教堂挂毯上、祭坛用的铺垫上、僧衣上以及王公贵族的服装上，用金丝、金银线、锦绳、宝石，精心装饰，用精巧细致的平金绣、贴线绣、闪光绣等刺绣方法，使图案达到庄严和华丽的效果。在此期间，具有划时代意义的十字军东征，使东西方文化广泛交融，十字军的服饰在所经之处产生了广泛深刻的影响，十字军的回还，带回了东方的服饰艺术。

（三）洛可可风格和新洛可可风格

洛可可风格是18世纪流行于欧洲的一种艺术风格，其特点是在巴洛克风格的崇高力度感上，融入了轻快、活泼、秀丽、精美和小巧玲珑之趣，后期则演变为过分纤细、轻巧并趋于琐碎，豪华的装饰，具有典型的宫廷味道，使这一风格走向了极端。这种风格在形式上多用C型和S型漩涡状曲线和清淡柔和的配色，无论男女、老少、尊卑，普遍使用精美

的花边缎带装饰，女子着紧身胸衣和内有裙撑的长裙。女装表现为流动的衣褶、变幻的线条、缎带、花边、刺绣、饰纽等多种装饰令人目不暇接。男子服装逐步趋于简洁，但是纹饰图案仍遍布服装的各个部位，在领、袖、上衣、裤子的下摆上刺绣着花纹，还用蕾丝和饰带进行装饰，并大量使用装饰点缀物，珍珠成为一时风尚。值得一提的是，如今仍然流行的蕾丝装饰，可以上溯到17世纪，意大利从抽纱发展来的针刺蕾丝、机织蕾丝、刺绣蕾丝、钩编蕾丝、打结蕾丝、针织蕾丝，使意大利蕾丝扬名世界。

男性为了维护本领和地位，让妻女待在家中无所事事。上流女子是纤弱并带有伤感的，面色白皙，小巧玲珑，文雅可亲供男性欣赏的洋娃娃。新洛可可风格在女装上体现为腰部极力追求纤细，而臀部则追求无限膨大，使用多达十几层的衬裙，或是使用马尾、铁丝制作像屋顶一样的裙撑。另外当时还有长达1~2米的拖裙作为宫廷身份的标志。

（四）新古典主义

新古典主义是18世纪末、19世纪初流行于欧洲的一种再次追求和谐、简洁的，古罗马、古希腊艺术风格，受启蒙运动的影响，掀起了一场在古典艺术的基础上创新的热潮，男子三件套服装，既合身又少装饰，女子服装解除了胸衣，去掉了裙撑，明显呈H廓型，由于纺织工业的发展，轻薄面料为女子提供了轻盈、飘逸的服饰。为了进一步强化此种感觉，女子的衣裙，普遍以高腰为主，由于人性的解放，透、露成为当时的时尚。因此，这个时代又被称为"薄衣时代"。

（五）浪漫主义

1825~1850年期间，法国由于长期战争，财政极度贫乏，人们心中弥漫着极度不安情绪，许多人缺乏上进，逃避现实，憧憬富有诗意的境界，倾向于主观的情绪和伤感的精神状态，强调感情的优越，这种思潮在服饰上有明显的反应并形成所谓浪漫主义的艺术风格，也就是一种充满典雅和严谨的贵族风格。男装收细腰身，肩部耸起，整体造型装腔作势，神气十足。女装追求豪华的宫廷趣味，腰线自高位下降至自然位置，腰部被紧身胸衣勒紧，袖根部极度膨大，裙子使用马尾毛编制的钟型裙撑。高高的领口有很多的装饰，也有的像荷叶般的大型披肩领，装饰有折叠数层的飞边、蕾丝。为了使腰身显得纤细，肩部不断向横宽方向扩张，领部使用鲸须、金属丝做撑，或用羽毛填充。

（六）夏奈尔和迪奥风格

夏奈尔和迪奥风格出现在19世纪20年代，夏奈尔大胆地打破了传统的贵族气氛，使服装尽可能地朴素简化。著名服装设计师迪奥坚持"衣服是把女性肉体的比例显得更美的瞬间的建筑"，他被誉为"布料雕刻家"，特别注重衣服内部结构和填充材料的使用，并且坚持一种简洁、优雅的现代风格。

二、中国传统服装艺术风格和美学装饰

中国传统服装基本没有脱离开上千年的长袍大褂结构。中国服装艺术风格和美学装饰更多地表现在宫廷服装和少数民族服装上。与国外极为相似的则是封建统治阶级为了彰显自己的地位与权势，其服装追求豪华尊贵的装饰。无论是服装面料还是装饰材料，金、银、珠、宝，无所不用其极。服装的装饰手法当然也是挖空心思。另一个特点则是追求健康长寿、安乐吉祥。尤其到明代以后，往往是图必有意，意必吉祥，经常使用一些特殊含义的装饰纹样与器物。改革开放以来，西方的很多服装艺术元素广泛被中国人接受。因此当今中国服装的装饰整理开始结合古今中外的艺术元素。

（一）中国传统装饰

比如唐、宋、明、清几乎都有富贵威严、吉祥如意　连年有余、事事如意、五福献寿、万事如意的图案装饰（图9-20）。

图9-20　中国传统服装装饰

（二）中国戏剧服装和民族服装装饰

由于服装面料的不断更新，染整技术、服装整理技术的变化发展，新型装饰材料、服装辅料的出现，使得中国的戏剧服装和现代的演出服装变得越来越绚丽多彩，万紫千红（图9-21）。

图9-21　中国戏剧服装和民族服装装饰

中国少数民族的美学装饰元素，在现代时尚之美的衬托下，显得更加原汁原味、古朴自然。

三、信息的高速高流量特征与服装的现代装饰

随着中国改革开放日益深化，现代浪漫主义在服装的设计与装饰方面表现得淋漓尽致，古今中外的艺术元素无所不用，将中世纪、文艺复兴、拜占庭、巴洛克、洛可可、19世纪新艺术派、20世纪的装饰艺术派、还有我国各民族的传统艺术风格、艺术元素组合在一起，自由搭配，便形成了现在的现代浪漫主义风格。中国服装艺术设计虽然在国际上尚未形成显赫地位和领导时尚的水平，但是其深度开放，大胆引进的风格和做法却是不容忽视的。现代化高新技术、新材料融入成为服装艺术必不可少的助推剂和催化剂。服装装饰技术也正在朝着现代化、科学与艺术的一体化迅速发展。

第十章　服装的包装装潢及储存

　　服装生产完毕，要经过包装、储存、运输、销售一系列的过程，最后到达消费者的手中。从生产完成到销售的中间环节，它涉及包装、运输等多项工作，如果出现差错会造成产品流通的混乱，甚至造成经济损失。因此，为了维护服装商品的使用价值，确保产品的流通秩序，必须做好服装的包装、储存和运输工作。

第一节　服装的包装

　　包装是为了在储存、运输中保护产品，在销售中进一步提高产品商业价值的一种技术手段。产品在市场上能否赢得消费者，不仅取决于产品本身，还取决于产品的包装。俗话说：人靠衣装，如果说衣服是人的"包装"，那么这里所要说的包装就是服装的"服装"，它可使消费者产生极大的购买欲望，并可提高服装的附加价值。因此，包装是现代服装生产及商品流通的重要环节，是融科学技术和艺术品位于一体，同时涉及美学、材料、力学、制造、化学、环保等多项技术的学科。

　　包装的内容不仅包括便于运输、方便储存的各种包装用品，还包括有利于商品销售的各种包装技术手段，包括包装用品的外形、商标、色彩、图案、文字（如产品介绍、使用保养标志）等。选择和设计合适的包装形式及其内容是现代服装生产的重要环节。

一、服装包装的功能和形式

（一）服装包装的功能

　　服装包装具有以下几方面的功能：

1.保护功能

　　包装能有效地保护服装的外形和质量，维护其使用价值。如：可以避免服装遭受污染损伤而影响外观；可以防止微生物、害虫的侵蚀等。

2.便利功能

　　包装便于运输、装卸和储存，便于消费者携带和使用。

3.宣传和引导功能

　　包装可以传递信息，介绍商品，引导消费。从某种程度上来说，包装是产品的说明书，是购物指南和消费指南。

4.美化和促销功能

质优、时尚的服装配上新颖活泼、丰富多彩的外包装，能直接引起消费者的兴趣和喜爱，起到"无声推销员"的作用，同时也能满足消费者的审美心理要求。

服装包装的要求，总体应符合科学、经济、牢固、适销的原则。科学，即包装用的材料、文字说明要有科学性；经济，即尽量节约社会资源，降低包装费用，一般的包装费用不宜超过服装成品的10%；牢固，即包装应结实、稳妥，在装卸、运输、保管过程中不松散；适销，即包装要适合消费者的消费习惯和消费心理。

（二）服装包装的形式

服装包装的形式很多，按分类方法的不同常有以下几种：

1.按包装的用途分

分为工业包装、销售包装、特种包装三类。工业包装是将大量的包装件用保护性能好的材料（如纸盒、木板、泡沫塑料等）进行大体积包装，它在服装运输和储存过程中直接起安全性保护作用，注重包装的牢固性，方便运输，不讲究外观设计。销售包装是以销售为主要目的的包装，它不仅起着直接保护商品的作用，而且还具有促销的功能，讲究装潢印刷以吸引消费者，具有美化产品、宣传产品、指导消费的作用。特种包装用于保护性包装，其材料的构成需由运送和接收单位共同商定，并有专门文件加以说明。

2.按包装的材料分

可分为木箱包装、纸箱包装、塑料袋包装和纸盒包装等。

3.按包装的层次分

可分为内包装和外包装。内包装也称销售包装、小包装，通常是指单件（套）服装的包装或若干件服装组成的最小包装整体。其主要功能除保护产品、促进销售外，还便于计数、便于再组装。外包装也称运输包装、大包装，是指在商品的销售包装或内包装外再增加一层包装，其作用主要是保障商品在流通过程中的安全，便于装卸、运输、储存和保管，因此具有提高产品的叠码承载能力，加速交接、清点、检验等功能。

4.按包装的方法分

可分为传统包装（纸袋、塑料袋、纸盒包装等）、真空包装和立体包装等。

服装按其包装形态不同也可分为平装和挂装两种方式。平装是将服装按要求折叠成一定的规格、形状，再装入包装容器中的方法。挂装是将服装按件或套挂在特定规格、形状的衣架上再放入外包装内的方法。挂装方法有利于保护服装外形，便于清点和销售，多用于中高档西装、大衣、套装等。平装包装整洁美观，节省空间，适用于多种服装类型。

产品包装形式的确定，既要依据生产、销售和消费者的要求，又要考虑产品的种类、档次、运输条件等。如针织内衣不怕压，内包装可采用塑料袋包装，外包装可采用纸箱、木箱或打麻包；高档西服、大衣则可采用立体包装，以免在储存、运输过程中使服装折皱变形；羽绒服、棉衣等可采用真空包装，以便减少装运体积和重量。

二、服装包装的材料和容器

（一）包装材料

服装包装的材料主要有纸、塑料薄膜等。

1.纸

包装用纸种类很多，具体种类如下：

$$包装纸\begin{cases}包装原纸：牛皮纸、羊皮纸、半透明玻璃纸及纸板等\\包装加工纸：防潮纸、防锈纸、瓦楞芯纸、高密度聚乙烯合成纸等\end{cases}$$

各种包装用纸因特性不同，用途也不相同。如牛皮纸韧性好，强度高，能很好隔绝空气，因此用途最为广泛；防潮纸具有防潮防湿功能，且质地轻薄，多用于服装的内包装；瓦楞芯纸是生产瓦楞纸箱的材料，主要用于外包装；纸板除可用来做外包装的纸盒、纸袋外，还常用在服装的内包装里，起承托作用，如衬衫包装；高密度聚乙烯合成纸是一种新型包装材料，有良好的白度和强度，且不收缩、不伸展、不起毛、不生锈，并能防止霉菌的产生。

2.塑料薄膜

在服装包装中，塑料薄膜因其轻薄、透明等特性而被广泛用作成衣的包装袋。衬衫的领撑通常采用较硬的塑料制作，以使包装后的领子呈"站立"状。

此外，塑料夹、衣架、大头针、别针、吊牌等材料，亦是服装上经常使用的包装材料，如：别针在包装泳衣、儿童服装时经常使用，能保证成品使用时的安全。

（二）包装容器

在服装成品包装中，经常使用的容器主要有袋、盒、箱等形式，每种形式各有利弊，需根据产品的种类、档次、销售地点等因素合理选择。

1.袋

包装袋通常由纸或塑料薄膜材料制成，具有保护服装成品、防污染、占用空间小、便于运输流通等优点，而且可选择的范围大，成本较低，在服装行业中使用最为广泛。不同品种的服装可选择与之相匹配的包装袋形式和尺寸。

包装袋的通用性和方便性是其他包装形式难以相比的，但自撑性较差，易使成品产生皱褶，影响服装外观。

2.盒

包装盒也是较常用的包装形式之一，大多采用薄纸板或塑料制成，属于硬包装形式。其优点是具有良好的强度，盒类的成衣不易被压变形，在货架上可保持完好的外观。盒的形式分折叠盒和成形盒，折叠盒为扁平状，运输时所占空间小；成形盒是按使用时的形式制成立体盒，运输时所占空间较大。

3.箱

包装箱大多是瓦楞纸箱或木箱，主要用于外包装，最常见的式样是正规开槽式和中部特别开槽式。将独立包装的数件服装成品以组别形式放入箱中，便于存放和运输。

三、服装包装的方法

（一）传统包装

传统包装即常规的袋、盒包装，通常又分为内包装和外包装两种形式。

1.内包装

也称小包装，可采用纸、塑料袋、纸盒等材料。纸包折叠要端正，包装要牢固；塑料袋、纸盒包装大小应与产品相适应，产品装入塑料袋、纸盒时应平整，紧松适宜；漂白、浅色类服装产品应在纸包内加入中性白衬纸，下垫白色硬纸板，以防产品沾污、变形。

小包装有时以件或套为单位装入塑料袋，有时以5件或一打为单位打成纸包或装盒。小包装内的成品品种、等级需一致，颜色、花型和尺码规格应符合消费者或订货者的要求，有独色独码、独色混码、混色独码、混色混码等多种形式。在包装的明显部位要注明厂名（国名）、品号、货号、规格、色别、数量、等级及生产日期等。对于外销产品或部分内销产品，有时还需注明纤维原料名称、纱线线密度及混纺比例、产品使用说明等。

2.外包装

也称大包装，可采用纸箱、木箱等材料，包装材料要清洁、干燥、牢固。纸箱内应衬垫具有保护产品作用的防潮材料，箱内装货要平整，勿使包装变形。纸箱盖、封底口应严密、牢固，封箱纸应贴正、贴平。内外包装大小适宜，箱外可用捆扎带等捆扎结实，卡扣牢固。大包装的箱外通常要印刷产品的唛头标志，内容包括厂名（或国名）、品名、货号（或合同号）、箱号、色别、等级、数量、重量（毛重、净重）、体积（长、宽、高）、出厂日期和产品所执行标准的代号、编号、标准名称等。唛头标志要与包装内实物内容相符，做到准确无误。

（二）真空包装

真空包装是20世纪70年代问世的包装新技术，是将服装产品装入气密性包装容器中，在密封前抽真空，使密封后的容器内达到预定真空度的包装。

真空包装首先降低服装的含湿量，然后将去湿后的服装装入塑料袋内，进行压缩并抽真空，最后将袋口黏合。这种方法由于服装含湿量降低到一定程度，因此，在存储和运输过程中，虽经压缩但并不易产生折痕。

采用真空包装方法具有减少成衣装运体积和重量、防止装运过程中服装产生折皱和霉变、占用储存空间小等优点。

一般妇婴卫生保健服装、医用服装等产品大多采用真空包装的形式，以确保经过消毒的服装成品不会在运输、销售过程中，被再次污染。

（三）立体包装

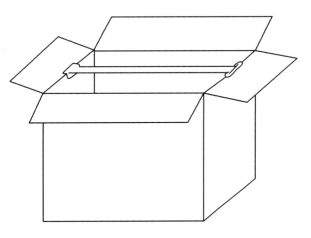

图10-1　立体包装箱结构

经整烫定型后的服装，表面平整美观、立体感强，但经袋、盒的形式包装、运输后往往会产生皱褶，影响服装外观。而立体包装则能使服装在整个包装运输过程中不被挤压、折叠，始终保持良好平整的外观，从而保证产品的外观质量，提高产品的价值。但对服装企业来说，投入较大，运输费用较高。

立体包装是将衣服挂在衣架上，外罩塑料袋，再吊装在有横梁的特制包装箱内，或将衣服直接挂在集装箱内，故立体包装又称挂装。立体包装多用于中高档西装、大衣类服装。立体包装箱的结构如图10-1所示。

为适应现代服装进出口数量大、运输周期较长的特点，吊挂式服装集装箱被广泛使用。集装箱由铝合金或钢制造，箱内整齐挂列着许多横梁和挂钩，供吊挂服装用。这种包装运输方式的最大优点是：服装不折叠、不挤压、不变形，充分保证质量。

四、服装包装的工具和设备

1.自动折衣机

自动折衣机主要用于衬衫的折叠，具有自动放纸板、可调式自动衣领定型功能；折衣板和衣领定型模能根据服装款式随时更换；两个折叠器可单方向高速转动，提高折叠效率。

2.装袋机

已折叠好的衬衫、内衣等服装成品，通常采用装袋机包装。装袋机的操作简单，使用方便，且包装整齐美观。将服装放入导轨，按动开关，衣服便沿导轨被送入包装袋中，然后封袋口机将袋口封住。

3.吊牌枪

市场上销售的服装，需挂有标明厂商、商标、规格、条形码等资料的吊牌或备用扣袋。连接吊牌和服装的附件大多采用塑料制细线将吊牌附件对合封住。不同类型的吊牌附

图10-2　半自动服装立体包装机

件可使用相应的吊牌针及吊牌枪。

4.真空包装机

真空包装是一项新型包装技术。其原理是将服装的含湿量降低到一定的程度，从而不易发生永久或半永久的折痕。

工作过程是：

降低服装的含湿量→把服装插入塑料袋→抽出袋中和服装内的空气→黏合袋口。

5.立体包装机

如图10-2所示半自动服装立体包装机。操作工将服装连同衣架挂到机械吊轴上，按下按钮，塑料袋自上而下将服装套入，并自动热封、切割。塑料袋的长度可任意调节。全自动立体包装机，操作工只需将服装成品挂上运输带，系统便可将服装运送到包装机，自动套入塑料袋，封口后送出。

五、包装设计

服装产品的包装设计主要是包装用品（内盒、外箱、包装袋）的材料设计、造型设计和规格设计。材料设计是指对服装的包装材料进行选定，如各种纸张、纸板、塑料薄膜等；造型设计是以销售目的为依据而进行的，起着直接保护商品的作用，有美化产品、宣传产品、指导消费的功效；规格设计是指对内盒、外箱、包装袋、衬托材料等进行规格尺寸的选定。

包装用品的设计、定做要与服装的生产同步进行，一般在样衣确定的同时，要明确包装折叠方法，测出尺寸，设计包装用品。服装投产，包装用品同时制作。

对任何一种服装产品进行包装设计，首先要对被包装物品的性质和流通环境进行充分的了解，才能选择适当的包装材料和方法，设计出保护可靠、经济适用的包装结构。在确定包装的保护程度时，一定要考虑产品的具体要求，包装的保护强度往往与包装费用成正比，过高的保护强度会增加包装费用；反之则会使内容物易于损坏，同时会造成经济损失。

六、包装质量控制

包装是服装成衣生产的最后一个环节，包装质量也是服装工业生产质量的检测项目之一。因此包装车间必须严格执行工艺规定。

（1）蒸汽整烫的服装不能马上装入塑料袋内，以免包装后的服装因潮湿发霉。

（2）服装包装应按要求及尺寸进行折叠，包装的尺码、规格、印字、标志及数量、颜色搭配等必须符合工艺规定。

（3）检查包装箱内是否清洁无杂物，外包装是否完整。小包装应做到"三相符"，即规格与数量相符；产品搭配与合同相符；实物与号型规格相符。大包装应做到"二无四准"。"二无"即标记项目无遗漏，箱号无重复；"四准"即规格准、品号准、颜色准、数量准。整个包装应保证清单、唛头与合同完全相同。

七、服装的使用保养标志

随着服装材料种类及后整理方法的不断增多，科学地选择服装的洗涤、使用和保养方法越来越重要。不论是服装商品的生产者还是服装商品的消费者，都应该了解服装的使用要求。服装生产者要按有关标准规定使用保养标志，在成衣的标签中予以注明，而消费者应能看懂提示，正确合理地清洗保养服装。关于服装洗涤、使用图形符号，国内、国际都有相应的标准，具体说明如下：

（一）基本图形符号和附加符号

服装使用基本图形符号共有5种。具体如表10-1所示。

表 10-1　服装使用基本图形符号

名　称		图 形 符 号	说　明
中　文	英　文		
水　洗	Washing		用洗涤槽表示，包括机洗和手洗
氯　漂	Chlorine-based bleaching		用等边三角形表示
熨　烫	Ironing and pressing		用熨斗表示
干　洗	Dry cleaning		用圆形表示
水洗后干燥	Dry after washing		用正方形或悬挂的衣服表示

服装使用附加符号共有3种，如表10-2所示。

表 10-2　服装使用附加符号

附加符号的图形	表示内容	附加符号的图形	表示内容
×	禁止符号	——	极轻度处理符号
—	轻度处理符号		

1.禁止符号

若在表10-1中任何一种符号上加有圣安德鲁十字线的则表示该符号所代表的处理方式禁止使用。

2.轻度处理符号

若在洗涤符号或干洗符号下加有一横扛，则表示所做的处理程度要比无扛的相同符号为轻。

3.极轻度处理符号

若在洗涤符号下面加有一断开的横扛，则表示在40℃下非常轻柔的处理。

（二）洗涤图形符号

服装的纤维材料、色泽等不同，对洗涤的方式、水的温度、洗涤强度的要求也不同。有关洗涤图形符号见表10-3。洗涤槽符号表示家用的洗涤方式（手洗或机洗），最高洗涤温度和最高洗涤强度均由该符号所附加的信息来表达。

表 10-3　洗涤图形符号

图形符号	图形说明	图形符号	图形说明
95	最高水温：95℃ 机械运转：常规 甩干或拧干：常规	30	最高水温：30℃ 机械运转：极缓 甩干或拧干：轻柔
95	最高水温：95℃ 机械运转：缓和 甩干或拧干：减弱	（手洗符号）	只可手洗，不可机洗 用手轻轻揉搓，冲洗 最高洗涤温度：40℃
30	最高水温：30℃ 机械运转：常规 甩干或拧干：常规	（不可水洗符号）	不可水洗
30	最高水温：30℃ 机械运转：缓和 甩干或拧干：减弱		

（三）干燥图形符号

由于服装的纤维种类及纺织染加工的不同，因此服装经水洗后的干燥方式也各有不同。水洗后干燥图形符号如表10-4所示。

表 10-4　干燥图形符号

图形符号	图形说明	图形符号	图形说明
	拧干 不可拧干		滴干
	以正方形和内切圆表示转笼翻转干燥，甩干		平摊干燥
	不可甩干		阴干
	悬挂晾干		

（四）干洗图形符号

干洗又称化学清洗，即利用化学试剂清洗衣物的方式，是高级服装常用的洗涤方法。服装的干洗处理常用圆圈符号来表示，其干洗用剂和干洗过程均由该符号所附加的信息来表达。如表10-5所示。

表 10-5　干洗图形符号

图形符号	图形说明	图形符号	图形说明
干洗	常规干洗	不可干洗	不可干洗
干洗	缓和干洗		

（五）熨烫图形符号

熨烫符号表示家用熨烫处理。熨烫温度的高低用标于符号内的1个点、2个点或3个点来表示，如表10-6所示。

表 10-6　熨烫图形符号

图形符号	图形说明	图形符号	图形说明
（熨斗，三个点，高）	熨斗底板最高温度：200℃	（熨斗，下方波浪线）	垫布熨烫
（熨斗，两个点，中）	熨斗底板最高温度：150℃	（熨斗，下方斜线）	蒸汽熨烫
（熨斗，一个点，低）	熨斗底板最高温度：110℃	（熨斗，打叉）	不可熨烫

第二节　服装的储存和运输

服装生产包装完毕，要经过入库、保管、装卸、运输、储存、销售一系列的过程，最后到达消费者的手中。从生产完成到销售的中间环节也是至关重要的，它涉及仓储、保管、运输等多项工作，如果出现差错会造成产品流通的混乱，甚至造成经济损失。

一、服装储运标志

为了保证服装产品能安全准确、保质保量地到达目的地，在服装产品的包装上，通常要有一些标志来标明产品的保存和识别特征。

1.指示标志

指示标志是对怕湿、怕热等要求所做的特殊标记。如防潮、防晒、朝上标志等（图10-3）。

防潮

防晒

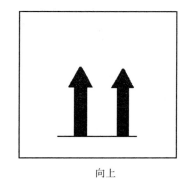

向上

图10-3　指示标志图例

2.识别标志

主要用于收发货人识别货物的标志，也称唛头。通常由简单的几何图形、字母数字及简单的文字组成。内容主要包括产品的特定记号、品名、货号、规格、颜色、毛重、净重、体积、生产单位等。

3.货签

粘贴或拴挂在运输包装上的一种标签，内容包括运输号码、发货人、收货人、发站、到站、货物名称及数量等。一般用纸、塑料或金属片等制成。

4.吊牌

一种活动标签，通常用纸、塑料、金属等制成，用线、绳、金属链等挂在商品上，上面印有产品简要说明和图样。

二、仓储

服装的仓储是指服装离开生产过程，但尚未进入消费过程的间隔时间内的储存。它对于调节服装生产与社会消费间的矛盾，避免服装产品受潮受损，保证产品质量和供应有着重要的作用。因此，搞好服装仓储设施配置，加强仓储环境控制，做好仓储管理，对于维护服装使用价值，保护服装生产者、经营者和消费者利益就显得特别重要。

（一）仓储设置

服装企业的仓库是储存物资的场所。仓库起着蓄水池的作用，是各种材料、物品供应的中心，主要完成物资的验收、保管、发放、清仓盘点等项工作。由于服装材料的种类繁多、性能各异，因此，配备适宜的仓库设置是保证服装质量完好的重要条件。

1.库房的设置

库房的设置首先要本着便于物资存储和发放的原则，或集中或分散，总之要同企业的总体布局结合起来，综合考虑，务必满足物品流向，便于物品的领取和储存，减少物品的搬运距离。库房要求坚实牢固、通风干燥、不漏水，库内避免阳光直射，并有防虫、防鼠、防霉等多种措施，以防止服装受损。

2.设备的配置

仓库必须配备充足的设备，如装卸搬运器材、消防器材、电气设备等。

（二）仓储管理

仓储管理是服装生产企业保护服装商品的质量和尽量减少损耗的重要环节，其主要内容包括入库管理、物品管理、安全卫生管理和出库管理。

1.入库管理

入库管理是管好物资的第一步，是指对入库的物品在入库前按照一定的程序和手续进行凭证核对、数量清点和质量检查等验收工作。对验收工作的基本要求是及时、准确、认真负责。通过验收，把好物质入库前的数量关、质量关和单据关。只有单据、数量和质量验收无误后，才能办理入库、登账、立卡等手续。如发现品种、规格、数量、质量、单据不符合规定，应查明原因，报告主管部门，及时处理。

2.物品管理

物品验收入库后，就应进行合理的保管维护。

（1）定位存储：服装存放应按不同种类、款式、规格、级别、批号、花色等分别固定仓位，并将贮存位置编号登记造册。在存放处挂上明显标牌，便于识别，管理人员通过检索卡片、造册可一目了然，使货品存放秩序化。

（2）及时盘点：库管人员要定期进行货物盘点，目的是核对账目和实物是否相符，检查存货质量变化，避免损失。

对于服装成品库房，存放的物品将直接面向市场，销路的好坏决定了某种款式产品的库存量，而这一因素往往是难以预料的。因此，对于服装成品库的货品数量，库管人员更应该时刻清楚，经常清点，一旦发现某种产品库存量迅速减少，应及时告知业务部门、计划部门和生产部门，使企业有时间考虑是否进行翻单生产。在服装市场上，断号商品就不能作为正规商品出售，而应作降价处理，可见服装库存量直接影响到服装企业的经济效益。

（3）妥善保管：对入库的服装，除了要保证数量上的准确之外，还要研究其性能，采取必要的防腐、防霉等措施，注意通风、防火和防盗。对于长期存储的服装，应定期翻仓整理，尤其是在雨期结束时。储放货品的木架、柜子、木箱等容器，应分批进行日光照射，或用杀虫剂喷洒，防止害虫滋生。

3.安全、卫生管理

仓储安全管理包括：

（1）仓库的治安、保卫管理。

（2）仓库的防火、灭火以及用电管理。

（3）操作机械过程中的安全技术管理。

以上三方面缺一不可，而且必须要有相应的管理条例，做到专人专职，职责分明。

仓储卫生管理要搞好仓库内外的环境卫生，做好防虫、防鼠工作。

4.出库管理

商品出库管理是指根据业务部门开出的出库凭证，按所列商品编号、名称、规格、牌号、单位、数量等项目，组织出库登账、配货、复核、发货出库等一系列工作。这是仓库业务收、管、放的最后一个环节，要求发放的物品必须数量准确、质量完好、迅速及时。

三、运输

运输是连接服装生产和销售的中间环节，不同性质的企业、不同种类的服装产品所选择的运输方式和渠道各不相同。

为确保服装产品及时、完好而准确无误地送到目的地，应合理安排运输，一般要遵循下列原则：

1.合理选择运输方式

根据产品的品种包装以及运输路线的远近尽量选择较为合理的产品运输方式，以确保产品在运送过程中完好无损。

2.尽量做到直线运输和连续运输

对于路途较远的异地运输，应尽可能采用一种运输工具或方式，尽可能是直达运输，这样既可缩短送货周期，又可以避免在绕道或中途搬运、装卸过程中造成不必要的损坏。

3.集中运输

同一批货物尽量集中发送，这样便于清点货物，方便运输，同时可以减少运输费用。

4.搬运机械化

货品无论是出入库房或是运输途中，都需要用人力或机械搬运。在大量搬运装卸时，应尽量利用机械，可提高效率，减少包装损失。

5.力求快捷，优质高效

做到及时组织，快发快运，快装快卸，货证相符，货证同行，安全运送，尽量减少运输手续，降低运输费用。

第十一章　实验

实验一　　纺织服饰品的漂白

各种纺织材料在生长和生产过程之中往往有大量色素共生，它大大影响了成品的外观质量。在有些要求具有一定白度的成品中是不允许存在的，因此必须将其祛除，祛除的方法就叫做漂白。常用的漂白方法分为氧化漂白、还原漂白，有时为了获取更高的白度要求，甚至采用氧化和还原双漂，乃至多次漂白的方法。但是，无论是哪一种漂白方法其目的都是将材料之中的有色物质——色素破坏并祛除。漂白加工除了漂白剂的选择之外，加工条件往往起着十分重要的作用，与漂白效果紧密相连。本实验的目的是通过实验了解不同材料的漂白方法、不同漂白剂的漂白工艺过程、不同条件的漂白效果。因此教学之中可以根据条件和不同要求确定实验内容。

一、次氯酸钠冷漂

实验仪器：电炉、温度计、烧杯、量筒、移液管、天平、玻璃棒、试纸。

化学试剂：次氯酸钠、硫酸、亚硫酸氢钠、硫代硫酸钠、增白剂。

操作：首先将要漂白的材料称重，以便计算浴比（材料的质量与水的液量之比），然后计算各种化学试剂的用量。准确称取或量取后加入一定量的水中，按照指定温度和时间进行处理。

工艺条件：

1.冷漂

次氯酸钠（有效氯）浓度	0.5~1 g/L

（一般工业用次氯酸钠有效氯为30%，因此加入量为1.5~3 g/L）

pH值	9.5~11
温度	20~30℃
将被漂白物浸入后浸渍时间	40~60 min
浴比	（1∶20）~（1∶40）（以下各步处理浴比相同）

2.过酸

硫酸（100%）浓度	2~3 g/L
将被漂白物浸入后放置时间	15~30 min

3.脱氯水洗

硫代硫酸钠	1~2 g/L（或亚硫酸氢钠1~1.5 g/L）
温度	30~40℃
将被漂白物浸入后放置时间	10~20 min
水洗至	pH=6~7

4.增白（为了得到更高的白度）

棉用荧光增白剂VBL	0.3%（按被漂白物重）
温度	30~40℃
将被漂白物浸入后放置时间	15~20 min

5.晾干或烫干

6.说明

（1）漂白材料可以是纯棉制品，如毛巾、汗衫、棉纱、棉织物、纯棉成衣等。

（2）由于次氯酸钠可以破坏牛仔服上的靛蓝染料，也可以用不同浓度的次氯酸钠溶液喷洒，做磨白和脱色。

（3）为了使学生深入了解漂白机理，实验中可以改变不同条件（如：次氯酸钠浓度为0.1 g/L、0.5 g/L、1 g/L、3 g/L、5 g/L）进行漂白，然后比较漂白效果。

二、亚氯酸钠漂白

实验仪器：电炉、温度计、烧杯、量筒、移液管、天平、玻璃棒、试纸。

化学试剂：亚氯酸钠、草酸、焦磷酸钠、亚硫酸氢钠（或硫代硫酸钠）、增白剂。

工艺条件：

1.漂白

亚氯酸钠（100%）浓度	10~15 g/L
草酸或焦磷酸钠	5 g/L
pH值	5
温度	90~100℃
将被漂白物浸入后放置时间	40~60 min

2.脱氯水洗

硫代硫酸钠	2~4 g/L（或亚硫酸氢钠3~5 g/L）
温度	30~40℃
将被漂白物浸入后放置时间	10~20 min
水洗至	pH=6~7

3.增白（可以得到更高的白度）

棉用荧光增白剂VBL	0.3%（对织物重）
温度	30~40℃
将被漂白物浸入后放置时间	15~20 min

4.晾干或烫干

5.说明

（1）漂白材料可以是纯棉制品，如毛巾、汗衫、棉纱、棉织物、纯棉成衣等。

（2）腈纶材料可以用此工艺进行漂白，其增白剂为阳离子增白剂AN或分散型荧光增白剂DCB、ACF，其增白处理温度为90~100℃，时间为60 min；pH值为4。

（3）为了使学生深入了解漂白机理，实验中可以改变不同条件（如：亚氯酸钠浓度1 g/L、5 g/L、10 g/L、15 g/L；也可以改变增白剂的种类和用量）进行漂白，然后比较漂白效果。

三、过氧化氢漂白

实验仪器：电炉、温度计、烧杯、量筒、移液管、天平、玻璃棒、试纸。

化学试剂：双氧水、焦磷酸钠、双氧水稳定剂（硅酸钠）、烧碱、碳酸钠、增白剂。

工艺条件：

1.漂白

双氧水（25%~30%）浓度	16~15 g/L
烧碱（40%）	3~6 mL/L
稳定剂硅酸钠（相对密度1.4）	6~10 mL/L
pH值	10
温度	90~100℃
将被漂白物浸入后放置时间	40~60 min

2.增白（可以得到更高的白度）

棉用荧光增白剂VBL	0.3%（对织物重）
温度	30~40℃
将被漂白物浸入后放置时间	15~20 min

3.晾干或烫干

4.说明

（1）漂白材料可以是纯棉制品，如毛巾、汗衫、棉纱、棉织物、纯棉成衣等。

（2）漂白材料也可以用毛纱、毛衫、毛织物、散毛、丝绸等蛋白质纤维材料，其漂白pH值为8~9，不可过高，因此只需加入焦磷酸钠3~6 g/L，不可使用烧碱，以免损伤羊毛。

（3）蛋白质纤维材料用此工艺进行漂白，选用增白剂为毛用增白剂天来宝WG、荧光增白剂WS、FR，其增白处理温度为80~90℃，时间为60 min，pH值为6。

（4）为了使学生深入了解漂白机理，实验中可以改变不同条件（如：双氧水浓度5 g/L、10 g/L、15 g/L、30 g/L；也可以改变增白剂的种类和用量；还可以改变漂白的温度40℃、60℃、80℃、100℃）进行漂白，然后比较漂白效果。

四、还原剂漂白

实验仪器：电炉、温度计、烧杯、量筒、移液管、天平、玻璃棒、试纸。

化学试剂：保险粉、焦磷酸钠、增白剂。

工艺条件：

1.漂白

保险粉浓度	6%~10%（对织物重）
焦磷酸钠浓度	4%~7%（对织物重）
pH值	6~7
温度	80℃
将被漂白物浸入后放置时间	40~60 min

2.增白（可以得到更高的白度）

毛用荧光增白剂（天来宝WG）	0.5%~1%（对织物重）
温度	60~80℃
将被漂白物浸入后放置时间	15~20 min

3.晾干或烫干

4.说明

（1）漂白材料也可以用毛纱、毛衫、毛织物、散毛、丝绸等蛋白质纤维材料。

（2）蛋白质纤维材料用此工艺进行漂白，选用增白剂为毛用增白剂天来宝WG、荧光增白剂WS、FR，其增白处理温度为60~80℃，时间为60 min，pH值为6。

（3）为了使学生深入了解漂白机理，实验中可以改变不同条件（如：保险粉浓度2%、4%、6%、8%、10%；焦磷酸钠浓度1%、2%、4%、5%、6%；也可以改变增白剂的种类和用量；还可以改变漂白的温度40℃、60℃、80℃、100℃）进行漂白，然后比较漂白效果。

（4）实际生产中各种材料的漂白均可以采用组合漂白，如纤维素纤维材料的氯—氧双漂，即先用次氯酸钠漂白，再用双氧水漂白；蛋白质纤维材料的氧化—还原双漂，即先用双氧水漂白，再用还原剂漂白；也可以重复多次漂白，以达到成品质量的要求。

5.注意事项

以上实验，有的需要加热，应该注意升温要缓慢（一般每1~2 min升高1℃为宜），并需要经常轻轻搅拌。否则漂白或增白不均匀。

实验二　真丝服饰品或毛衫的扎染

蛋白质纤维材料服饰品包括羊毛、羊绒、蚕丝、皮革、裘皮，还有大豆蛋白纤维制品、牛奶纤维制品、蚕蛹蛋白纤维制品。这些均可以采用酸性染料、活性染料、中性染料染色。由于锦纶有着和蛋白质相似的化学结构，通常也采用上述染料染色。本实验的目的是通过实验掌握蛋白质纤维材料的染色工艺过程，了解染色工艺条件对染色过程和染色结果的影响，另一方面掌握扎染的基本技法，同时熟悉色彩拼混的规律和色彩的运用。

一、毛用活性染料扎染

实验仪器：电炉、温度计、烧杯、量筒、移液管、天平、玻璃棒、试纸。

化学试剂：醋酸、匀染剂、洗涤剂、毛用活性染料、硫酸钠、氨水、碳酸钠、里奥灵B。

实验材料：待染色的服饰材料，扎染用的缝、扎、包、夹材料。

实验要求：

扎染图案的设计；

不同的直线、曲线、折线缝法；

不同的结扎方法；

不同的包、夹技法；

色彩的设计与运用。

工艺条件：

1.染色

以毛用活性染料优若菲克斯NW为例：

Eurofix NW Yellow 6G（优若菲克斯黄NW 6G）

Eurofix NW Brilliant Red 2BL（优若菲克斯艳红NW 2BL）

Eurofix NW Brilliant Blue BN（优若菲克斯艳蓝NW BN）

染料用量	0.2%	0.5%	1%	3%	（对织物重）
染色pH值	5	4.5	4.5	4~3.5	
醋酸用量	1%	2%	3%	—	（对织物重）
甲酸用量	—	—	1%	2%~3%	（对织物重）
（里奥灵B）	1%	1%	1.5%	2%	（对织物重）
温度	80℃	80℃	80℃	85~90℃	
时间	达到染色温度继续染色60~80 min				
浴比	（1：40）~（1：100）				

2.固色

固色pH值　　染料用量1%以下不需加碱固色；

染料用量1%以上需要在达到染色温度30 min后，加入氨水或碳酸钠调节并维持pH值8.2~8.5，继续染色40~60 min。

3.中和

如果采用了氨水或碳酸钠进行固色处理，则在其后再经过醋酸调节pH值为5，并在50℃下处理染色物15~20 min。

4.拆结、净洗、熨烫

5.说明

（1）本实验适用于蚕丝、羊毛、羊绒、皮革、锦纶材料的染色。

（2）染色时宜参照升温工艺曲线缓慢升温，保温时应不断缓慢搅拌以防染花，尤其是需要大面积着色的材料。

（3）如果是做扎染，则升温快慢、染料浓度的大小、染色温度的高低、染色时间的长短，均可自由灵活掌握。

（4）为了培养学生对染色过程、染色条件、染色结果影响的认识，可以改变上述条件进行比较。影响较大的条件依次为：染色温度、染色pH值、染色时间、里奥灵用量、固色的pH值、固色温度、固色时间，这些条件只要改变其一，就有不同的染色结果，这在工业化生产中特别重要。

（5）升温工艺曲线如图11-1所示。

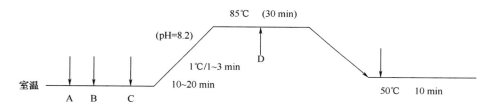

图11-1 优若菲克斯毛用活性染料染色升温工艺曲线

A：里奥灵B

B：染料用量小于2%加醋酸调节pH=4~5，染料用量大于2%加甲酸调节pH=3~4

C：染料

D：氨水或碳酸钠调节pH=8.2~8.5

二、酸性染料扎染

实验仪器：电炉、温度计、烧杯、量筒、移液管、天平、玻璃棒、试纸。

化学试剂：醋酸、匀染剂、洗涤剂、强酸性染料、弱酸性染料、中性染料、硫酸钠等。

其他材料：待染色的服饰材料，扎染用的缝、扎、包、夹材料。

实验要求：

扎染图案的设计；

不同的直线、曲线、折线缝法；

不同的结扎方法；

不同的包、夹技法；

色彩的设计与运用。

工艺条件：

1. **染色**

染料用量	0.2%	0.5%	1%	3%	（对织物重）

强酸性染料

染色pH值	5	4~5	4	3~2	
硫酸用量	—	—	—	1%~2%	（对织物重）
醋酸用量	0.5%~1%	1%~2%	3%	—	（对织物重）
硫酸钠用量	10%	8%	5%	—	（对织物重）

弱酸性染料

染色pH值	5	4.5	4	3.5	
醋酸用量	1%	2%	3%	—	（对织物重）
甲酸用量	—	—	（或1%）	2%~3%	（对织物重）
硫酸钠用量	10%	8%	5%	—	（对织物重）

中性染料

染色pH值	6~7	6	5~6	4~5	
醋酸用量	—	—	1%	2%	（对织物重）
硫酸铵	3%~5%	5%~8%	2%	—	

温度	95~100℃
时间	达到染色温度继续染色60~80 min
浴比	（1∶40）~（1∶100）

2. **说明**

（1）本实验适用于蚕丝、羊毛、羊绒、皮革、裘皮、锦纶材料的染色。

（2）染色时宜参照升温工艺曲线缓慢升温，升温、保温时应不断缓慢搅拌以防染花，尤其是需要大面积着色的材料。

（3）如果是做扎染，则升温快慢、染料浓度的大小、染色温度的高低、染色时间的长短，均可自由灵活掌握。

（4）为了培养学生对染色过程、染色条件、染色结果影响的认识，则可以改变上述条件进行比较。影响较大的条件依次为：染色温度、染色pH值、染色时间、里奥灵用量、固色的pH值、固色温度、固色时间，这些条件只要改变其一，就有不同的染色结果，这些尤其在工业化生产中特别重要。

（5）升温工艺曲线如图11-2所示。

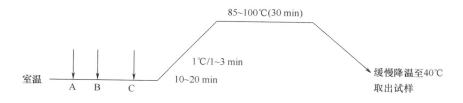

图11-2　酸性染料染色升温工艺曲线

A：按规定用量加入匀染剂及硫酸钠
B：按规定pH值加入相应的酸（硫酸铵）
C：染料

实验三　分散染料对涤纶的转移印花及涂料手工印花

　　本节实验，编排了分散染料对涤纶的转移印花；涂料手工丝网印花；手工涂料喷洒印花。通过印花实验，使学生进一步了解印花加工方式，认识印花原理，掌握印花工艺过程及方法。通过印花的实际操作，还可以进一步加深对涤纶服饰品的染色机理的理解。采用分散染料进行转移印花，也可以学习混色、配色以及色彩调和的审美技能，培养审美意识，提高动手能力。使学生在今后的服饰品设计中更加适应小批量、多变化、时尚化、个性化的美学修饰。

　　本实验可以根据教学的需要、学生的需要和兴趣，开出实验的便利条件，灵活选择安排。

一、分散染料对涤纶材料的转移印花

　　实验仪器：自动调温电熨斗、适合与相应画种的各种画笔、研钵、调色工具、彩碟、表面皿、烧杯、剪刀、适宜的绘画用纸张及其他工具（圆规、直尺、纹版）。

　　试剂和染化料：分散红3B、分散黄RGFL、分散蓝2BLN、分散荧光黄2号、分散荧光红、甘油、酒精、海藻酸钠。

　　其他材料：纯涤纶织物或服装、饰品。

　　实验内容：

　　①三原色单色转移印制。

　　②三原色叠加转移印制。

　　③混色彩轮的转移印制。

　　④自选图案的绘画与转移印花：

　　装饰图案画；

小写意中国画（山水花鸟）；

书法；

人体姿态的变化；

其他自选画。

⑤转移印花中的防白、色防印花（剪贴法、机械防染法）。

⑥叠印法。

实验操作：

①将染料少许放入调色彩碟中，加入少许酒精用以帮助染料的润湿，然后加入适量的水，加入少许甘油（保持一定的湿润以免印制中干燥的染料粉末掉下沾污作品）。

②将染料均匀地涂在纸上，待染料干燥后用剪刀剪成所需的圆形，然后做单色三原色转印，将涤纶材料熨平后平放在铺有毛毡或若干层报纸的台板上，将转印纸有色的一面贴在要印的涤纶材料上，用事先加热到180~200℃的熨斗压烫1 min左右。

③照此方法印制单色、三原色重叠、混色彩轮的转移印花。

④照此方法印制自选的各种图案。

二、涂料手工丝网印花

实验仪器：烧杯、量筒、天平、丝网印花花版，空白丝网框、刮板、喷雾器、熨斗、剪刀、刻刀、玻璃贴、浸过蜡的铜版纸或牛皮纸。

原料与试剂：黏合剂，红色、黄色、蓝色、黑色颜料，增稠剂，尿素，渗透剂，准备印花各种材料的衣片、成衣、饰品。

实验步骤：

①图案设计与选择：可以参照有关资料选择合适的花型与图案，应力求用色简洁，避免色彩的层次过多，因为丝网印花难于反映过多的层次，最好是选择单线平涂的图案。

②分色：除了电子喷射无版印花以外，无论哪种印花机印花，必须是一种颜色一只花版，逐一进行印制，也就是说图案上有一种颜色就要制作一块花版。因此，首先要对所选择的图案进行分色。

③自行制作简单的型版（剪、刻）：将分好色的单色图案，拷贝到玻璃贴或浸有油或蜡的牛皮纸上，然后用刻刀将图形逐一刻好粘贴在网框上。如果要选择现成的花版，就不必进行以上工作了。

④调制色浆：用涂料色浆调制所需的颜色，调制方法像画国画与水粉画一样，将各种单色的涂料色浆混色即可，比较直观简单。

其配方如下：

涂料色浆	适量（自选）
低温自交联黏合剂	40%~60%
增稠剂	适量

（根据要求可以加入适量的渗透剂）

　　水　　　　　　　　　　　　　　　　适量

一般精细的花型，浆调得稠一些，反之则调得稀一些。

⑤印制：最好是将织物或衣片粘贴在印花台板上，以防止印制过程中移动造成对花不准，按照预定的花版，逐一进行刮印。印制时的注意点，一是花版按由浅至深排列；二是待第一次印上去的色浆快干的时候再印下一个颜色；三是刮印时用力要均匀一致。

印花是一种实践性很强的工作，需要反复多次摸索体会，吸取经验才能印制出艺术性较高的作品。

⑥熨烫：如果选用低温自交联黏合剂，不必进行高温处理，甚至自然晾干也可以。熨烫则是为了较快的干燥而已。

说明：

①涂料印花也可以用其他材料进行实验。

②如果选用网目较大的网框制作花版，可以采用喷洒印花，得到的花型色彩层次较多、立体感较强、艺术性较高。

实验四　牛仔服的个性化艺术处理

牛仔服装以它的粗犷朴素、回味深刻、穿着舒适自然、易于养护而深受欢迎。近年来，牛仔服装从原料选择到款式设计，从辅料装饰到色彩美化，更加朝着人性化、个性化方向发展。或漂白磨毛、或砂洗雪洗、或着色制旧、或绣花印花、或拆纱撕破、或挖洞补贴等不胜枚举。本实验的设置，就是为了使学生进一步了解牛仔服装发展空间，随着人们艺术追求和创新理念的提升，我们将会了解更多个性化装饰的方法、原理、技术、途径。

本实验采用次氯酸钠法对牛仔服装上的靛蓝进行氧化，得到不同的花白效果。诸如：局部或整体的磨白、刷白、漂白；借鉴扎染手法对其进行缝、扎、包、夹、结后的磨白或漂白，并可采用局部印花、手绘、绣花、贴花、拆补、镶嵌等不同的装饰方法集于一身，可得到不同风格的个性化艺术作品。

一、次氯酸钠漂白法

实验仪器：烧杯、量筒、移液管、天平、塑料刷、喷雾器、玻璃贴、剪刀、涤纶丝网、手工印花工具、各种绘画用笔。

化学试剂与原料：次氯酸钠、亚硫酸氢钠、着色用涂料、其他染料。

实验材料：牛仔布或牛仔服装。

（一）各种漂白法的操作

1.全漂

所谓全漂就是指牛仔服与漂液相接触之处，经漂液处理颜色全部被破坏，不分轻重层次。因此，如果对欲漂白的服装进行缝、扎、包、夹、结，则可以得到扎染风格的花色效果。

2.喷洒漂

所谓喷洒漂是将漂液注入喷雾器中，然后将漂液以雾点形式喷洒在牛仔服上，可以局部喷洒，也可全部喷洒，总之次氯酸钠溶液的雾点所到之处即为白色，而雾滴越细，花白效果也越细腻。如果喷洒的液滴较大，则得到的是另外一种风格的白点，有的似水滴垂落，有的似水花四溅。

3.涂刷漂

所谓涂刷漂是将漂白液用板刷、毛笔以及其他特殊效果的工具，比如泡沫塑料、丝瓜络将漂白液涂刷在牛仔服上留下特殊的痕迹，得到特殊的白色花纹肌理。

4.版型漂

所谓版型漂是指在施加漂白溶液时，服装上面加一块印花用的丝网花版，这样漂白液只能从镂空的部位渗透到服装之上，因此所漂白的部分随花版的花型而定，漂后的白色是有型的。这样就可以按照预想的花型进行喷、洒、刷、图得到不同风格和艺术效果的花纹。

（二）漂白液的配制

1.全漂液

量取次氯酸钠溶液（148 g/L有效氯）200 mL倒入10 kg水中，将经过退浆、清洗的牛仔服（原色的）浸入其中不断加以翻动至漂白。如果是已经过部分漂白或磨白的旧服装，则次氯酸钠用量，要酌情减少50%~80%。

2.脱氯

通常经过漂白的牛仔服上残留有次氯酸并可释放出氯，对人和环境有害，所以必须经过脱氯处理。经常采用的脱氯方法是用硫代硫酸钠或亚硫酸氢钠溶液进行处理。脱氯液硫代硫酸钠浓度为10%~15%，另外，为了将其清洗干净，还要加入纯碱5%，用此溶液浸泡10 min即可，然后再经水洗、熨烫。

3.喷洒、涂刷用漂液

喷洒用漂液通常用有效氯浓度为30 g/L即可。

4.说明

（1）牛仔服的个性化装饰，采取以上漂白只是个性化处理的基础，更主要的是进行其他的个性化装饰和美化，还可以着色、贴补、印花、刺绣，拆缝，依学生个人兴趣而定，主要是培养学生的审美素质，最后做一综合评分。

（2）牛仔布餐巾设计：根据需要也可以采用上述步骤与方法进行牛仔布餐巾的设计。

（3）也可将试剂换为高锰酸钾，采用相同的配比和方法对牛仔服装进行漂白。

二、牛仔服磨白

因为牛仔布系经还原染料或者是不溶性偶氮染料染色，这些染料都是以色淀的形式固着于纤维表面，所以极容易被摩擦而脱落，出现纤维原来的白色。所以只要用砂纸对织物表面进行摩擦，就可以出现花白色。

操作方法：

①将牛仔服或者牛仔布准备好，铺在案上。

②选择适当的砂纸，最好包裹在一块木块上，这样容易握持。另外，选择细些的砂纸，这样磨出的白色相对粗砂纸更加均匀自然。

实验五　服饰品的手绘和泼染

本实验的目的主要是通过手绘与泼染，加深对染色机理和染色过程的认识，了解并初步掌握手绘与泼染的方法，通过色彩的调和运用提高学生的审美素质。以提高学生的个性化设计能力。

一、手绘

实验仪器：电炉、蒸锅、熨斗、烧杯、量筒、天平、各种相应的绘画工具、喷雾器、绷布框、调色碟、特制画线笔、图钉。

实验用纺织材料：真丝、人造棉头巾，织物，衣片。

化学试剂与染料助剂：

供丝绸着色用：国产弱酸性红B、弱酸性黄2G、弱酸性蓝RAW；国产中性红B、中性黄2G、中性藏蓝MR，或汽巴精化公司的兰纳洒脱红G、兰纳洒脱黄4GL、兰纳洒脱蓝3G，或里奥公司的优若兰红GN、优若兰黄3GL、优若兰藏蓝MR；里奥公司的毛用活性染料优若菲克斯黄6G、优若菲克斯艳红2BL、优若菲克斯艳蓝BN，或汽巴精化公司的兰纳素红2G、兰纳素黄4G、兰纳素蓝3G。供棉或人造棉着色用：国产活性红KE—7B、活性黄KE—4G、活性蓝KE—BR。涂料色浆红、黄、蓝、黏合剂、增稠剂。碳酸氢钠、碳酸钠、尿素、食盐、洗衣粉、醋酸、柠檬酸、海藻酸钠、淀粉、防染胶、合成龙胶、防染蜡。

染液配方：

　　丝绸用染液：

　　　　弱酸性染料+醋酸（或柠檬酸、草酸使pH值为4~5）

中性染料+柠檬酸（使pH值为5~6）

深浓色或精细线条要加入适量的淀粉或者合成龙胶糊

活性染料+碳酸氢钠（用量约为染料的 $\frac{1}{4}$ ）

深浓色或精细线条要加入适量的海藻酸钠糊

人造棉用活性染料染液：

活性染料+碳酸钠（用量约为染料的 $\frac{1}{4}$ ）

深浓色或精细线条要加入适量的海藻酸钠糊

涂料染液配制：

涂料浆+黏合剂约20%~40%+水80%

绘画时可根据运笔感觉、色彩浓淡、色彩层次适当蘸水，但是一定要注意不可冲得过稀，否则因含有黏合剂太少影响牢度。这时候可以附加少许黏合剂。

实验步骤：

绷布上框：将要绘制的材料，平整地紧绷在木框上，用图钉钉牢。

图案设计：真丝围巾手绘宜选小写意画采用涂料着色法；也可以选酸性染料、活性染料着色，画种宜选图案画，单线平涂类画法，可适当晕色。

拷贝图案：将画稿拷贝到要绘制的材料上，也可以直接在材料上起稿。

勾线：用特制的勾线笔或直接使用毛笔勾线（如果需要边界清楚互不串色用防染蜡勾线）。

着色或填充地色。

晾干→汽蒸20~40 min（汽蒸时为防止冷凝水滴落在作品上，要用另外一层布包好）→水洗（先用流动水冲洗，再用温水加洗衣粉清洗）→烫平。

二、泼染

实验仪器：电炉、蒸锅、熨斗、烧杯、量筒、天平、各种相应的绘画工具、喷雾器、绷布框、调色碟、特制画线笔、图钉。

实验用纺织材料：真丝、人造棉头巾，织物，衣片。

化学试剂与染料助剂：

供丝绸着色用：国产弱酸性红B、弱酸性黄2G、弱酸性蓝RAW；国产中性红B、中性黄2G、中性藏蓝MR，或汽巴精化公司的兰纳洒脱红G、兰纳洒脱黄4GL、兰纳洒脱蓝3G，或里奥公司的优若兰红GN、优若兰黄3GL、优若兰藏蓝MR；里奥公司的毛用活性染料优若菲克斯黄6G、优若菲克斯艳红2BL、优若菲克斯艳蓝BN，或汽巴精化公司的兰纳素红2G、兰纳素黄4G、兰纳素蓝3G。供棉或人造棉着色用：国产活性红KE—7B、活性黄KE—4G、活性蓝KE—BR。碳酸氢钠、尿素、食盐、洗衣粉、醋酸、柠檬酸、海藻酸钠、防染胶、防染蜡。

染液配方：

丝绸用染液：

弱酸性染料+醋酸（或柠檬酸、草酸使pH值为4~5）

中性染料+柠檬酸（使pH值为5~6）

活性染料+碳酸氢钠（用量约为染料的$\frac{1}{4}$）

人造棉用活性染料染液：

活性染料+碳酸钠（用量约为染料的$\frac{1}{4}$）

实验步骤：

绷布上框：将要绘制的材料平整地紧绷在木框上，用图钉钉牢。

施色：用所选板刷或大号抓笔施加染液。

特殊效果：撒盐以聚色、撒尿素以飞色、撒洗衣粉以流色。

其他修饰。

晾干→汽蒸20~40 min（汽蒸时为防止冷凝水滴落在作品上，要用另外一层布包好）→水洗（先用流动水冲洗，再用温水加洗衣粉清洗）→烫平。

说明：

泼染像绘图画一样，染料随着水一起运动，所以笔上含水量尤其重要，需要反复体会才可运用自如，另外在撒盐、撒尿素、撒洗衣粉时布面上的含水量十分重要，必须要适时，过早水太大，过晚水太小都不适合盐（收敛剂）和尿素（放射剂）携带染料的运动，达不到预想的要求。

实验六　牛仔服、牛仔布的反扎染与反蜡染

牛仔服、牛仔布的反扎染与反蜡染是一种针对牛仔服、牛仔布的风格特点以及染色原理，结合蜡染扎染技术方法和美学效果而研究出来的新技术。之所以命名为反扎染与反蜡染，是因为扎染与蜡染是先经过扎结或上蜡然后进行染色。而反扎染与反蜡染，则是对于已经染色的牛仔服或牛仔布，进行扎结或上蜡，然后对其进行漂白脱色处理。因为与扎染、蜡染过程刚好相反，所以称之为反扎染与反蜡染，或者将其称做扎漂或蜡漂，它的美学效果却是十分特殊的。原来的蜡染扎染，所扎结之处和蜡的覆盖之处是不能染色的。未经扎结，和没有蜡覆盖之处可以着色，产生随机花纹。而反扎染与反蜡染的色彩效果却恰恰相反，由于牛仔服或牛仔布是已经染色的，当经过结扎或上蜡后，去进行漂白，这时未经扎结和没有蜡覆盖之处将脱色变白。

实验仪器：电炉、温度计、烧杯、量筒、移液管、天平、玻璃棒、试纸。

化学试剂与实验材料：次氯酸钠溶液（浓度为30%以上），高锰酸钾溶液（10%~30%），待染色的服饰材料（牛仔服或牛仔布），扎染用的缝、扎、包、夹材料，石蜡，松香，蜂蜡。

可以按照不同比例将（石蜡∶松香）=（90~10）∶（10~90），进行混合，其结果是松香比例越大，蜡膜越硬脆，花纹越粗犷挺直，石蜡比例越大蜡膜越柔软，其花纹越是细腻柔密。

实验要求：

①扎染图案的设计；不同的直线、曲线、折线缝法；不同的结方法扎；不同的包、夹技法；色彩的设计与运用。

②蜡染图案的设计。

设计好之后，进行上蜡或扎结。然后进行漂白。

工艺条件：

①将扎结好的牛仔服或牛仔布放入漂白液中，适当翻动搅拌。观察漂白效果，待满意之时将牛仔服或牛仔布取出，扎染作品可将之进行漂洗，将浮色洗除干净，然后拆线，视需要可进一步洗涤直至满意。最后熨烫平整。

②将上好蜡的牛仔服或牛仔布，进行碎纹处理，然后放入漂白液中，适当翻动搅拌。观察漂白效果，待满意之时将牛仔服或牛仔布取出。

然后进行脱蜡处理。将漂白后的牛仔服或牛仔布放入沸水中加热，不时将熔下的蜡取出，直至蜡被脱除干净，有时需要经过几次脱蜡才能处理干净。直至满意。最后熨烫平整。

实验七　蜡染

蜡染是用蜡进行防染的染色方法，一般是将熔化了的蜡液用绘蜡或印蜡工具涂绘或印刷在织物上，蜡液在织物上冷却并形成纹样，然后制作蜡纹，方法可以多种多样，或揉、或压、或折、或摔打，可以将蜡层破碎，形成自然的碎纹，经碎纹的织物放在染液中染色，织物上蜡部位的纤维被蜡所包裹，染液不能渗入包裹纤维的蜡层，使纤维不能被染着，其他没有上蜡的部位被染料着色。如此得到许多自然天成的花纹。织物脱蜡即告完成。

一、制作蜡染的材料和工具

1.材料

（1）面料：制作蜡染的面料有真丝类面料、纤维素类面料（如棉、麻和黏胶纤维等再生纤维面料）。

（2）蜡：蜡的种类包括动物蜡、植物蜡和矿物蜡。蜂蜡为动物蜡，熔点为62~66℃，有一定韧性和黏性，不易碎裂，常用于制作精细线条的蜡染效果。白蜡为植物蜡，柔韧性、黏性不如蜂蜡，为了节省蜂蜡，白蜡经常与蜂蜡混合使用。石蜡为矿物蜡，熔点为45℃，柔韧性小，易碎裂，常用于制作蜡染的冰纹效果。为了蜡染效果的需要，不同性能的蜡也经常混合使用。

（3）松香：松香作为蜡液中的辅助材料，可使蜡松脆易裂，与蜂蜡混用可调整蜡的韧脆性。

（4）染化料：染纤维素（棉、麻、黏胶纤维等再生纤维）面料的染料有：直接染料、还原染料和活性染料。染真丝面料的染料有酸性染料、毛用活性染料。

2.工具

（1）绘、印蜡工具：各种规格蜡刀、毛笔、板刷。

（2）熔蜡器具可选用烧杯、搪瓷杯、搪瓷盆。

二、蜡染的制作过程

蜡染的制作过程为：设计稿图、描稿→上蜡→制作蜡纹→染色→除蜡→整烫。

1.设计稿图、描稿

设计好的纹样，被描于要进行蜡染的面料之上，以便绘蜡。描稿时最好用铅笔，切忌用复写纸，以免沾污衣物。对蜡染造诣精深的人可以不用描稿，直接在面料上绘蜡。

2.上蜡

（1）熔蜡：蜂蜡与石蜡的混合比例有7：3、1：1、2：3和1：4等。一般，蜡液的温度控制在130℃以下。熔蜡还可以用水浴间接加热，但这样蜡液的温度最多能到100℃。用水浴间接加热熔蜡比较安全。

（2）绘蜡：

①使用各种上蜡工具如毛笔、板刷、铜蜡刀、蜡壶上蜡，按照面料上所描绘的稿图，用热的蜡液进行描绘。为了达到好的防白（留白）效果，一次上蜡还不行，还要进行多次上蜡。

②甩、泼法上蜡：借鉴中国画泼墨的绘画技法，用不同温度的蜡液甩、泼于面料上，染色后会得到难以预料的防白（留白）肌理。这种肌理自然天成，或深、或浅、或浓、或淡，再配以变幻莫测的"冰纹"，效果更加绝妙。

③丝网版漏印"冷蜡液"印蜡：用丝网版印蜡所用"蜡液"与常规蜡染所用热蜡液不同，被称为"冷蜡液"。一般的丝网印版不耐热，所以不能用热蜡液印蜡，必须配制特殊的"冷蜡液"。

下面介绍一种"冷蜡液"的配方。

乳化松香	30%~50%
氟碳系拒水整理剂	1.5%
聚丙烯酸树脂	5%
合成增稠剂	1.5%
水	X%
合成	100%

所谓"冷蜡液"的配方，实际上就是一种特殊的"印花色浆"，这种"色浆"与一般常规印花色浆一样，用丝网印制非常方便，印制后，被印部位具有防止染料上染的作用。

另外一种是俄罗斯的"巴吉克"冷蜡染使用的冷蜡液：将苯微微加热至50℃左右，加入10%~20%的石蜡，再加入适量的天然或合成橡胶制成的胶黏液（可采用粘补自行车内胎用的胶），其中石蜡起防染作用，胶起黏合作用，防止石蜡脱落。冷蜡液可以像墨水一样勾勒描线，然后上色。

俄罗斯的"巴吉克"实际上很像我国泼染，只是我国的泼染勾线后着色采用中国画泼墨画法，色彩层次较丰富。而俄罗斯的"巴吉克"是以平涂为主。

着色之后，如果作为壁画使用，可以不经其他后处理，若是服用，则需要汽蒸，水洗、熨烫。要说明的是冷蜡染作品是没有冰纹效果的。

3. 制作蜡纹

"冰纹"也叫"龟纹"，是蜡染所独具的纹样肌理。面料上蜡后，织物上的蜡层会依其自身的物理性能（柔韧、硬脆性能），产生不同程度的龟裂，硬脆的蜡层容易出现龟裂，柔韧的蜡层不易出现龟裂。蜡层龟裂的产生与其所处的环境温度有直接的关系，温度越低，蜡层越易龟裂，所以，夏天制作蜡纹可利用冰箱先将上蜡的面料冷冻降温。

4. 染色

参照下表内容结合常规染色的要求进行操作，但要注意染色要在室温下进行。

蜡染面料种类、染化料和基本染色条件

面料	染料	染色助剂	染色条件
纤维素类（棉、麻和黏胶纤维等再生纤维）面料	直接染料 还原染料 活性染料 冰染染料	NaCl 或 Na_2SO_4（促染）、固色剂 烧碱、保险粉（使染料可溶） NaCl 或 Na_2SO_4（促染）、小苏打或纯碱（固色）	加盐促染，室温染色 室温染色 采用冷轧堆室温染色
真丝、羊绒、羊毛类面料	酸性染料 毛用活性染料	醋酸（促染）、Na_2SO_4（匀染）、固色剂 氨水、醋酸、Na_2SO_4	高浓染料加酸促染，室温染色 采用冷轧堆室温染色

无论是纤维素面料（绵、麻、黏胶纤维）还是蛋白质纤维面料（真丝等）的蜡染，用活性染料冷堆法具体的操作是，用活性染料、促染剂和碱剂一同混配在染液中配置染液，然后将染液刷涂于上蜡的面料上，使染液吃透面料上未上蜡的部位，同时，也要用刷子将染液刷入蜡层龟裂的裂纹处，让染液透入蜡层的裂纹深入到面料的纤维上。最后，将刷涂了染液的面料平铺在一块比面料略大的塑料薄膜上，将塑料薄膜和面料一同卷起，再将卷起的两端多余的塑料薄膜扎紧，室温放置24min即可完成染料的上染。

染色完成后，要将面料上未能着色的染料（浮色）用水冲掉，然后脱蜡，水洗、熨烫。

5.脱蜡

脱蜡的方法有两种。一是用沸水除蜡，蜡染面料浸入沸水中，蜡层被热水加热熔化，从面料上脱落进入热水，实现脱蜡。二是熨烫吸附除蜡，用一些吸附能力强的纸如废旧报纸、元书纸等覆盖于面料的蜡层上，再用热熨斗在纸上熨烫加热，蜡层遇热熔化后被吸附能力强的纸吸附，从而实现除蜡。为了将蜡除净，沸水除蜡和熨烫吸附除蜡可进行多次。

6.整烫

除蜡后的蜡染面料，进行必要的热水皂洗（进一步去除浮色）、水洗后，用熨斗烫平，即成为一件蜡染作品。

三、彩色蜡染的制作

彩色蜡染的制作虽然可以用套染的方法（上蜡—染色—除蜡—再上蜡—染另一种颜色—除蜡，如此重复数次）完成，但这样做很烦琐。局部刷染是一种既有效又理想的制作多色蜡染的方法。局部刷染可在上蜡前进行，也可在除蜡后进行。刷染所用的色料可用印花涂料，也可以用染料，比较合适的染料是活性染料。

实验八　服装或面料的综合艺术整理

本实验是一次综合性大型实验，也可以作为本门课程的考核，因此本实验也可以称之为课程设计。

本次实验是在课程结束之前，所有实验结束之后的一次综合性实验，可以综合学生对本门课程和实验的收获和体会，让学生开发自己的智力和才华，进行一次实际的自行设计实验，来展现学生的设计开发创新能力，锻炼学生的实际动手能力。

1.实验材料

面料、剪裁好的衣片、丝巾、壁挂、成衣等多种材料可以由学生自己选择，也可以教师指定。最好是师生协商之后确定，以便指导教师做好指导与配合，并做好有关实验的原材物料的准备。

2.实验用品

一般是曾经做过的以前实验所涉及的一些染料助剂，化学药品以及实验仪器。有的个性化装饰材料，学生可以自己准备。

3.实验步骤

下面是四种整理效果的设计步骤：

（1）真丝面料—经过扎染—再次泼染—手绘实现色彩艺术效果—手工印花—绣花或者贴补—立体装饰，必要的洗烫整理。

（2）服装—经过扎染—再次泼染—手绘实现色彩艺术效果—手工印花—绣花或者贴

补—立体装饰—立体造型，必要的洗烫整理。

（3）涤纶仿真丝面料—经过扎染—再次泼染—手绘（扎染、泼染、手绘之后可以经过180℃熨烫发色）实现色彩艺术效果—手工印花—绣花或者贴补—立体装饰—立体造型（180℃熨烫定型），必要的洗烫整理。

（4）服装的功能化整理，根据自己的创意自行设计，选择具有特定功能的器件，比如音乐芯片、发光材料、感应元件、调温元件等，安装在服装上。

另外，还可以由学生自行设计实验方案，教师做好准备和指导工作。

参 考 文 献

［1］薛迪庚.织物的功能整理［M］.北京：中国纺织出版社，2000.

［2］牛家宝.织物起绒技术［M］.北京：纺织工业出版社，1990.

［3］滑钧凯.毛和仿毛产品的染色与印花［M］.北京：中国纺织出版社，1997.

［4］董永春，滑钧凯.纺织品整理剂的性能与应用［M］.北京：中国纺织出版社，1999.

［5］姚金波，滑钧凯.毛纤维新型整理技术［M］.北京：中国纺织出版社，2000.

［6］王益民，黄茂福.成衣染整［M］.北京：纺织工业出版社，1989.

［7］钟漫天，闻力生.当代服装科技文化［M］.北京：中国纺织出版社，1998.

［8］《毛纺织染整工艺简明手册》编写组.毛纺织染整工艺简明手册［M］.北京：中国纺织出版社，1997.

［9］马艺华，卢玉花.棉针织服装洗旧整理研究［J］.广西纺织科技:1996（2）：2~4.

［10］李振华，童晓辉，宋雅路.纯棉服装抗皱整理评价［J］.成都纺织高等专科学校学报：1998（4）：10~13.

［11］唐志翔译.增强棉成衣的防皱性能［J］.印染译丛，1995（2）：7.

［12］王菊生.染整工艺原理（1）~（4）［M］.北京：纺织工业出版社，1982.

［13］程靖环.染整助剂［M］.北京：纺织工业出版社，1985.

［14］陶乃杰.染整工程（1）~（4）［M］.北京：纺织工业出版社，1992.

［15］金咸穰.染整工艺实验［M］.北京：中国纺织出版社，2001.

［16］石海峰，张兴祥.蓄热调温纺织品的研究与开发现状［J］.纺织学报：2001（5）：335~336.

［17］冷绍玉.服装熨烫工程［M］.北京：中国标准出版社，1997.

［18］周邦桢.服装熨烫原理及技术［M］.北京：中国纺织出版社，1999.

［19］姜蕾.服装生产工艺与设备［M］.北京：中国纺织出版社，2000.

［20］李当岐.西洋服装史［M］.北京：高等教育出版社，1995.

［21］钟茂兰.中国少数民族服饰［M］.北京：中国纺织出版社，2012.

［22］《针织工程手册》编委会.针织工程手册染整分册［M］.北京：中国纺织出版社，1995.

［23］廖元吉.服装设备于生产［M］.上海：东华大学出版社，2002.

［24］陈文，羊毛衫成衣染色生产工艺探讨［J］，针织工业：2006，10：37-38.

［25］刘建华.纺织商品学［M］.北京：中国纺织出版社，1997.

［26］汪青.成衣染整［M］.北京：中国纺织出版社，2009.

［27］罗巨涛.染整助剂及其应用［M］.北京：中国纺织出版社，2000.

［28］刘锡华，阎红清.全成型针织内衣产品的染色工艺［J］，中小企业科技，2006，（8）：46-47.

［29］梁佳钧.涤棉锦氨多组分纤维无缝内衣染色工艺探讨［J］，针织工业，2009，（2）：37-40.

［30］朱进忠.实用纺织商品学［M］.北京：中国纺织出版社，2000.

［31］赵先丽，周庆荣.羊毛服装化学定型的研究［J］.毛纺科技：1997，1：9-14.

［32］成棣繁，钱曙华，董景岩.纯毛服装定型的研究［J］.毛纺科技：1986，6：37-40.

［33］崔永芳，郭明林，滑钧凯等.西北纺织工学院学报［J］.1994，8（1）：11-15.

［34］何中琴译.纤维产品的防虫加工（1）［J］.印染译丛，1998，8（4）：75-80.

［35］陈慧.羊绒产品的防虫蛀整理［J］.毛纺科技：1994（2）：35-38.

［36］钱宗濂.国外牛仔服的酶洗工艺［J］.染整科技：2002（1）：62-63.

［37］王美琴.纯棉牛仔布的生物酶洗工艺实践［J］.北京纺织：24（6）：37-38.

［38］姜义瀛，张祖芳.服装熨烫的各种技巧和运用方法［J］.上海服饰：2002（3）：82-83.

［39］王志祥.熨烫衣物窍门种种［J］.中外服饰：1997，8：32-32.

［40］朱壁洪.羊绒服装及其护理方法［J］.中国检验检疫:2001（3）：51-51.

［41］冷绍玉.服装熨烫工艺的类别与特点［J］.针织工业：1989（5）：39-41.

［42］程尔曼.美国威士成衣整熨技术交流会［J］.上海纺织科技：1993，21（2）：49-49.

［43］叶润德，周永凯.整熨：服装定型的关键［J］.现代化：1992，14（10）：12-13.